구글 신은 모든 것을 알고 있다

구글 신은 모든 것을 알고 있다

DNA에서 양자 컴퓨터까지 미래 정보학의 최전선

카이스트 명강 01

KAIST PRESS

사이언스북스 SCIENCE BOOKS

서문

KAIST 캠퍼스에서 전하는 빛나는 '인생 수업'

KAIST 출판부(KAIST PRESS)와 (주)사이언스북스가 함께 기획한 첫 번째 프로젝트, 「KAIST 명강」 시리즈를 여러분께 이렇게 선보이게 되어 매우 기쁩니다. 지난 2년간 저희가 준비한 「KAIST 명강」은 KAIST 교수들의 탁월한 강연을 일반 대중들과 함께 나누고 이를 책으로 엮어 출간하는 야심찬 계획입니다. 그 첫 번째 주제로 우리 시대의 화두인 '정보'를 선정하여, 다양한 관점에서 정보를 연구하는 KAIST 교수진 중에서 '한 분야의 최전선에 선 사람만이 할 수 있는' 통찰력 있는 강의를 들려주실 세 분의 선생님을 모시고 열 번의 대중 강연을 진행했습니다. 그 강의 내용의 정수를 고스란히 담아 모은 것이 바로 이 책입니다.

이 「KAIST 명강」 시리즈는 KAIST PRESS의 탄생까지 그 기원이 거슬러 올라갑니다. 2006년 무렵, 당시 로버트 로플린(Robert Laughlin) KAIST 총장과 신성철 부총장은 교수와 학생이 만들어 내는 연구 성과를 담아 과학 기술이 만들어 갈 미래를 함께 고민하는 장을 마련하는 대학 출판부의 필요성을 절실히 느끼고, KAIST PRESS의 가능성을 검토하도록 했습니다. 저희 학교의 원로 교수님부터 저처럼 신출내기 조교수까지 7명의 교수들이 3년 동안 노력해 대학 출판부의 바람직한 모습을 논의하고, 이 목표에 도달하기 위해 단기, 그리고 중장기 전략을 마련했습니다. 그리고 2009년 봄, 과학 기술 중심 대학으로서는 처음으로 KAIST PRESS가 탄생해 본격적으로 활동하게 됐습니다.

KAIST PRESS는 최고의 책을 세상에 내놓기 위해서는 가장 책을 잘 만들고, 확고하면서도 안정적인 국내외 유통망을 가진 출판사와 전략적 제휴를 맺는 것이 무엇보다 중요하다고 판단했습니다. 그래서 그동안 과학 분야에서 중요한 책들을 엄선해 출간해 온 (주)사이언스북스와 협약을 맺었습니다. 더 나아가, 역사와 전통이 깊고 전 지구적인 유통 네트워크를 가지고 있는 네덜란드 출판사 스프링거(Springer)와 함께 영문 학술서를 발간하기로 했습니다. KAIST 교수와 학생들이 만들어 내는 과학적인 지식과 아이디어, 그리고 세상과 미래에 대한 통찰이라는 양질의 콘텐츠를 다양한 형태로 세상과 소통하는 역할을 이 출판사들과 함께하기로 한 것입니다. 저희의 협업은 최고의 콘텐츠를 가장 적절한 형태로써 많은 분들이 즐길 수 있는 근사한 결과물로 만들어 낼 것입니다. 그리고 이것이 향후 대학 출판부의 나아갈 방향을 제시하는 뜻깊은 시도이길 바랍니다.

「KAIST 명강」 시리즈는 KAIST PRESS 편집 위원들이 모여 기획한 첫 번째 책입니다. 저희는 KAIST 교수들의 탁월한 연구 성과를 논문의 형태로 세계에 알리는 것도 중요하지만, 그들의 목소리를 직접, 일반인들에게 생생하게 전하는 것이 무엇보다 중요하다고 판단했습니다. KAIST에서 학부부터 대학원까지 9년간 공부한 제가 자랑스럽게 고백하건대,

KAIST에는 명강의로 이름 높은 교수님들이 아주 많습니다. 저는 그분들의 강연을 들으며 우주를 구성하는 개념들을 명확히 이해하고, 학문의 지형도를 그릴 수 있었으며, 무엇보다 앞으로 도래할 미래를 상상할 수 있었습니다. 'KAIST 캠퍼스에서 날마다 벌어지는 이 명강의들을 세상에 내놓아 많은 사람들이 즐길 수 있으면 얼마나 좋을까?' 하는 소박한 마음이 「KAIST 명강」 시리즈 출간의 원동력이 되었습니다. 저는 독자들이 이 책을 펼치는 순간 대학 시절로 돌아가 좁은 강의실에서 열정으로 가득한 강의를 듣는 학생이 되기를, 그래서 일상으로 녹초가 되어 버린 우리 사회와 24시간 앞만 보며 달려가는 이 한반도가 학구열에 불타오르는 'KAIST 캠퍼스'가 되기를, 질문과 토론이 뜨겁게 오고가는 'KAIST 강의실'이 되기를 진심으로 기원합니다.

정보라는 키워드의 중요성은 제가 굳이 자세히 언급하지 않아도 이 책을 펼쳐 든 독자들이라면 잘 알고 계시리라 생각합니다. 다만 저희는 정보에 대한 전통적인 접근에서 벗어나, 정보가 얼마나 다양하고 폭넓게 연구되고 이해되고 있는지 보여 드리고 싶었습니다. 그래서 '양자적인 스케일에서 정보는 어떻게 다루어지는가?' '생명 현상을 만들어 내는 정보는 어떻게 기능하고 탐구되고 있는가?' '복잡계 네트워크 안에서 정보는 어떻게 퍼지고 흘러가는가?' 등 새로운 관점에서 정보를 들여다보았습니다. KAIST 물리학과 이해웅 교수님과 정하웅 교수님, 바이오및뇌공학과 김동섭 교수님의 유쾌하면서도 근사한 강연을 여러분 모두가 즐겨 주셨으면 하는 바람입니다. 아무쪼록 본 강연 시리즈가, 특히 '정보'에 대한 KAIST 명강이 여러분에게 세상을 바라보는 통찰력을 제공해 주었으면 하는 바람입니다.

저희 KAIST PRESS에 깊은 애정으로 함께해 주신, 그리고 이 책이 출간될 수 있도록 오랫동안 노력해 주신 (주)사이언스북스 박상준 대표와 직원 여러분께 진심으로 감사의 말씀을 드립니다. 또 오랫동안 저희 KAIST PRESS에서 영롱한 아이디어로 기획에 참여해 주신 모든 KAIST 편집 위원들(경종민, 윤정로, 신현정, 엄상일, 신동원, 조광현, 김대수 교수님)과 기록관리팀 노시경 님께 이 자리를 빌려 늘 품고 있던 감사의 마음을 전합니다.

이번 시리즈가 '명강'이라는 무거운 이름에 걸맞은 역할을 다하고 더 나아가 독자들에게 '빛나는 인생 수업'으로 다가갈 수 있도록 최선을 다하겠습니다. '학교는 떠났지만 수업은 계속되어야 한다.'고 믿으신다면, 저희 KAIST 교수들은 '학생은 떠났지만 수업은 계속되어야 한다.'는 마음으로 좋은 강연 준비하겠습니다.

고개 숙여 늘 감사합니다.

2013년 4월

정재승 (KAIST PRESS 편집 위원장, 바이오및뇌공학과 교수)

차 례

1

정하웅
KAIST 물리학과 교수

구글 신은 모든 것을 알고 있다

복잡계 네트워크와 데이터 과학

정하웅 KAIST 물리학과 교수

1998년 서울대학교 물리학과에서 통계 물리학으로 박사 학위를 받고 미국 노터데임 대학교(University of Notre Dame)에서 연구원과 연구 교수를 거쳐 2001년부터 KAIST 물리학과에 재직 중이다. '복잡계 네트워크'라는 새로운 연구 분야를 개척하며 지금까지 물리학, 생물학, 컴퓨터 공학 등 다양한 분야에서 《네이처(*Nature*)》 5편, 《미국 국립 과학원 회보(*PNAS*)》 4편, 《피지컬 리뷰 레터스(*Physical Review Letters*)》 8편을 포함해 통산 누적 피인용 회수 1만여 회가 넘는 90여 편의 논문을 발표했다. 이러한 업적을 바탕으로 2004년 국무총리 표창, 2007년 한국 물리학회 용봉상, 2009년 KAIST 우수 강의 대상, 2010년 이달의 과학 기술자상 등을 수상했고 2010년과 2011년 《동아일보》 선정 '10년 뒤 대한민국을 빛낼 100인'에 2년 연속으로 뽑혔다. 2011년 교육, 연구, 학술 업적이 탁월한 우수 교원들을 위해 신설된 KAIST 지정 석좌 교수에 임용되었으며 2012년에는 다보스 하계 세계 경제 포럼에서 젊은 과학자(Young Scientist)로 선정되어 초청되기도 하였다. 현재 기초 과학의 대표 격인 물리학을 바탕으로 사회학, 경제학, 인터넷, 생물 정보학 등 다양한 분야를 넘나드는 학제 간 연구를 통해 21세기 과학의 중요 주제로 떠오르고 있는 복잡계(complex system)를 이해하고자 연구 중이다. 또한 과학 기술 앰배서더(홍보 대사)로서 네트워크 및 데이터 과학에 대한 대중 강연을 활발하게 펼치며 물리학의 저변 확대에도 힘을 쏟고 있다.

1강

세상을 묶는 끈들의 갈래 따기

안녕하세요. KAIST 물리학과의 정하웅입니다. 「KAIST 명강」 시리즈 첫 강의에 오신 것을 환영합니다. 저는 '정보'를 이용하여 우리가 살아가는 세상을 이해하려는 학문인 복잡계 네트워크와 데이터 과학을 앞으로 세 번의 강의에 걸쳐 여러분께 소개해 드리려 합니다.

이번 강의에서는 복잡계란 무엇인지를 간략하게 설명한 다음 우리 주변에서 흔히 접할 수 있는 도로 연결망과 인터넷 등을 통해 세상에 널려 있는 네트워크가 실제로 어떤 모양으로 생겼는지 보여 드릴 계획입니다. 강의를 본격적으로 시작하기 전에 몇 가지를 미리 알려드리는 편이 도움이 될 것 같습니다. 첫 번째로 말씀드리고 싶은 것은 이것입니다.

물리학

물리학 하면 겁부터 나시죠? '고등학교를 졸업하며 드디어 물리에서

해방되는가 했는데 이런 재앙이! 내가 여기에서까지 물리 수업을 들어야 하나.' 하고 생각하는 분들 계실 테지요. 하지만 절대 걱정 안 하셔도 됩니다. 물리학 하면 대개 꼬불꼬불하고 복잡하기 짝이 없는 온갖 수식 기호들을 머릿속에 떠올리게 되지만, 제 강의에서는 그런 수식은 전혀 등장하지 않습니다. 오히려 그래프나 지도 같은 그림들이 대부분이니 편안한 마음으로 제 이야기를 들어 주시면 됩니다.

다만, 물리학 강의에서 수식을 하나도 안 보여 드리면 제가 물리학자라는 걸 도통 믿질 않으셔서 일부러 수식을 집어넣곤 합니다. 물론 설명하기 위해 넣는 것은 아니고 요즘 말로 **인증샷**이죠. 제가 수식을 쓸 줄 안다는 걸, 물리학자가 맞다는 걸 보여 드리려고 넣는 것이지요. 그리고 수식이 나오기 전에는 미리 주의를 드릴 겁니다.

다음에 수식이 나옵니다.

이런 식으로 말이지요. 그러니까 겁내지 않으셔도 됩니다.

또 한 가지 말씀을 드릴 것은 일종의 광고인데요, 물론 실제 물건을 파는 광고는 아닙니다. 제가 한국 물리학회에서 홍보 및 대중화 이사직을 맡고 있습니다. 그래서 물리를 좀 광고하려고 합니다.

물리가 뭘까요? 사전을 찾아보면 물리는 '세상 만물의 이치'라고 나옵니다. 좋은 말이긴 한데 요즘 친구들은 뭔가 궁금한 게 있으면 사전을 들여다보지 않습니다. 어떻게 하죠? 인터넷에 물어봅니다. 즉 네이버 지식인 같은 곳에 물어보지 종이로 된 사전은 박물관에나 가야 있는 것으로 압니다. 그러니 우리도 네이버에 물어보도록 하겠습니다. 네이버 지식인에 따르면 물리란 '어렵다'입니다. '물리=어렵다' 그걸로 끝입니다. 어느 고등학교를 가든지 제물포라는 별명을 지닌 선생님이 꼭 한 분 계시죠.

재 때문에

물 리

포 기했다

일반적으로 사람들이 생각하는 물리학은 고등학교를 거치며 그냥 '어렵다'로 끝입니다. 참 안타까운 현실입니다. 조금만 더 나아가서, 아니 나아갈 필요도 없이 조금만 눈을 다른 방향으로 돌려 보면 쉽고 재미있는 물리도 많이 있는데 딱딱한 고등학교 교과서에서 막히는 바람에 물리는 어렵기만 하다는 누명을 쓰게 되는 겁니다. 네이버에서 찾을 수 있는 물리학의 또 다른 표현으로는 '지루하고 까마득한 공식으로 채워진', 그다음에 '창조주께서 만든 세계를 수식으로 풀어쓰는 과정' 또는 '괴짜/천재들이 하는 이상한 학문' 이런 설명들이 있습니다.

실제로 네이버 지식인에 "물리가 어려워요."라고 치잖아요? 그러면 물리가 어렵다는 하소연이 6,600건 정도 뜹니다. 제목을 구체적으로 살펴보면 "물리가 어려워요, 등가속도." 아, 심각합니다. '등가속도'는 물리학 교과서 제1장에 나오는 제일 쉬운 개념인데 말입니다. 하지만 이게 현실입니다. 그래도 대한민국 인구가 5000만 명을 넘어섰는데 '혹시, 혹시나 우리나라에 물리를 쉽다고 생각하는 사람도 있지 않을까?' 하는 실낱같은 희망을 품고 "물리가 쉬워요."라고 한번 쳐 봤습니다. 몇 건 정도 나오리라고 예상하십니까? 아마 "그런 페이지는 없습니다.", "검색 결과 없음." 이렇게들 예상하겠지만, "물리가 쉬워요."라고 넣었더니 검색 결과가 무려 6,400건이나 있었습니다. '오~ 희망이 보이나?' 했는데 잘 읽어 보니

"**물리**, 어려워요? **쉬워요**?", "**물리** 문제 풀어 주세요, **쉬워요**." 결국 다 어렵다는 이야기거든요! 네이버와 같은 검색 엔진들이 아직 완벽하지 않다고 하는 이유가 여기에 있습니다. '물리가 어려워요/쉬워요' 이걸 아직 정확하게 구분 못 하고 있습니다. 갈 길이 멀죠.

이렇게 물리가 '어렵다'고만 생각하면 거기서 끝입니다. 그런데 잘 들여다보면 그 이상의 무엇이 있습니다. 대부분 물리는 나랑 상관없는 것으로 생각하잖아요. 하지만 그렇지 않다는 걸 제가 오늘 이 자리에서 증명해 보이도록 하겠습니다.

자! 여러분 혹시 주변에 물리학자 아시는 분 있습니까? 물론 제 강의를 듣고 제가 물리학자임을 믿는다면, 물리학자 한 명은 알게 되는 겁니다. 보통 "내가 물리학자를 어떻게 알겠어."라고 말하겠지만 사실은 매우 다릅니다. 길을 걸어가는 사람을 붙잡고 "생각나는 과학자 이름 하나만 말해 보세요."라고 묻는다고 가정해 봅시다. 누구라고 답할까요? 가장 많이 등장하는 것이 이 트리오입니다.

아인슈타인, 뉴턴, 갈릴레오

이분들 다 물리학자거든요. 물론 좀 오래되긴 했죠. 그러면 최근에 유명한 과학자 이름을 대라고 하면 제일 많이 나오는 사람은 누굴까요? 스티븐 호킹(Stephen Hawking)입니다. 역시 물리학자죠. 루게릭병으로 육체의 감옥에 갇혀 있지만 우주의 신비를 밝히는 일을 게을리하지 않는 분이시죠. 여성 과학자도 물어볼까요? 가장 많이 나오는 사람은……. 네, 맞습니다. 퀴리 부인(Marie Curie)입니다. 또 물리학자죠. 남의 나라 이야기만 하기엔 조금 섭섭하니 우리나라 이야기도 좀 해 볼까요? 우리나라에서 가장 유명한 과학자는 누굴까요? 나이 있으신 분은 아실 겁니다. 바로 이휘소 박사님입니다. 미국에서 물리학을 공부하셨는데, 우리나라 대통령에게 밀명을 받아서 핵무기를 몰래 개발하다가 미국 중앙 정보국(Central Intelligence Agency, CIA)에 암살을 당했다고 하는, 1990년대에 화제를 불러일으킨 소설 『무궁화 꽃이 피었습니다』의 주인공 말입니다.

하지만 이 이야기는 허구입니다. 실제로 핵무기랑 관련된 연구를 하지는 않았고 고에너지 쪽 일을 했는데 정말로 중요한 연구 업적들을 내셨죠. 아마도 살아 계셨다면 노벨상을 타셨을 겁니다. 최근 과학계에서 큰 화제가 되었던 힉스 입자의 이름을 붙이기도 하셨구요. 그런데 안타깝게도 교통사고로 돌아가셨습니다. 이렇게 옛날 과학자, 요즘 과학자, 여성 과학자, 우리나라 과학자 통틀어서 사람들이 알고 있는 과학자는 대부분 물리학자입니다. 신기한가요? 사실 물리학 말고도 화학이나 생물학, 의학 등 과학 안에서도 여러 다른 분야들이 있잖아요. 물리학은 그런 학문과 수준이 다르다고 생각하면 됩니다. 좀 더 근본적이고 오래된, 역사가 깊은 과학이라는 것이지요. 죄송합니다. 광고라서 과장이 조금 들어갔습니다. 다른 분야 분들께서 오해하시는 일은 없었으면 합니다. 이렇게 이야기하면 '물리학이란 학문이 그렇게 오래되었는데 아직 풀 게 남았나? 요즘은 무얼 하지?' 하고 생각할 수도 있겠지만, 물리학은 지금도 과학적으로 중요한 업적들을 계속해서 내고 있으며 물리학자들은 물리학을 넘어선 다른 다양한 분야에서 훌륭한 성과들을 내고 있습니다.

과학적인 업적을 평가하는 여러 방법 중에서 제가 좋아하지는 않지만 많은 사람들이 인정하는 것이 노벨상입니다. 역대 노벨상 수상자를 뒷조사해 보면 신기한 게 나옵니다. 노벨상에는 물리학상, 화학상, 생리·의학상 등 여러 세부 분야가 있습니다. 그런데 물리학을 전공한 사람이 노벨상을 다 탑니다. 노벨 물리학상은 당연히 물리학자가 타고, 의학과 관련된 노벨 생리·의학상도 물리학자가 탑니다. 1962년에 제임스 왓슨(James Watson)과 프랜시스 크릭(Francis Crick)이 DNA 이중 나선(double helix) 구조를 밝힌 공로로 노벨 생리·의학상을 탔습니다. 크릭은 물리학자였습니다. 노벨 화학상을 탄 인물 중에서도 물리학자가 여럿 있구요, 경제학상을 타기도 했습니다. 노벨 경제학상이 1969년에 처음 생겼는데 첫 수상자가 얀 틴베르헌(Jan Tinbergen)이라는 물리학자입니다. 물리학자인데도 경제학에 대한 공로를 인정받아 수상한 것이죠. 더 신기한 건 물리학자가 노벨 평화상도 탑니다. 원래 핵과 관련한 연구를 했던 조지프 로트블랫(Jozef Rotblat)이라는 물리학자는 후에 반핵 운동을 해서 1995년 노벨 평화상을 탔습니다. 다른 과에는 이런 분이 없습니다. 생물학자? 화학자? 아니죠. 물리학자만 가능한 겁니다. 혹시 다른 전공인 분들은 너무 귀담아듣진 말아 주세요. 광고는 광고일 뿐이니까요.

그런데 물리학자가 노벨상 중에 딱 하나 못 딴 분야가 있습니다. 바로 노벨 문학상입니다. 흔히 문과와 이과 사이에는 **넘사벽**(넘을 수 없는 4차원의 벽)이 있다고 하지요. 여기만 타면 전 분야를 석권하는데 아쉽게도 아직까지는 점령을 못 했습니다. 1강 제목을 "세상을 묶는 끈들의 갈래 따기"라고 붙였는데요, 제가 만든 말이 아닙니다. 이과생인 제 머리에서는 저런 문학적인 제목이 나오기가 참 힘들죠. 제가 만들 수 있는 것이라고는 강의의 부제인 "복잡계 네트워크와 데이터 과학" 정도입니다. 정말 멋없죠.

이화여자대학교에 최재천 교수님이라고 계십니다. 생태학을 연구하는 분이신데 몇 해 전에 "여러 학문 분야가 모여서 같이 이야기하자. 융합 연구를 해 보자."라는 취지에서 통섭원이라는 연구소를 여셨습니다. 거기

개원식에 초대받아 강연을 하게 되었는데 제 강연 제목을 보시고는 문과 선생님 한 분이 "이게 제목이냐?" 하시며 밑줄을 딱 그어서 위 제목을 주셨어요. 읽어 보니까 정말 멋있는 것 같아요. 그래서 술을 한잔 사 드리고 저작권을 얻어서 계속 쓰고 있습니다. 이렇듯 물리학자가 아직 정복 못한 분야는 노벨 문학상뿐이라는 것 꼭 기억하시고 혹시 주변에 글 잘 쓰는 분 계시면 물리학과로 보내 주십시오. 제가 기꺼이 밥이라도 사 드리겠습니다. 여하튼 물리학자는 뭐든지 다 잘하는 팔방미인이고 물리학은 어려운 것만 있는 것이 아니며, 여러 분야에서 중요하다는 사실을 알려 드리고자 좀 길게 광고의 말씀을 드렸습니다.

세상은 복잡계다

이제 본 강의로 들어가 볼까요? 제 강의 부제인 "복잡계 네트워크와 데이터 과학"에서 출발하도록 하겠습니다. 아마도 이 제목에서 가장 껄끄러운 부분이 복잡계라는 단어일 것 같습니다. 그래서 복잡계라는 주제부터 살펴보려 합니다. 복잡계(complex system)가 무엇이냐? 이게 최근 여러 곳에서 화두입니다. 복잡계 경제, 복잡계 정치, 복잡계 현상 등 21세기 들어서 너도나도 복잡계를 이야기하고 있습니다. 그런데 복잡계가 무엇인지는 사실 전문가도 잘 모릅니다. 여러 전문가들이 복잡계는 이렇다 저렇다 미사여구를 붙이고는 있습니다만, 아직 정확하고 깔끔하게 한마디로 정의가 되어 있지 않습니다. 하지만 "복잡계" 하면 머릿속에 바로 떠오르는 것 있죠? '아, 복잡하고 어려운…….' 맞습니다. 뭔가 풀기 어려워 보이고 복잡한 것들이 바로 복잡계입니다. 예를 들어서 이런 것들입니다.

우리가 살고 있는 이 **사회**는 참으로 복잡합니다. 왜들 그러고 사는지 정말 이해하기 어려운, 복잡한 요지경이라는 데 대부분 동의할 겁니다. 또 다른 복잡계의 예는 **인터넷**으로 대표되는 정보 통신 네트워크입니다. 정보화 사회가 되고 최근 스마트폰까지 대중화되면서 인터넷은 우리 삶에 더욱 깊숙이 들어와 있습니다. 벽에 꽂는 랜 케이블 너머를 살펴보면 여러 가지 계층(layer)과 tcp/ip(transmission control protocol/internet protocol, 전송 제어 프로토콜/인터넷 프로토콜)에서 데이터 패킷이 왔다 갔다 하고…… 깊이 알면 알수록 이만큼 작동하는 게 신기할 정도로 인터넷은 굉장히 복잡합니다. **생명 현상**도 복잡계의 또 다른 예입니다. '살아 있다'의 의미가 혹시 무엇인지 아십니까? 불행히도 과학은 아직 생명 현상을 명확히 규명하지 못하고 있습니다. 예를 들어 뇌를 봅시다. 자기 자신의 뇌를 본 사람이야 물론 없겠지만, 어떻게 생겼는지는 그림과 사진으로 대충 다 압니다. 게다가 과학자들이 조각조각 자르고 분석해 보아서 무엇으로 구성되어 있는지도 압니다. 뇌는 뉴런(neuron), 그러니까 신경 세포로 구성되어 있습니다. 그런데 뉴런만 본다면 사실 하는 일은 별것 없습니다. 뉴런은 전기 신호를 냅니다. 여러분이 아는 것 중에 전기 신호를 내는 가장 단순한 물건을 하나 고르라면 건전지가 있습니다. 그런데 신기하게도 뉴런을 모아 놓으면 이게 기억을 하고 생각을 합니다. 건전지를 여러 개 모아 놓았다고 건전지들이 기억하고 생각을 하지는 않거든요. 뭔가 중요한 과정이 '빠져 있는' 겁니다. 복잡계란 이렇게 복잡하고 아직 모른다고 생각해서 어려운 문제들을 말합니다.

방금 예로 든 사회, 인터넷, 생명 현상은 묶어 놓고 보면 뜬금없다는 생각이 들 만큼 서로 많이 다릅니다. 심지어 연구하는 곳도 다 다르지요. 사회는 인문대에서, 인터넷은 공대에서, 생명 현상은 자연대에서. 그런데 신기하게도 이 모두를 한 가지 틀, 복잡계로 보는 데는 이유가 있습니다. 이들에게 어떤 공통점이 있는 걸까요? 바로 네트워크, 모두가 네트워크라는 점입니다.

네트워크는 사실 별것이 아니라 아래 그림처럼 점과 선으로 이루어진 것입니다. 점이 있고 이 점끼리 연결하면 네트워크가 됩니다. 사실은 여러분도 네트워크 전문가입니다. 어렸을 때 기억을 잘 더듬어 보면 비슷한 그림이 생각날 겁니다. 점들이 있고, 숫자가 있습니다. 1, 2, 3, 4, 5를 계속 연결하면 코끼리나 벌새 등의 그림이 되는 이것이 바로 네트워크입니다. 어렸을 때 이 점들을 다 연결할 수 있었다면 네트워크를 마스터하신 겁니다. 더 구체적으로 살펴보면, 앞서 말씀드린 정보 통신이나 인터넷도 적절히 점과 선으로 바꾸기만 하면 네트워크입니다. 점은 컴퓨터이고 컴퓨터들을 연결하는 전화선이나 랜 케이블이 선입니다. 물론 요즘 같은 무선

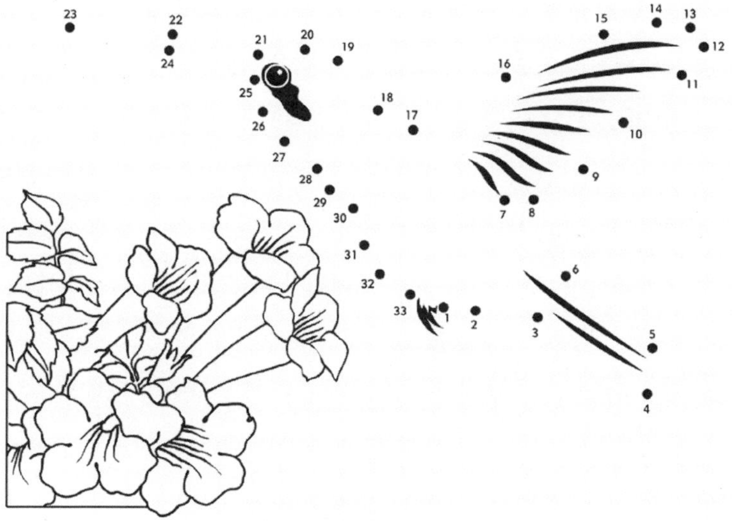

점과 선들로 이루어진 그림

인터넷 시대에는 눈에 보이지는 않지만 기기를 연결하는 전자기파가 선이 되고, 결국 점과 선으로 표현되는 네트워크가 됩니다.

생명 현상에서는…… 아, 먼저 고백을 하고 넘어가야겠습니다. 사실 제가 물리학을 선택한 이유가 고등학교 때 생물 점수가 안 나와서입니다. 그래서 생물과 관련해서 제가 하는 이야기를 다 믿으면 절대 안 된다는 점을 기억해 주셨으면 합니다. 두 번째 강사이신 김동섭 교수님께서 보다 정확한 내용을 알려 주시리라 믿고, 하여간 저라고 하는 엉터리 생물학자가 생명 현상을 네트워크로 보는 이유는 생명 현상의 근본이 알다시피 우리 몸을 이루는 DNA로부터 출발하기 때문입니다. DNA에는 유전자(gene)라는 게 있어서 단백질(protein)을 만드는 설계도 역할을 합니다. 이 단백질이 몸속에서 여러 일을 합니다. 대부분은 혼자 일하지만, 종종 몇 개가 결합(physical binding)해서 새로운 일을 하기도 합니다. 이때 누가 누구랑 결합하느냐가 중요합니다. 서로 결합하지 않는 것들도 많기 때문에 어떤 단백질이 어떤 단백질과 결합하는지 잘 보아야 합니다. 즉 단백질을 점으로 보면 단백질의 연결로 네트워크를 구성할 수가 있습니다.

단백질의 중요한 역할 중 하나가 신진대사 과정에서 효소로서 촉매 작용을 하는 겁니다. 밥이든 빵이든 무언가를 먹으면 이들이 이런저런 생화학 반응을 거치면서 분해되어 그 결과물로 이산화탄소(CO_2)와 ATP(adenosine triphosphate) 같은 에너지가 나옵니다. 이 신진대사 반응에 관여하는 각각의 물질들이 무엇과 어떻게 연결되어 있느냐는 효율적으로 에너지를 얻고 생명을 유지하는 데 있어 매우 중요한 문제입니다. 결국 신진대사 반응은 유전자와 단백질, 그리고 생화학 물질이 연결된 복잡한 네트워크인 셈이지요. 생명 현상을 이해하기 위해서는, 네, 그렇습니다. 반드시 네트워크를 알아야 합니다.

생명 현상이나 인터넷보다 훨씬 더 알기 쉬운 네트워크가 바로 사회입니다. 사회가 네트워크라는 사실은 굳이 따로 공부를 하지 않아도 누구나가 잘 알고 있습니다. 매일 그 속에서 부대끼며 살아가고 있으니까요. 사회 네트워크에서 점에 해당하는 것은 물론 개인입니다. 여러분이 점이고 선은 사회 관계입니다. 가족, 친지, 직장 동료, 친구들이 이 선으로 연결되어 있는 것이지요. 사회가 네트워크라는 것은 제가 처음 주장한 건 아니고 사회학자들이 이미 오래전부터 연구하고 이야기해 왔던 겁니다.

스탠리 밀그램의 작은 세계 실험

가장 잘 알려진 연구가 1967년 스탠리 밀그램(Stanley Milgram)이라고 하는 미국의 사회학자가 편지를 전달하는 실험을 통해 발표한[1] '6단계 분리(six degrees of separation)' 이론입니다. 지구 상의 어떤 두 사람을 잡더라도 6단계만 거치면 둘이 서로 아는 사람이 된다는 내용을 담고 있습니다. 전 세계 누구든지 중간 다섯 사람만 거치면 서로 연결이 된다니 세상 참 좁죠? 예를 들어서 저를 출발점으로 생각하고 지구 상의 아무나 골라 잡아도 됩니다. 저 멀리 아프리카 추장이나 미국의 버락 오바마 대통령에게 부탁이 있다면 우리가 할 일은 중간 다섯 사람만 찾으면 되는 겁니다. 소개-소개-소개-소개-소개를 받아서 오바마를 만나면 되거든요. 이렇게만 보면 세상 참 살기 쉬울 것 같은데 여기에 함정이 하나 있습니다. 뭐냐면, 실제로 저를 오바마 대통령에게 연결해 줄 다섯 사람은 확실히 있습니다. 그런데 그게 누군지를 안타깝게도 저는 모른다는 겁니다. 이걸 정확하게 아는 사람은 사실 아무도 없습니다. 수학 문제와도 비슷한 상황인데 '다음 문제가 답이 있음을 증명하시오.' 같은 문제를 수학 하는 분들은 열심히 증명합니다. 그런데 답이 존재한다는 것을 밝힌 다음에 정작 답이 무엇인지에는 관심이 없어요. 답이 있는 것은 아는데 그 답이 뭔지를 모르는 안타까운 상황인 거죠.

비슷한 실험을 우리나라에서도 해 봤습니다. 연세대학교 사회학과의 김용학 교수님이 해 보셨는데[2] 우리나라는 인구수가 더 적어서 6단계가 아닌 5단계로 분리되어 있답니다. 그러니까 우리나라에서 누구든지 만나고 싶으면 중간에 네 사람만 찾으면 됩니다. 예를 들어서 저를 출발점으로 제가 좋아하는 배우 김태희를 만나고 싶다면, 이론적으로는 네 사람만 거치면 소개-소개-소개-소개를 통해서 김태희를 만날 수 있는 거죠. 그런데 현실을 보면 아직도 못 만나고 있습니다. 사실 제가 강의를 다니면서 매번 물어보거든요. "혹시 김태희를 아는 분 계시나요?" 하지만 보세요. 여기도 없잖아요? 정말 안타까운 노릇이죠. 네 사람만 알면 김태희를 만날 수 있는데! 이게 안 되더라고요.

이게 얼마나 어려운지를 구체적으로 보여 드리기 위해서 김용학 교수님의 실험을 설명드리겠습니다. 바로 '김XX 찾기 프로젝트'입니다. 실제로 아래와 같이 적힌 쪽지를 들고 길거리에 나갑니다.

김 XX (41살)

- **주소: 경기도**
- **학적: 중앙대학교 전기 공학부(82학번)**
- **병역: 공군 ROTC**
- **직장: KTF(휴대 전화 회사)**

아무나 붙잡고 쪽지를 보여 주며, 혹시 이 사람을 아는지 물어보는 겁니다. 당연히 모르겠죠. 그러면 이제 "이 사람을 알 만한 사람을 소개해 주십시오."라고 부탁을 합니다. 이런 연결을 통해서 '김XX'를 찾아보자는 실험을 했습니다. 그런데 이 실험을 진행하기가 아주 어려운 것이 길거리에서 사람을 붙잡고 뭔가 물어보려고 하면 "아, 저는 도를 안 믿어요."라며 그냥 줄행랑을 치는 겁니다. 그러면 이게 사이비 종교가 아니고 중요한 실험이라고 설명해야 하잖아요? 그래서 겨우 붙잡고 "저희가 네트워크 연구를 하는데……."라고 설명을 시작하면, "아! 저는 다단계 안 해요."라며 또 거부를 합니다.

시작을 해야 사람을 찾을 텐데 도무지 앞으로 나가지를 못하는 겁니다. 그래서 김용학 교수님이 꾀를 냈습니다. 이번에는 3만 원을 들고 거리로 나갔습니다. 돈을 보이며 "답변을 해 주시면 드리겠습니다." 하니까 이제야 듣기 시작하는 거예요. 그래서 총 108명에서 출발했습니다. 과연 몇 명이나 김XX씨에게 도착했을까요? 결과는 겨우 17명이 성공한 것으로 나왔습니다. 돈을 그렇게나 들여서 겨우겨우 얻어 낸 성공률이 약 16퍼센트입니다. 나머지는 중간에서 다 안 된 거고요. 밀그램의 미국 실험은 성공률이 약 30퍼센트인데 이것도 살짝 과장된 결과라고 합니다. 따라서 답이 있긴 있는데 찾기는 어렵습니다. 김태희를 만나는 일은 쉽지가 않습니다.

실제로 성공한 데이터를 보면 임의의 사람에서 출발하여 김XX까지 도달하기까지 평균 4.6단계가 걸린다고 나왔습니다. 이게 무슨 이야기냐면 운이 엄청나게 좋아서 두 번 만에 연결된 사람이 한 사람 있었고, 세 번 만에 연결된 사례가 5건, 네 번 만에 연결된 경우가 2건, 최대로는 여덟 번 만에 연결되기도 했습니다. 평균을 내면 약 4.6이라서 우리나라는

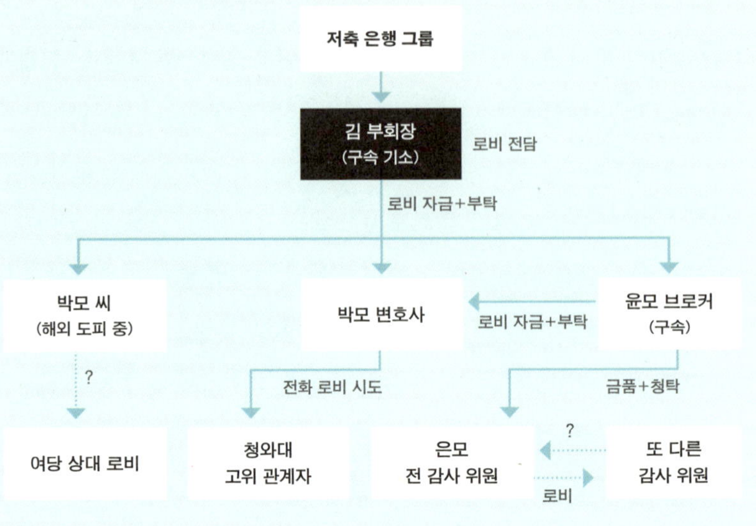

저축 은행 로비 의혹 흐름도

5단계 분리로 중간에 네 사람만 거치면 아는 사람이 된다를 실제로 검증한 거죠. 참! 김태희 찾기 프로젝트는 아직도 진행 중입니다. 주변에 김태희를 아는 분이 혹시 있으시면 꼭 연락 주기를 바랍니다.

그런데 이런 실험이라든가 과학을 떠나서도 사회가 네트워크라는 사실은 여기저기에서 알 수 있습니다. 신문에서 위와 비슷한 그림들을 자주 보시죠? 제가 강의할 때마다 업데이트하는데요, 소재가 끊이지를 않습니다. 계속 나옵니다. 사실 주요 일간지 1면에 광고를 실으면 몇천만 원을 벌 수 있습니다. 그런데도 이렇게 그림으로 낭비하는 이유는, 무언가 쓸모가 있기 때문입니다. 만약 이 사건을 기사로만 쓴다고 생각해 보십시오. 구속 기소된 김 부회장은 해외 도피 중인 박모 씨와 박모 변호사, 그리고 윤모 브로커(구속)에게 로비 자금과 부탁을 했는데 박모 씨와 박모 변호사는 여당 상대로 구명 로비를 했고, 윤모 브로커는 은모 전 감사 위원과 또 다른 감사 위원과 어쩌고저쩌고…… 이런 식으로 한참을 읽어야 하거든요. 읽다 보면 초점이 흐려집니다. 누가 나쁜 사람인지 까먹는 거죠. 그런데 그림을 그리면 누가 나쁜 사람인지 금방 압니다. 사회가 네트워크라는 것을, 사람의 연결 관계를 점과 선으로 그려 놓으면 훨씬 알기 쉽다는 것을 보여 주죠. 어른들만 이런 것을 아는 것은 아닙니다. DC 인사이드라고 아시나요? 요즘 많은 네티즌들이 방문하는 곳인데 거기서 시쳇말로 **잉여력**이 넘치는 친구들이 비슷한 걸 하고 놉니다. 드라마 한 편이 나오면 등장인물들을 그림으로 연결해서 누가 누구랑 결혼해서 싸우네, 친하네, 갈등이 있네 분석하는 거죠. 또 「무한도전」 멤버들을 이런 식으로 그려 놓으면 누가 1인자인지 확실하잖아요. 남녀노소를 불문하고 사람들을 네트워크로 연결해서 그림을 그려 보면 도움이 된다는 사실을 아는 겁니다.

테러리스트 네트워크

그런데 "저런 그림이 재미는 있는데, 얼마나 쓸모가 있을까?" 하고 의구심을 품으실까 봐 쓸모가 있는 네트워크를 하나 보여 드리겠습니다. 사실 좀 무서운 네트워크인데요, 9·11 테러를 벌인 테러리스트들의 네트워크입니다. 다음 페이지 그림을 보시면 각 점에는 테러리스트의 이름이 있습니다. 선은 누가 누구랑 연락했는지를 보여 주고, 보라색 파란색 빨간색 초록색으로 색깔이 같은 사람은 같은 여객기에 탔던 테러리스트들입니다. 사실 이런 건 미국 연방 수사국(Federal Bureau of Investigation, FBI) 최고 기밀 파일이라 우리 같은 일반인은 볼 수도 없고 봐서도 안 됩니다.

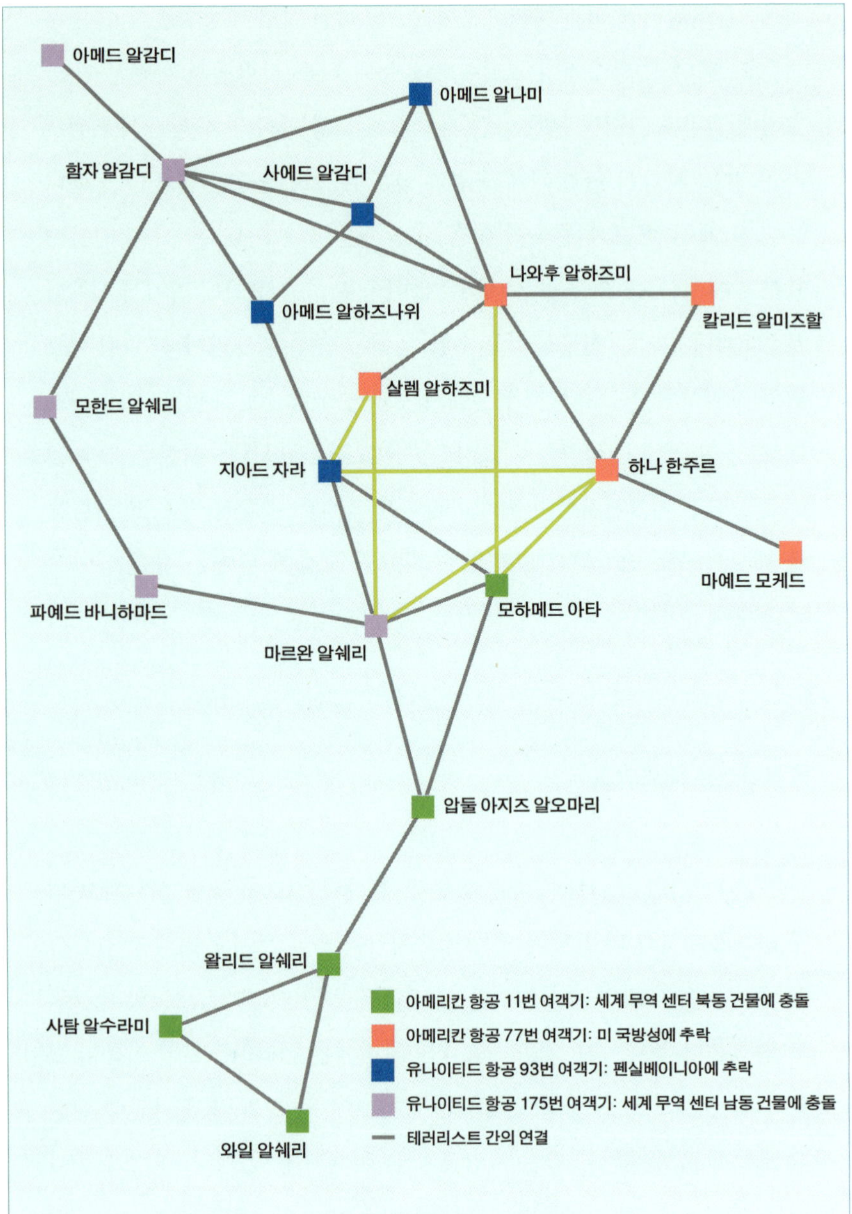

9·11 테러리스트들의 네트워크

그런데 이게 어쩌다가 여기까지 흘러왔을까요? 이 네트워크는 테러가 다 끝난 다음, FBI가 아닌 발디스 크렙스(Valdis Krebs)라는 학자에 의해 만들어졌습니다. FBI가 이와 같은 정보를 미리 입수했더라면 한가운데에 있는 모하메드 아타(Mohamed Atta)란 사람이 9·11 테러 기획의 중심이라는 사실을 알 수 있었겠지요. 그리고 이 사람만 잘 감시했으면 테러를 막을 수도 있었을 거구요. 그래서 요즘은 CIA나 FBI가 테러리스트들의 연결 관계를 계속 관찰하며 업데이트하고 대테러 활동에 이런 네트워크 분석 기법을 사용하고 있습니다. 실제로 성공한 사례도 있습니다. 사담 후세인을 잡을 때도 그랬고 오사마 빈 라덴을 사살할 때도 이런 방식을 이용했다고 합니다. 숨어 있는 빈 라덴을 찾으려면 주변 인물을 탐문 수사하고 미행해야만 하는데, 모든 사람을 쫓거나 엉뚱한 질문을 반복적으로 하다가는 정체가 탄로 나기 쉽습니다. 이때 네트워크를 이용해 내용을 잘 나눠서 질문하고 미행해서 필요한 정보만 딱딱 얻어 보았더니 핵심 인물의 위치가 노출되더라는 겁니다. 이게 왜 중요하냐면, 알다시피 테러리스트들은 점조직으로 되어 있어서 찾아내기가 힘들거든요. 그런데 아무리 점조직이라도 행동을 개시하기 위해서는 누군가가 사인을 줘야 합니다. "내일 결행하자!" 같은 지령을 전달해야 하는 거지요. 결국 전체 네트워크를 알고 있다면 중심에 있는 아타 같은 사람은 자연스럽게 노출될 수밖에 없습니다. 테러는 아직까지 우리에게는 먼 나라 얘기 같기도 하고 피부에 확 와 닿지는 않는 듯해서 보다 현실적인 사례를 보여 드리도록 하겠습니다.

100대 부자 네트워크

이번에 보여 드리는 네트워크는 제가 가진 네트워크 중 가장 인기 있는 거니까 눈을 크게 뜨고 봐 주셨으면 합니다. 바로 우리나라 100대 부자의 혼인 관계입니다. 100대 부자의 이름을 쓰고 그중에 결혼한 사람끼리 연결을 한 겁니다. 그랬더니 신기하게도 거의 모두가 연결이 되어 있습니다. 우리나라 100대 부자들은 모조리 사돈의 팔촌이란 이야기지요.

이 네트워크가 왜 인기 있고 중요하냐면, 몇 자리 안 남기는 했지만 여기 혹은 저기에 자리를 잘 찾아 연결할 수만 있다면 바로 100대 부자에 등극하는 일종의 보물지도나 다름없기 때문입니다. **한방에 훅**, 신분 상승이 가능한 엄청난 거죠. 100대 부자들 대부분이 재벌이기 때문에 기업 간 혼인 네트워크라고 봐도 됩니다. LG, 롯데, 삼성, 현대가 축을 이루고 주변 계열사와 언론사가 연결되어 있지요. 우리나라 경제를 이해하기 위해서는 이런 그림도 알아 두는 게 좋습니다.

지금까지의 내용을 잠깐 정리하고 넘어가 볼까요? 이번 강의는 복잡계라는 것에서 출발했습니다. 복잡계는 **어렵고, 복잡하고, 뭔지 모를 무언가**입니다. 복잡계 자체는 어려워만 보이는데 잘 들여다보니까 그 바닥에는 다 네트워크라는 것이 있었습니다. 네트워크는 지금 제가 보여 드렸지만 그다지 어려울 것 같지 않거든요. 점과 점을 선으로 쭉 연결하면 됩니다. 복잡계는 어려워 보이지만 그 구조를 이루고 있는 네트워크는 신기하게도 별로 안 어려워 보이기 때문에, 쉬운 쪽부터 풀어 보고자 합니다. 이렇게 생각하셔도 됩니다. 여기 복잡계라고 하는 네모난 상자가 있습니다. 이 안이 어떻게 생겼는지는 모릅니다. 그런데 엑스선 사진을 찍어 봤더니 뼈대가 나와요. 그 뼈대가 네트워크인 것이죠. '먼저 뼈대를 공부하고 거기

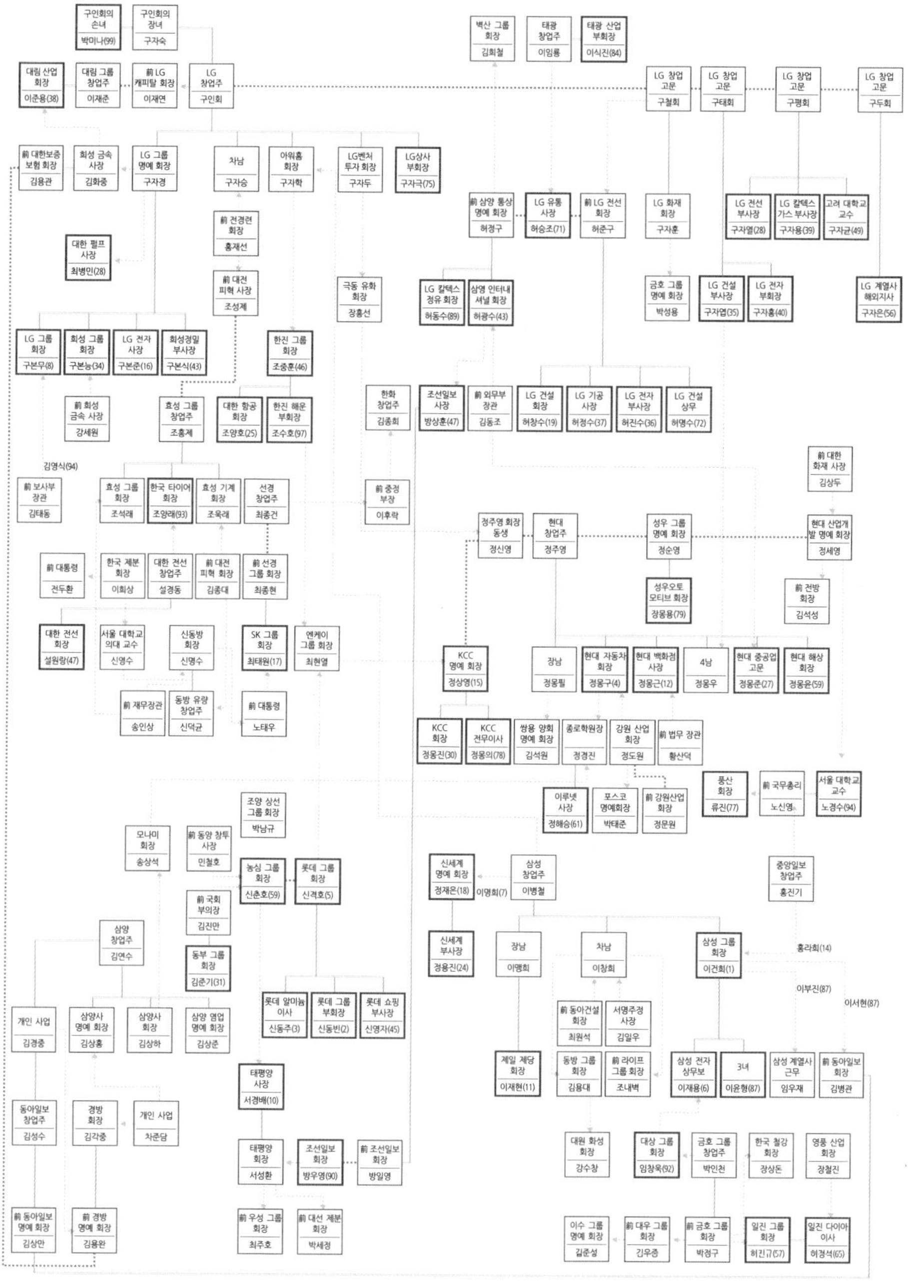

부자 관계 등 다른 세대를 의미

형제 관계 등 같은 세대를 의미

해당 일가의 여자가 당사자 또는 해당 집안에 시집간 방향

※ ( )의 숫자는 2002년도 100대 부호 순위

대한민국 100대 부자 혼인 네트워크

에 살을 붙이면 궁극적으로는 어려워만 보이는 복잡계도 이해할 수 있지 않을까?' 이런 생각에서 출발했습니다. 그래서 우리는 네트워크부터 공부해 보고자 합니다.

네트워크를 풀자!

'공부'라고 하니까 '아, 이제 어려운 강의가 시작되겠구나.' 하고 걱정하실까 봐 미리 말씀드리는데 저는 어려운 공부는 못합니다. 그래서 아주 쉬운 문제부터 풀려고 합니다. 네트워크가 어떻게 생겼나 그림으로 그려서 한번 보자는 겁니다.

물론 잘생겼나 못생겼나를 보는 것은 아닙니다. 그건 별로 과학적이지 않잖아요? 생긴 모양을 봐서 네트워크를 크게 두 가지로 분류하려고 합니다. 먼저 고속 도로 같은 네트워크가 하나 있습니다. 언제나 네트워크는 점과 선이 무엇인지 생각하면 쉽습니다. 고속 도로에서 점에 해당하는 것은 도시이고, 선은 도시들을 연결하는 고속 도로입니다. 이렇게 해서 고속 도로 연결망이 생기는 거죠. 그런데 이번엔 똑같은 점, 즉 도시를 같은 위치에 찍어 놓고 고속 도로가 아니라 항공망으로 연결하면 전혀 다른 그림이 나옵니다. 점은 똑같은데 선이 달라서 둘을 함께 놓고 비교하면 아주 잘 알 수 있습니다. 고속 도로는 보기에도 골고루 퍼져 있습니다. 골고루 잘, 균일하게, 고르게 연결되어 있지만, 항공망 쪽은 균일하지가 않죠. 대다수의 조그만 도시는 연결선이 많지 않은 반면에 뭔가 쏠림 현상이 일어나 연결이 집중된 도시들이 있습니다. 소위 허브 공항(hub port)입니다. 시카고나 뉴욕, LA 같은 공항이 엄청난 연결선을 가집니다. 고속 도

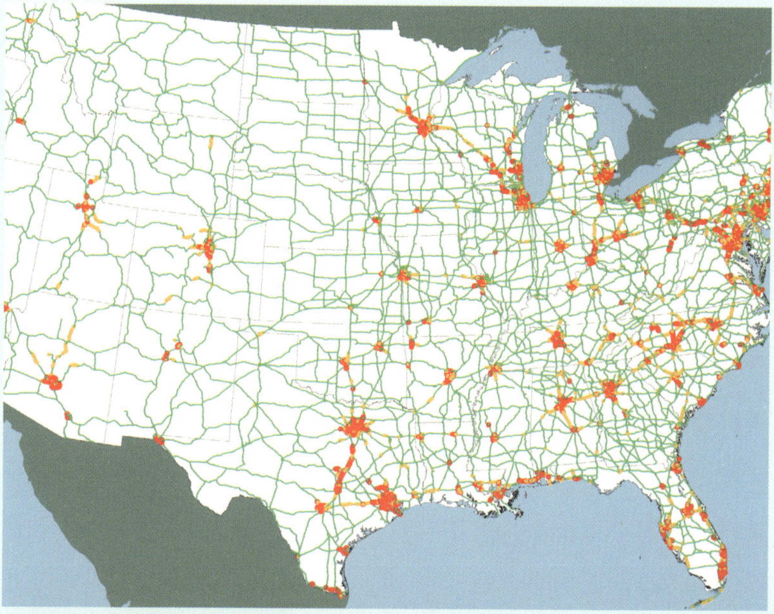

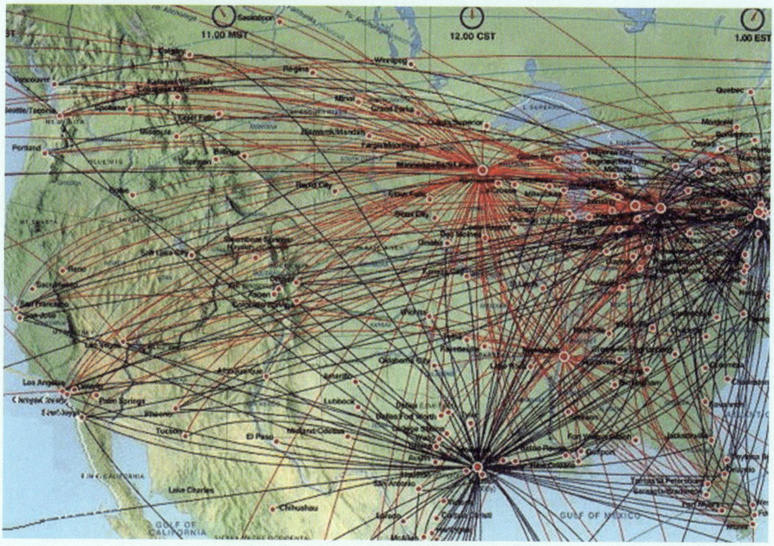

고속 도로 연결망과 비행기 항공 연결망

로는 그렇지 않습니다. 아무리 잘나가는 시카고라고 해도 고속 도로 100개가 지나갈 수 없거든요. 그런데 항공망에서는 1,000개, 1만 개, 얼마든지 가능합니다.

이제 둘 사이에 차이가 보이시나요? 한쪽은 공평하게 연결된 반면에 다른 쪽은 뭔가 불공평하고 쏠림 현상이 있는 네트워크입니다. 이것을 더 편하게 보기 위해서 그래프를 그려 보겠습니다. 어려운 그래프는 아닙니다. 그냥 각 점이 몇 개의 선으로 연결되어 있는지 살펴보고, 그런 점들이 얼마나 있는지를 세어 보는 겁니다. 봤더니 연결선이 2개짜리가 1개, 3개짜리가 2개, 4개짜리가 몇 개⋯⋯ 이걸 히스토그램으로 옮겨 보면 고속 도로 연결망에서는 대부분 서너 개로 연결되어 있기 때문에 평균 근처에 몰려서 종 모양으로 뾰족 튀어나오게 그려집니다. 똑같은 방식으로 항공망 네트워크를 분석해 보면 공항 대부분이 조그마한 탓에 연결선이 한두 개밖에 없어서 그래프 왼쪽에 거의 다 몰려 있는 것으로 나타납니다. 하지만 오른쪽으로 가면 고속 도로에서는 찾아볼 수 없던 연결선이 매우 많은 도시들, 즉 허브 공항이 많지는 않지만 나타나고 있습니다.

수학적으로는 이러한 함수를 연결선 분포 함수(degree distribution function)라고 합니다. 고속 도로 연결망은 푸아송 분포(poisson distribution)이기 때문에 오른쪽 부분, 즉 연결선이 많은 부분이 지수 함수적으로 매우 빨리 감소해서 허브가 있을 수 없습니다. 그런데 항공망은 분수 함수입니다. 상대적으로 천천히 감소하는 멱함수 법칙을 따르는 분수 함수라서 이런 허브가 존재할 수 있습니다.

여기서 질문을 하나 던질 수 있습니다. 앞에서 세상에는 네트워크가 많다고 말씀드렸고 인터넷, 생명 현상, 사회에 이르기까지 여러 가지 네트워크를 보여 드렸습니다. 그렇다면 진짜 세상의 네트워크는 어떻게 생

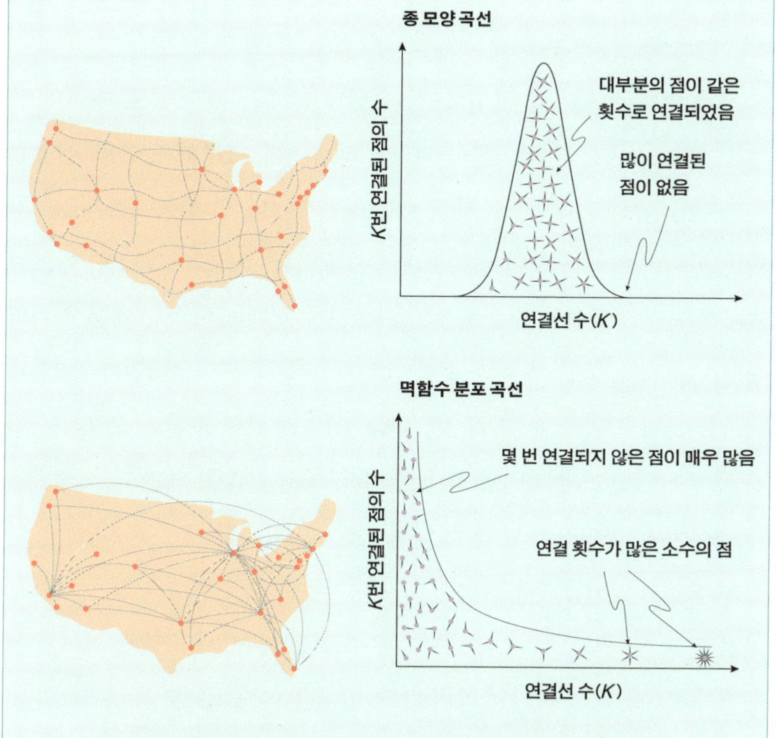

연결선 분포 함수로 그려 본 고속 도로 연결망과 비행기 항공 연결망

겼을까요? 실제 네트워크를 조사하면 이게 고속 도로처럼 균일하게 연결되어 있을까요, 아니면 항공망처럼 불공평하게 연결되어 있을까요? 제가 처음에 가장 궁금했던 점이 이것이었습니다. 네트워크가 어떻게 생겼는지 보고 싶었습니다. 그러면 어떻게 하면 되느냐? 아주 쉽습니다. 네트워크를 하나 가져다가 방금처럼 연결선 수를 세 보면 됩니다. 그걸 엑셀 프로그램에 넣어서 종 모양의 균일한 모습이 나오는지, 아니면 분수 함수 모양의 집중된 허브가 나오는지 보면 되거든요. 자, 그러면 어떤 네트워크를 첫 타깃으로 삼을 것인가 하는 문제만이 남았습니다.

월드 와이드 웹 네트워크

제가 연구를 시작한 게 1998년 말인데 그때만 해도 월드 와이드 웹(World Wide Web, WWW) 붐이 일고 있었습니다. 그래서 유행을 따라 월드 와이드 웹 네트워크를 조사해 보기로 했습니다. 언제나 네트워크는 점과 선이 무엇인지만 알면 된다고 말씀드렸지요? 월드 와이드 웹 네트워크에서 점에 해당하는 것은 웹 페이지입니다. 선에 해당하는 것은 하이퍼링크(hyperlink)라고 하는데 쉽게 말씀드려서 마우스 클릭입니다. 웹 페이지를 하나 띄워 놓고 마우스를 왔다 갔다 해 보면 화살표 모양이던 마우스가 어느 순간 손 모양으로 바뀝니다. 이때 클릭을 하면 다음 페이지로 넘어가죠. 클릭하면 또 다른 페이지로 넘어갑니다. 또 클릭하면? 또 다른 페이지로 넘어갑니다. 이렇게 웹 페이지를 점으로 보고 서로 클릭으로 연결된 웹 페이지들은 네트워크로 볼 수 있는 거죠. 사실 월드 와이드 웹에서 '웹(web)'이란 단어는 거미줄, 즉 연결을 나타내므로 네트워크인 것은 당연합니다. 그러면 이제 무엇을 하느냐? 세상에 있는 모든 웹 페이지를 바닥에 깔아 놓고 누가 누구랑 연결되어 있는지 살펴봐야 합니다. 당연히 세상 모든 웹 페이지가 모두 한 번의 클릭으로 바로 연결되는 것은 아닙니다. 그렇기 때문에 한 페이지 한 페이지씩 띄워 놓고 그곳으로부터 갈 수 있는 연결된 웹 페이지 개수를 셉니다. 하나, 둘, 셋, 넷, 다섯, 여섯, 일곱, 여덟, …… 세 봤더니 연결된 페이지가 25개입니다. 그러면 25개니까 엑셀 파일의 25번 칸에 눈금을 하나 추가합니다. 그다음 페이지로 넘어가서 하나, 둘, 셋, 넷, …… 다시 세서 연결된 개수를 엑셀 파일에 갱신하고, 이렇게 계속 웹 페이지마다 연결선 개수가 몇 개씩 있는지를 입력해 연결선 분포 함수 그래프를 그렸을 때 고속 도로 같은 균일한 종 모양이 나오는지, 아니면 항공망처럼 허브가 있는 불균일한 분수 함수 모양이 나오는지 보면 되는 아주 쉬운 작업입니다. 그런데 여기서 제가 간과한 게 하나 있었습니다.

여러분도 느꼈을 겁니다. 세상에는 웹 페이지가, 너무나 많습니다! 많아도 **너무~** 많습니다. 여러분이 출근해서 하는 일을 제가 한번 흉내 내 볼까요? 직장에 와서 자리에 앉는 순간 컴퓨터를 켭니다. 켠 다음에 네이버나 다음 같은 포털 사이트에 들어가서 '오늘은 좀 일찍 왔으니 뉴스 10분만 보고 일해야지.' 이러고 클릭, 클릭합니다. 그러다 보면 어느 순간 깨닫습니다. '앗, 벌써 점심시간이네?' 세상에 봐야 할 웹 페이지가 너무너무 많습니다. 10분만 하려고 했는데 금방 점심시간이 되어 버릴 정도로 말이지요. 이게 어느 정도로 많냐면 저희가 연구를 시작했을 때가 1990년대 말인데 그때 IBM 연구소가 정확한 숫자는 모르지만 전 세계의 웹 페이지 수를 8억 개 정도로 추정했습니다. 물론 지금은 훨씬 많겠지요. 사실 요즘은 몇 개인지 안 셉니다. 아니, 못 셉니다. 심지어 추측하기도 힘들 정도입니다. 그 수를 측정한다는 게 도저히 불가능하다는 사실을 사람들이 깨닫기 시작한 거지요.

그러니까 그 당시 제가 해야 할 일은 8억 개의 웹 페이지를 하나씩 띄워 놓고 하나, 둘, 셋, 넷, …… 다음 페이지, 하나, 둘, 셋, 넷, …… 이렇게 몇 개씩 연결되어 있는지 차례로 보는 것이었는데, 제가 만약 손이 빛처럼 빨라서 1페이지를 세는 데 1초씩이라고 해도 총 8억 초가 걸린다는 계산이 나왔습니다. 이게 말이 8억 초지 환산해 보면 무려 25년입니다. 이 연구가 결과적으로 《네이처》에 실리고 네트워크 과학이라는 분야를 여는 중요한 논문이 되긴 했지만, 당시만 하더라도 아무리 《네이처》 논문이라도 (물론 그 당시에는 이렇게까지 중요하게 될지도 몰랐습니다.) 논문 한 편 쓰자고 25년 동안 클릭만 할 수는 없잖아요. 그래서 어떻게 할까 고민을 좀 했습니다. 그때 대학에서 떠도는 농담이 번뜩하고 떠오르기도 했습니다. "질문, 코끼리를 냉장고에 넣는 방법은? 답, 조교를 시킨다. 끝!" 대학에서 어려운 일이 있으면 조교나 대학원생을 시켜 해결한다는 우스갯소리입니다. 아, 이건 정말 농담일 뿐이니 사실로 받아들이시면 안 됩니다. 당시 저는 박사 학위를 받고 박사 후 연구원을 하고 있었는데, 개구리 올챙이 적 생각 못한다고 잠시나마 대학원생을 시켜 볼까 하고 생각을 했었습니다. 하지만 아무리 대학원생이라고 하더라도 박사 학위 준다고 꼬드겨서 25년 동안 클릭만 하게 하는 건 너무 심하잖아요. 5명에게 시키는 건 어떨까? 1인당 5년 정도면 박사 과정 기간으로 적당한 듯도 한데……. 그런데 이 경우에는 5명이 똑같은 주제로 학위 논문을 준비하는 셈이니 이것도 말이 안 되는 일이긴 마찬가지입니다. 결국 대학원생이 할 수 없는 일이라는 건데, 대학원생이 못한다면 사람이 할 수 없는 것입니다. 다시 한번 말씀드리지만 학교에서만 떠도는 우스갯소리이니 진짜로 오해하는 일은 없으시길 바랍니다. 아무튼, 8억 개 웹 페이지를 분석해야 하는데 너무나 많아서 사람이 할 수는 없으니 방법을 고민해야 했고, 결국 로봇을 하나 만들었습니다.

「스타 워즈(Star Wars)」의 R2D2 같은 진짜 로봇을 만들었다는 건 아닙니다. 사실 웹 페이지 클릭이라는 게 마우스를 통해 어떤 전기 신호를 주고받는 것이거든요. 그걸 대신하는 컴퓨터 프로그램을 짜면 됩니다. 다시 말해서 웹 서핑을 대신할 프로그램을 짜서 엔터 키 누르고 놀다 오면 컴퓨터가 알아서 네트워크를 그려 주는 거죠. 전기 신호는 손보다 빠르고, 컴퓨터 여러 대를 나눠서 시킬 수도 있기 때문에 훨씬 작업이 손쉬운 것이죠.

이렇게 해서 나온 그림이 다음 페이지에 있습니다. 그림에서 각 점은

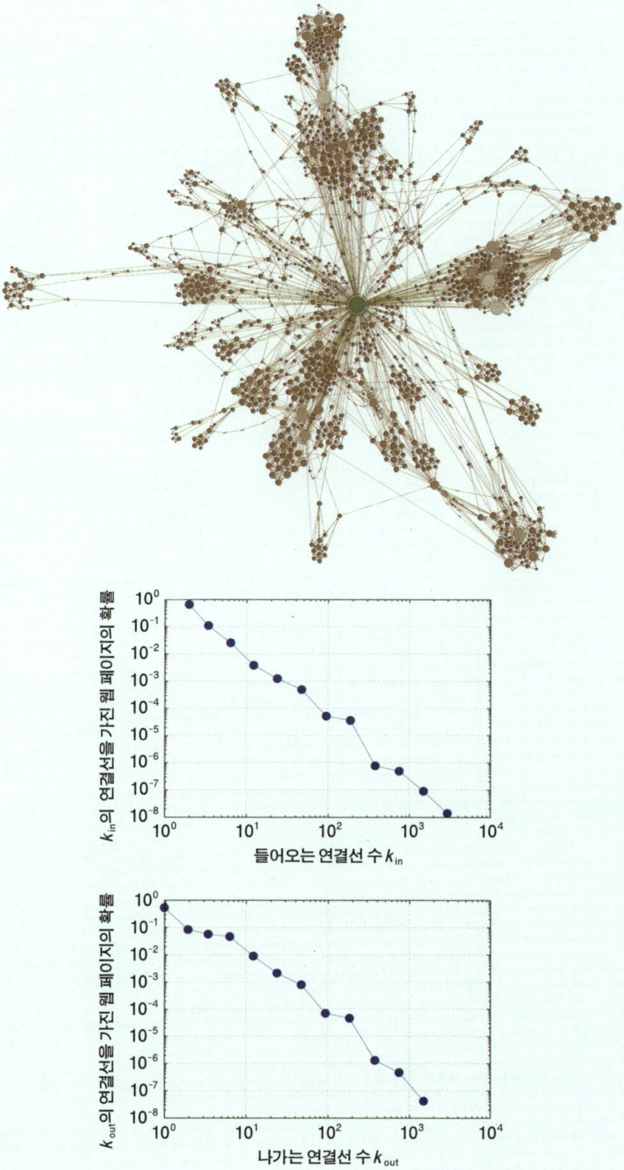

월드 와이드 웹 네트워크: 허브 웹 페이지가 있음을 알 수 있다.

웹 페이지이고, 이게 어떻게 연결되어 있는지를 보여 줍니다. 물론 아주 일부만 보여 드린 것입니다만, 보면 고속 도로처럼 생겼는지 항공망처럼 생겼는지 느낌이 오죠? 이걸 확인하기 위해 엑셀에 집어넣고 연결선 분포 함수를 그려 봤더니 아래쪽 그림처럼 나왔습니다. 앞서 보여 드렸던 것과 다르다고 생각할지 모르겠는데 가로축과 세로축을 로그 척도(log scale)로 그려서 그렇습니다. 항공망에서 나오는 분수 함수 그래프를 이처럼 x축을 로그로, y축도 로그로 그리면 곡선 대신 알아보기 쉬운 직선 모양이 되는데, 그래프 오른쪽을 보면 허브가 있음을 알 수 있습니다. 연결이 많은 웹 페이지들이 있다는 거죠. 세상에는 고속 도로처럼 생긴 균일한 네트워크도 있고 항공망처럼 쏠림 현상으로 허브가 있는 불공평한 네트워크도 있는데 월드 와이드 웹을 조사했더니 허브가 있는 항공망처럼 생긴 네트워크로 드러났습니다. 이 사실을 저희 연구팀이 세계 최초로 밝혔고 결국《네이처》에 실리게 되었습니다.[3]

인터넷 기간망 네트워크

이 논문이 출간되고 나니까 주변 반응은 "아, 재밌다!"와 "에이, 나도 할 수 있는데." 딱 두 가지였습니다. 대부분의 사람들이 일상적으로, 심지어 몇몇 사람들은 점심도 잊고 하루 종일 하는 게 웹 페이지 클릭인데 그 쉬운 걸 왜 생각 못 했을까 하고 억울해 하는 사람도 당연히 있겠지요. '나도《네이처》논문을 쓸 수 있었는데.'라는 생각이 꼬리에 꼬리를 물면 물론 우스갯소리지만 뭐 트집 잡을 것 없나, 잘못된 것 없나 뜯어보게 되는데요, 이 논문은 딱히 트집 잡을 게 없습니다. 하나 둘 셋 세는 데 무슨 과학적인 오류가 있겠습니까. 달랑 그림 하나 있는 1페이지짜리 논문이거든요. 결국 월드 와이드 웹이 항공망처럼 생긴 네트워크라는 사실에는 모두가 동의하게 됩니다. 하지만 더 나아가 세상에 존재하는 많은 다른 네트워크들은 그럼 어떻게 생겼을까 하는 궁금증이 일게 됩니다. 저 또한 마찬가지였고요. 그래서 두 번째로 선택한 네트워크가 인터넷 기간망입니다.

여기서 점은 컴퓨터고 선은 랜 케이블이라 생각하면 됩니다. 인터넷에 접속된 모든 컴퓨터가 연결되어 있는 네트워크를 상상하면 되는데요, 바로 다음 페이지에 나오는 그림을 보시면 됩니다. 각 점이 라우터(router)의 ip 주소들이고 이들이 어떻게 연결되어 있는지 보여 주고 있습니다. 보다시피 고속 도로가 아닌 중간 중간에 허브가 있는 항공망처럼 생긴 것을 알 수 있습니다. 그래서 인터넷도 항공망처럼 생겼다는 것을 저희가 발표했는데 이게 또《네이처》에 실렸습니다. 게다가 이 논문은 "인터넷의 아킬레스건"이라는 제목으로《네이처》 표지 논문[4]으로 선정되었습니다. '아니, 무슨 썼다 하면《네이처》 논문이야?' 하면서 또다시 두 눈을 부릅뜨고 오류를 찾아보는 사람들도 있었겠지요? 그분들이 고민 끝에 들고 나온 게 이겁니다. 첫 번째 논문에서 다룬 대상은 월드 와이드 웹이었고 두 번째는 인터넷이었습니다. 보통 사람들은 이 둘을 동일한 것으로 생각합니다. 여러분도 아침에 클릭 클릭하다가 친구로부터 "야, 너 뭐 하냐?"라는 말을 들으면 "나 인터넷 해." 그러잖아요? 사실 인터넷은 깔려 있는 기간망을 뜻하는 겁니다. 여러분이 '하는' 것은 웹 서핑이지 인터넷이 아닌 거지요. 그런데 워낙 인터넷이 월드 와이드 웹으로 도배되며 혼용되다 보니까 동일하게 여겨지고 있습니다.

그래서 "똑같은 걸 두 번 한 거 아닌가?", 즉 중복이고 표절 아니냐는

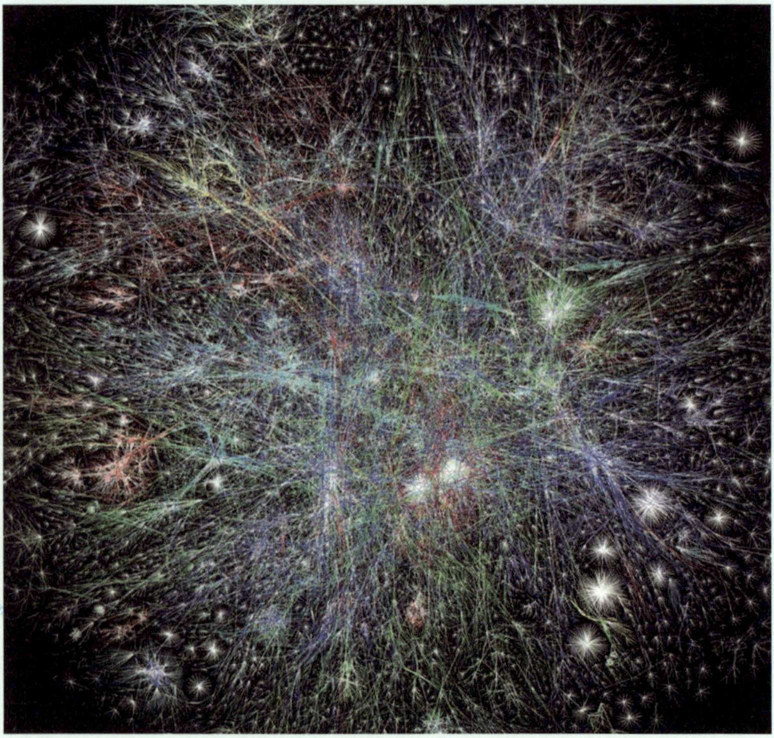

인터넷의 지도: 인터넷 기간망 네트워크

반론이 들어왔습니다. 자, 월드 와이드 웹과 인터넷의 차이점을 한번 예를 들어 설명해 볼까요? 아침에 일어나서 《뉴욕 타임스(*New York Times*)》를 본다고 생각해 봅시다. 웹 브라우저를 켜고 즐겨찾기 목록에서 찾아서 한 번 클릭하면 《뉴욕 타임스》로 연결됩니다. 랜 케이블은 어떨까요? 아무리 《뉴욕 타임스》 열혈 독자라 해도 본인 컴퓨터의 랜 케이블을 뽑아서 태평양 건너 《뉴욕 타임스》 본사 컴퓨터에 직접 꽂을 수는 없겠지요? 가상 공간의 웹은 한방에 연결되지만 물리적 공간의 인터넷은 중간에 컴퓨터 여러 개를 거쳐야 연결이 됩니다. 둘은 전혀 다르고 인터넷이 항공망이라고 해서 월드 와이드 웹도 항공망일 필요는 없는 것이지요.

섹스 네트워크

다음에는 인터넷과 상관이 없는 다른 네트워크를 살펴보았습니다. 물론 당시에 다양한 네트워크를 동시다발적으로 연구하기는 했지만, 인터넷이나 월드 와이드 웹처럼 헷갈릴 염려 없이 한방에 훅! 사람들의 이목을 모을 수 있는 사례면 좋을 것 같았습니다. 그럴 때 주로 등장하는 게 뭘까요? 여러분도 텔레비전에서 시청률이 낮을 때 뭐가 등장하는지 아시죠? 그래서 나온 게 이겁니다.

섹스 네트워크입니다. '어? 설마 19금?' 이렇게 생각하는 분들도 계실 테지요. 여러분이 상상하는 그게 맞습니다. 누가 누구랑 섹스했느냐를 가지고 섹스한 사람끼리 연결하는 겁니다. 사람들이 점이 되고, 같이 섹스한 사람끼리 선으로 연결해서 네트워크를 만듭니다. 그래서 남자, 여자로 네트워크를 만들었습니다. 다음 페이지의 연결선 분포 함수 그래프를 보면 아시겠지만, 여기도 역시 고속 도로 같은 공평한 종 모양이 아닌 항공망 같은 불공평한 분수 함수 모양을 따르고 있습니다. 그래프 오른쪽에 허브가 보이시죠? 물론 여기서는 허브라고 안 부릅니다. 연결선, 즉 섹스 파트너가 많다는 뜻이니 **카사노바**라는 아주 좋은 표현이 있죠. 그래프를 잘 봐야 하는데 가로축 눈금이 등간격이 아니고 로그 간격입니다. 지표가 1 늘어날 때마다 자릿수도 하나 올라가는 식으로 올라갑니다. 다시 말해서 오른쪽 마지막에 있는 점은 놀랍게도 연결선이 1,000명인 사람이

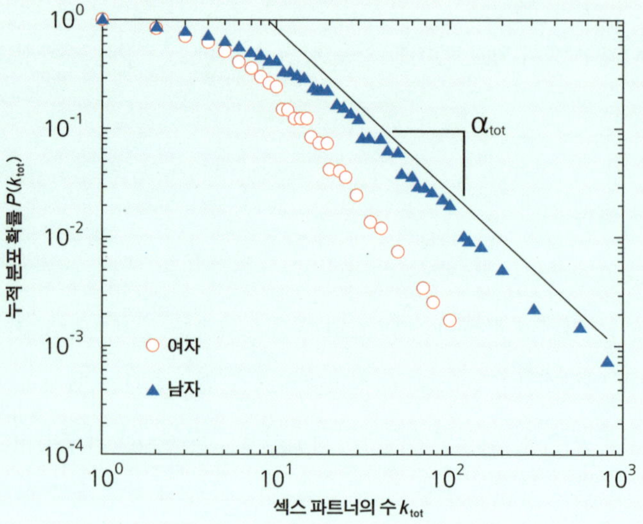

섹스 네트워크의 연결선 분포 함수

있다는 겁니다. 천 번이 아닙니다. 횟수가 아니라 서로 다른 섹스 파트너가 1,000명 있었다는 이야기인 거죠. 이런 데이터를 어떻게 구했나 궁금하실 텐데 설문 조사 결과입니다. 설문지에다 지금까지 섹스 파트너가 몇 명이었는지 적어 달라고 했습니다. 물론 우리나라 데이터는 아닙니다. 대한민국 같은 동방예의지국에서 조사했으면 모두 다 '한 명.' 이렇게 답변하고 그래프가 뾰족한, 소위 말하는 델타 함수가 되었을 겁니다. 이 조사는 18세에서 74세까지 다양한 연령층의 스웨덴 사람 4,871명을 대상으로 한 것입니다. 60퍼센트가 응답했다니까 3,000명 정도를 조사한 것으로 보면 됩니다.

연구 결과를 보면 특이한 사항이 좀 있습니다. 그래프에서 파란색은 남자고 빨간색은 여자인데요, 파란색 남자 허브는 1,000까지 가는데 빨간색 여자 허브는 100에서 끝납니다. 이것에 대해서는 몇 가지 설명이 가능합니다. 아시다시피 남자 분들은 저 숫자에 조금 민감합니다. 따라서 누가 보지 않는 설문 조사라 하더라도 약간 과장했을 가능성이 있습니다. 결국 데이터가 그래프 오른쪽으로 쏠렸을 수 있죠. 반면에 여자 분들은 얼마 전 흡연율 조사에서도 나왔듯이 뭔가 좀 숨기는 경향이 있거든요. 이 때문에 여자 분들의 데이터는 왼쪽으로 쏠렸을 수 있습니다. 이러한 가정들을 보정하면, 아마도 실제 남녀 데이터는 파란 그래프와 빨간 그래프의 중간쯤에 함께 있을지 모르겠습니다. 하지만 그렇다고 항공망 모양이었던 네트워크가 갑자기 고속 도로가 되지는 않지요. 허브, 즉 카사노바가 있다는 사실에는 변함이 없습니다.

또 다른 설명은 진화 이론을 연구하는 분이 알려 주신 겁니다. 남자/여자가 아닌 수컷/암컷으로 이 문제를 바라보게 되면 자연계에서 수컷의 지상 최대 목표는 '널리 씨를 퍼트린다.'기 때문에 섹스 파트너가 많을 수밖에 없습니다. 암컷은 임신을 하고 자식을 낳아 기르는 일을 맡고 있는 탓에 상대적으로 섹스 파트너가 적을 수밖에 없고요. 따라서 수컷과 암컷의 섹스 파트너 숫자는 늘 차이가 있다는 게 한 설명입니다. 어느 게 맞는지는 모르겠지만 어쨌든 섹스 네트워크도 허브가 있는 항공망 네트워크였습니다. 안타깝게도 이 《네이처》 논문은 저희 논문은 아닙니다. 저희도 데이터를 찾고자 했으나 짐작하시겠지만 구하기가 쉽지 않았습니다. 그 사이에 저와 함께 일하는 알버트 라즐로 바라바시(Albert László Barabási) 교수의 예전 지도 교수인 보스턴 대학교(Boston University)의 유진 스탠리(Eugene Stanley) 교수가 스웨덴 연구자들과 함께 논문을 발표한 것입니다. 안타까웠지만, 저희도 얼마 후에 생물학 관련 네트워크 논문을 발표하는 것으로 만족했습니다.

(실명으로 만든) 섹스 네트워크

그런데 엄밀히 살펴보면 이 섹스 네트워크 데이터에는 문제점이 있습니다. 설문 조사기 때문에 사람들이 거짓말을 했을 수가 있다는 것이죠. 아까 말씀드렸듯이 자신의 파트너 숫자를 과장하거나 혹은 축소했을 가능성이 있습니다. 그래서 정확하게 하려면 사람들을 실명으로 해서, 즉 실제 섹스 네트워크를 만들어야 합니다. "여기서 서로 섹스한 사람 손드세요……." 이게 될까요? 실명으로 조사해야 하는데 가능할까요? 안 될 것 같잖아요. 그런데 불가능은 없나 봅니다. **그런 일이 실제로 일어났습니다.**

다음 그림이 실명으로 만든 섹스 네트워크입니다. 미국의 제퍼슨 고등학교라고 하는 남녀 공학 고등학교에서 학생들을 강당에 가두어 놓고 (실

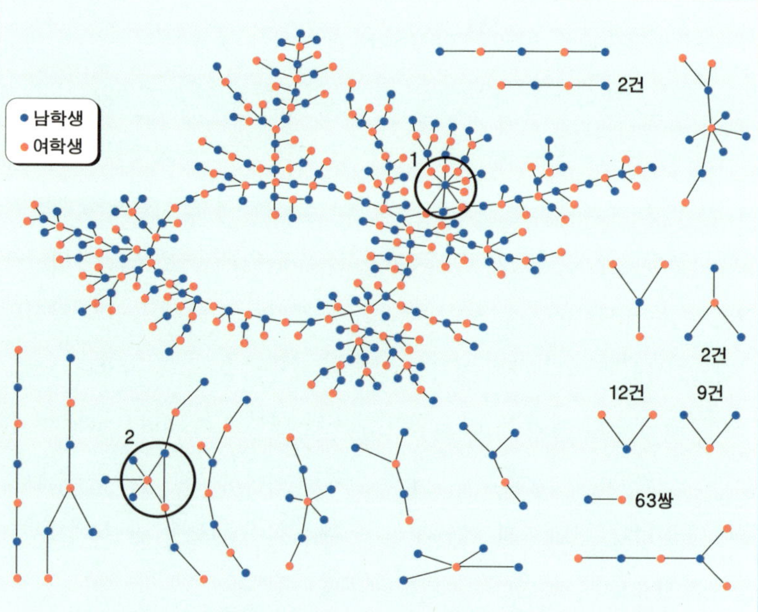

미국 제퍼슨 고등학교(가명)의 설문 조사 데이터로 만든 섹스 네트워크

제로 가둬 놓지는 않았겠죠.) 누가 누구랑 섹스했는지를 물어서 만든 네트워크입니다. 여기에 허브, 카사노바가 있을까 미심쩍겠지만 1번 친구의 연결선을 보면 하나, 둘, 셋, 넷, 다섯, 여섯, 일곱, 여덟, …… 많습니다. 아직 고등학생이거든요. 이 친구 아마 졸업하면 무궁무진할 겁니다. 잠재력이 충만한 거죠. 1,000명은 우습게 넘길 겁니다. 농담입니다. 그런데 이 네트워크를 보면 조금 특이한 점이 있습니다. 이전과 마찬가지로 파란색은 남자고 빨간색은 여자거든요? 소위 자연의 섭리에 따른다면 이 네트워크에서 삼각형이 나오면 안 됩니다. 그런데 보면 우리 1번 카사노바 후보 학생께서는 어떤 이유에선지 파란 점 하나와 연결선을 만들어 삼각형을 2개 만들었습니다. 2번도 잘 보면 빨간색 빨간색 연결로 삼각형이 존재하고요. 동성연애가 좋다 나쁘다를 말씀드리려고 하는 건 아닙니다. 저는 동성연애에 대해서는 가치중립적입니다. 말씀드리려는 것은 데이터를 조사해 보니 동성연애가 고등학교에도 실제로 존재한다는 겁니다.

그런데 도대체 이런 조사를 왜 했을까요? 학생들을 강당에 모아 놓고 신문사에서 자극적인 가십 기사나 쓰려고 이런 걸 했을까요? 그렇지 않습니다. 사실 제퍼슨 고등학교는 가짜 이름입니다. 프라이버시 때문에 당연히 가명을 사용한 것이지만, 말씀드린 내용은 미국 재단에서 연구비를 받아서 실제로 진행한 정식 연구 결과입니다. 물론 고등학생의 섹스 연결망만 조사한 것은 아닙니다. 고등학생을 대상으로 사회 다면 평가를 실시하여 학생들 간의 인간관계, 사회관계가 어떻게 연결되어 있는지를 보려고 많은 질문들을 했습니다. 학생이 흑인인지, 백인인지, 동양계인지, 스페인계인지 조사하고 부모의 직업이 뭐고 가계 월 소득은 어느 정도인지, 또 교우 관계는 어떤지, 무슨 과목을 함께 듣고 서클 활동은 뭘 하고, 방과 후에는 누구와 어울려 스포츠 활동을 하는지 등을 묻는 설문지 중 한

장이 섹스와 관련한 것이었습니다. 그런데 굳이 섹스 관계를 물은 이유는 뭘까요? 조금만 생각해 보면 이 네트워크가 AIDS(Acquired Immune Deficiency Syndrome, 후천성 면역 결핍증)나 성병의 전파를 막는 데 중요한 자료를 제공한다는 것을 알 수 있습니다. 세계적으로 AIDS의 급속한 확산이 문제인데 이러한 성병은 대부분 섹스 네트워크를 통해서 전파가 됩니다. 따라서 성병의 전파를 효율적으로 차단하기 위해서는 어떠한 방식으로 성병이 퍼지는지를 잘 알고 있어야 하고 당연히 섹스 네트워크의 모양과 특징이 중요한 기초 자료가 됩니다. 실제로 이러한 결과를 통해 좋은 성과를 얻었는지 궁금하실 텐데, 그 얘기는 이번 시간 끝부분에서 들려 드리도록 하겠습니다.

실제 사람들 사이의 섹스 네트워크를 조사한 자료에도 단점은 있습니다. 표본이 너무 작습니다. 조그마한 시골 학교 학생을 대상으로 했기 때문에 수백 명을 넘지 못했습니다. 통계적으로 의미 있는 결과를 내려면 10만 명, 100만 명을 대상으로 해야 하는데 이건 아무래도 불가능하죠. 사람들을 한곳에 모아 놓고 누가 누구랑 섹스했는지, 정확한 자료를 위해 섹스 파트너 이름과 주민 등록 번호까지 조사한다는 게 말이 되겠습니까. 그래서 조금은 다른 종류의, 더 많은 사람들을 조사할 수 있는 네트워크로 발길을 돌려 보았습니다.

무비 스타 네트워크

이번에는 누가 누구를 아는지 인간관계를 바탕으로 네트워크를 만들어 보려 했습니다. 그런데 생각해 보면 누군가를 안다고 말하기란 대단히 어렵습니다. 수업을 단지 같이 듣는 사람을 아는 사람이라고 할 수 있을까요? 인사를 한두 번 나누면 아는 사람이라고 할 수 있을까요? 사람 사이에 안다 모른다는 게 모호한 개념이라서 무언가 기준이 필요합니다.

그래서 어떻게 했느냐, 대상을 보통 사람이 아닌 할리우드 영화배우로 했습니다. 물론 영화배우들이 누가 누구를 아는지 제가 무슨 재주로 알겠습니까. 당연히 모르죠! 그런데 쉬운 방법이 있습니다. 만약 할리우드의 두 배우가 영화를 같이 찍었다면, 같은 세트장에 나왔을 것이고, 밥이라도 한 끼 같이 먹었을 것이고, 최소한 그 두 사람은 알 거라는 겁니다. 예를 들어 톰 크루즈하고 니콜 키드먼은 영화 3편을 같이 찍었습니다. 물론 결혼과 이혼이라는 과정을 겪은 만큼 서먹서먹할지는 몰라도 3편이나 함께 출연했으니 서로 잘 안다고 보고 연결할 수가 있습니다.

IMDB라는 영화 사이트엘 가 보면 1880년대 무성 영화부터 2013년에 나올 영화까지 모든 영화의 출연 배우 리스트가 들어 있습니다. 다 모으고 추리면 20만 명 정도 되는데, 그걸 모두 내려받아서 이름을 바닥에 놓고 같이 영화를 찍은 배우끼리 연결하면 영화배우들 사이의 네트워크가 구성됩니다. 여기에도 허브가 있었습니다. 영화배우니만큼 허브 말고 **스타**라고 부르는 편이 낫겠죠? 일반 사람들에서는 마당발이라고 표현할 수 있겠고요. 어쨌든 이렇게 영화배우들 사이의 인간관계 네트워크를 조사했더니 여기도 허브가 있더라, 즉 사람 사이의 알고 모르는 관계도 항공망처럼 생겼다는 결과가 나왔습니다. 20만 명이나 조사했기 때문에 통계적으로도 유의미한 결과입니다.

요즘은 우리나라 배우들도 할리우드에 많이 진출했죠. 국내에서는 연예인들과 관련해 재미난 자료가 있습니다. 옛날 KBS 2TV에서 방영되었던 「야! 한밤에」라는 프로그램의 한 코너인 '보고 싶다 친구야'에서 나온 데이터를 소셜 네트워크 분석을 하는 사이람(Cyram)이란 회사에서 분석한 것입니다. 혹시 못 본 분을 위해서 설명을 좀 드리면 토크쇼 성격의 프로그램인데 카페 같은 데에서 연예인을 2명 불러 놓고 서로에게 미션을 줍니다. 친한 연예인에게 전화해서 "야, 기분도 꿀꿀한데 술이나 한잔하자. 청담동 무슨 카페로 와." 한 다음에 전화를 끊고 그 중 몇이나 나오는지를 보는 겁니다. 물론 방송이라고 이야기하면 안 됩니다. 많이 불러내야만 이길 수 있으니까 정말 친한 친구들에게 연락을 하겠지요. 이 코너가 오랫동안 지속되었기 때문에 그걸 다 모아 봤더니 연예인들의 술친구 네트워크가 나오더라는 겁니다. 아니나 다를까 당연히 항공망 네트워크였고 허브가 있었습니다. 허브는 누구였을까요?

연결이 가장 많았던 연예계 마당발은 많이들 짐작하다시피 박경림 씨였습니다. 박경림 씨는 실제로 NQ(Network Quotient), 그러니까 네트워크 지수가 높답니다. 본인의 인맥 관리법을 담은 『박경림의 사람』이라는 책을 쓰기도 하셨죠. 바야흐로 IQ, EQ를 넘어서 NQ도 챙겨야 하는 시대가 온 걸까요? KAIST 경영대학 최고 경영자 과정에서 박경림 씨를 직접 뵌 적이 있습니다. 인맥 관리를 어떻게 하는지 슬쩍 여쭈어 봤더니 자신이 중요하게 생각하는 항목이 몇몇 있는데 그중에서도 인사를 잘하기가 첫째이고, 대가를 바라지 않고 뭔가를 베푸는 걸 좋아한답니다. 쉬운 말로 바꾸면 밥을 잘 산다는 거지요. 여러분도 허브가 되고 싶다면 밥을 많이 사십시오. 물론 돈이 많이 든다는 단점이 있습니다. 뭐, 세상에 공짜는 없으니까요.

SNS 네트워크

그런데 요즘은 트위터나 페이스북 같은 소셜 네트워크 서비스들이 뜨면서 온라인 데이터를 활용하여 실제 사람들 사이에 맺어진 관계들을 비교적 쉽고 명확하게 확인할 수 있게 되었습니다. 우리나라, 아니 전 세계적으로도 소셜 네트워크 서비스의 원조 격이라고 하면 싸이월드지요. 요즘은 기세가 한풀 꺾인 듯합니다만, 싸이월드의 가장 근간을 이루는 것이 일촌이라는 제도입니다. 싸이월드는 일종의 미니 홈페이지입니다. 방명록도 있고 일기장도 있고 사진도 올릴 수 있지요. 여기서 중요한 기능이 일촌입니다. 일촌은 사이버 스페이스 상의 친척, 친구 같은 개념으로 서로 아는 사람끼리, 그리고 서로 합의를 해야만 맺을 수 있습니다. 트위터는 누구를 팔로우하고 싶으면 그냥 하면 됩니다. 일방적인 관계인 것이지요. 하지만 일촌은 '나랑 일촌 할래?' 요청해서 '그래. 너랑 일촌 할게.' 이렇게 양쪽이 합의해야만 일촌으로 등록되고 목록에 저장됩니다. 그런데 놀라운 것은 싸이월드의 사용자가 아이디를 기준으로 현재 2200만이 넘는다는 사실입니다. 그러니까 우리나라에서 컴퓨터를 쓰는 사람은 (사용을 안 하더라도) 싸이월드 미니 홈페이지가 거의 다 있다고 봐도 됩니다. 이 싸이월드 일촌 네트워크를 뽑을 수만 있으면 우리나라 사람들이 어떻게, 누가 누구와 연결되어 있는지를 살짝 볼 수 있는 거죠. 정말 소중한 자료입니다.

다행히도 SK텔레콤 측과 연락이 닿아서 비공개 일촌을 포함한 싸이월드 전체 일촌 네트워크를 받을 수 있었습니다. 그리고 안용열, 곽해운 학생의 주도로 KAIST 전산학과의 문수복 교수님과 함께 1600만 명이나 되는 싸이월드 사용자의 일촌 네트워크를 분석해 보았습니다. 결과는 여기에도 허브가 있는 걸로 나왔습니다. 이건 더는 새롭지가 않지요. 그 대신 자연스럽게 이런 의문이 떠올랐습니다. 일촌이 가장 많은 사람, 즉 싸이월드의 허브는 누굴까? 2005년 기준으로 일촌이 제일 많은 사람은 최홍만으로 4만 8140명이었습니다. 엄청나죠? 그런데 자세히 살펴보니 1등부터 5등까지 순위권에 든 사람들이 최홍만, 배슬기, 노홍철, 아이비, 붐, 전부 연예인이었습니다. 이건 실질적인 인간관계라고 보기가 어렵습니다. 보나 마나 팬이 "일촌해 주세요." 하면 매니저가 "그러지 뭐." 하며 단숨에 승낙해 줬을 거라는 거지요. 즉 쌍방 간에 서로 잘 알고, 서로 합의가 되어서 만든 연결이 아니라는 겁니다. 좀 실망스러웠지요.

온라인 소셜 네트워크에서는 허브라고 하는 것이 스타-팬이라는 특수한 관계에서만 나타나는 것일까요? 2007년에 저희가 새로 데이터를 받았습니다. 그리고 분석해 봤더니 놀랍게도 1등부터 10등까지가 모두 바뀌어 있었습니다. 일촌 수도 엄청나게 늘었고요. 2007년 기준 1등의 일촌 수는 무려 400만 명이었습니다. 1600만 사용자 중 400만이면 싸이월드 하는 4명 중 1명이 이 사람과 일촌을 맺고 있다는 얘깁니다. 그럼 400만을 거느린 일촌 대마왕은 누구였을까요? 보통 이 질문을 던지면 나오는 답이 김연아 선수입니다. 하지만 2007년에는 김연아 선수가 지금만큼의 팬을 거느리고 있지는 않았습니다. 정치인을 말씀하시는 분도 계시는데 정치인 중에 싸이월드에서 일촌 400만 명을 거느릴 정도의 분이 계셨다면 우리나라 정치가 지금보다는 좀 더 소통의 정치가 될 수 있지 않았을까 생각합니다. 1등은 불행히도 사람이 아니었습니다.

아시다시피 2006년에 독일에서 월드컵이 열렸습니다. 당시 SK 텔레콤에서 월드컵을 응원하기 위한 이벤트를 하나 했는데 싸이월드에 '태극일촌'이라는 가상 인물의 홈페이지를 만들고 일촌을 맺으면 MP3와 벨 소리를 내려받게 해 주었습니다. 그런데 거기에 무려 400만 명이 참여했습니다. 마케팅 측면에서 보면 굉장한 성공 사례입니다. 1600만 명 중에 400만 명을 참여시켰으니 말입니다. 어쩌면 한방에 훅, 우르르 몰려다니는 우리나라 네티즌의 쏠림 현상을 보여 주기도 하고요. 물론 월드컵 열기가 더해지기도 했지만요.

20만을 거느린 2등도 사람은 아니었습니다. 20대를 대상으로 한때 인기 있었던 통신 요금제 TTL이었습니다. 드디어 3등에 이르자 사람이 나왔습니다. 일촌 수는 15만 명이었고요. 이번에도 최홍만인가 하고 클릭해 봤더니 최홍만이 아니었습니다. 모르는 이름이에요. '어? 내가 모르는 연예인인가?' 그래서 언제나 뭐든지 해결할 수 있는 대학원생을 불렀습니다. 대학원생에게 "너 이 사람 아니?"라고 물어봤더니 모른답니다. '이 사람은 연예인이 아니구나.' 확실합니다. 대학원생이 모르면 연예인이 아닌 겁니다. 사실 15만 명이면 2005년의 최홍만보다 일촌 수가 거의 세 배 이상인 엄청난 사람입니다. 저희가 자료를 받을 때 비밀 준수 서약을 한 관계로 이름을 말씀드릴 수는 없지만, 하여간 15만이라는 숫자에 대한 학문적인 검증과 약간의 호기심으로 홈페이지를 실제로 방문해 보았더니 정말로 연예인이 아닌 일반인이었습니다. 진정한 일촌 대마왕을 드디어 찾은 겁니다. 팬 관리 차원이 아니더라도 온라인 상의 인간관계에서 허브가 존재함을 밝힌 사례입니다.

논문 네트워크

또 다른 네트워크를 봅시다. 연구하는 분들이 신경 써야 하는 네트워크가 있지요. 바로 논문 네트워크입니다. 논문을 한 편 쓰면 뒷부분에 참고 문헌이라고 있습니다. 논문을 작성하며 참고했던 논문, 책 등을 나열하는 것이지요. 참고 문헌을 보면 내가 쓴 논문으로부터 다른 논문으로 나가는 화살표를 그릴 수 있습니다. 그런데 지면에 한계가 있기 때문에 논문을 쓰며 참고한 모든 문헌들을 적을 수는 없습니다. 하지만 반대 방향은 다릅니다. 좋은 논문이면 다른 논문이 많이 인용을 합니다. 이렇게 인용 당하는 횟수에는 당연히 제한이 없습니다. 즉 들어오는 화살표는 나가는 화살표와 달리 1,000개, 1만 개 등등 얼마든지 커질 수 있습니다. 논문의 인용 숫자로 논문들의 네트워크를 만들어 보면 어떨까? 논문을 바닥에 쫙 깔아 놓고 어떤 논문이 어떤 논문을 인용했는지를 살펴보았습니다. 그리고 연결선 분포 함수를 그렸더니, 이것도 아니나 다를까 항공망처럼 생겼습니다.

이것이 뜻하는 바는 대부분의 논문은 거의 인용이 안 되며 몇 개 안 되는 논문들이 반복적으로 인용이 되고 있다는 겁니다. 불쌍한 우리 논문은 그래프 왼쪽에서 빌빌거리는 반면에, 유명한 허브 논문들이 오른쪽에서 모든 인용 수를 독차지하고 있는 거지요. 학계의 비극이 여기서 시작됩니다. 만약에 논문 네트워크가 항공망이 아니라 고속 도로처럼 생겼다면 학교 생활하기가 정말 쉬울 겁니다. 고속 도로 연결망처럼 모든 논문이 공평하게 열 번씩만 인용이 된다고 칩시다. 논문 한 편이 딱 나오면 사이좋게 열 번씩만 인용하고, 새 논문이 나오면 그걸 인용하는 식으로 말입니다. 이렇게 되면 모든 저널의 인용 지수(impact factor)[5]가 10이 되고 모든 논문이 동등해집니다. 괜히 《사이언스(*Science*)》나 《네이처》에 실리려고 아등바등 안 해도 되고 정말 학문의 유토피아가 될 테지요. 하지만 현실은 그렇지가 않아서 적은 수의 못된 논문이 기회를 다 가져가고 불쌍한 우리 논문들의 비극은 계속되는 거죠. 빨리 저걸 항공망에서 고속도로로 만들어야 하는데 갈 길이 멉니다. 다 같이 사이좋게 사는 사회면 얼마나 좋겠습니까만 쉽지가 않습니다. 농담입니다.

경제에서도 네트워크를 만들 수 있습니다. 개개인을 점으로 보고 개별 경제 활동을 따라 선을 그려도 되고, 기업들 간 거래나 국가 간 무역 수출입을 보아도 됩니다. 여러 가지 방법으로 경제 네트워크를 만들 수 있는데 거기서도 당연히 허브가 나옵니다. 예를 들어, 2000년대 초반에 미국 스탠더드 앤드 푸어스(Standard and Poors) 500종 평균 주가 지수에 속한 기업들의 주식 상관관계를 통해서 네트워크를 구성하면 제너럴 일렉트릭(General Electric) 같은 크고 영향력이 있는 기업이 허브로 나타납니다. 강의 초반에 잠깐 언급했지만 생물학에도 네트워크가 많고요. 예를 들면 단백질-단백질 네트워크와 단백질-유전자 네트워크, 그다음에 이러한 단백질 네트워크와 연결되는 신진대사 네트워크 등이 있습니다. 이런 다양한 생물학 네트워크들을 분석해 보면 여기도 허브, 허브, 허브가 나옴을 알 수 있습니다. 생물학 네트워크에도 허브가 있으며 항공망처럼 생겼다는 게 저희 연구 결과입니다.

주변을 돌아보면 네트워크는 정말로 많습니다. 세상에 널린 것이 네트워크입니다. 몇 가지만 더 소개해 드리면, 누가 누구에게 이메일을 보내는지 이메일 주소를 가지고 조사해 보면 역시나 항공망처럼 생겼습니다. 미국의 통신 회사 AT&T에서 누가 누구에게 전화를 걸었는지 조사해 봤더니 역시 항공망처럼 생겼다는 결과가 나왔습니다. 심지어 언어학에서도 항공망이 나옵니다. 비슷한 말을 모아 놓은 동의어 사전의 단어들을 바닥에 깔아 놓고 비슷한 말끼리 연결하면 또 신기하게도 허브가 나타납니다. 다른 방식으로 단어를 연결할 수도 있습니다. 영어 소설책을 펴고 책에 나온 문장을 봅니다. 예를 들어 "I am Tom. You are Jane." 이렇게 나오잖아요? 문장 안에서 옆에 붙는 단어끼리 연결합니다. I am Tom에서는 I하고 am을 연결하고, am하고 Tom을 연결합니다. 또 You are Jane에서는 You하고 are를 연결하고, are하고 Jane을 연결하는 식으로 책에 나오는 모든 문장의 단어를 연결해서 네트워크를 만드는 겁니다. 이렇게 해도 허브가 나옵니다. the, of같이 자주 쓰이는 단어들이 허브가 되는 거죠. 신기하게도 네트워크처럼 생긴 걸 조사하면 거의가 허브가 있는 항공망 모양이 나옵니다. 100퍼센트라고는 말씀을 못 드리지만 99.9퍼센트가 항공망처럼 생겼습니다. 따라서 여러분이 앞으로 네트워크를 상상할 때는 '항공망처럼 생겼다.'에 내기를 거는 편이 유리합니다. 지금쯤이면 감이 올 겁니다. 제가 지금까지 말씀드린 것을 한 줄로 요약하면 다음과 같습니다.

세상에는 네트워크가 많은데, 항공망처럼 생겼다.

빈익빈 부익부

지금까지 위 사실을 계속 되풀이해서 살펴보았습니다. 좀 허무한가요? 사실 지금껏 본 건 단순한 관측 결과입니다. 세상을 잘 들여다보았더니 그렇게 생겼더라는 것이지요. 과학이라고 하기에는 조금 부족해 보이는 것이 맞습니다. 제가 과학 하는 사람이라면 당연히 그다음에는 그러면 '도대체 왜 저렇게 될까?'를 고민해 보아야 하겠지요. 네트워크가 생긴 것은 그렇다손 치고 왜 저렇게 되는지 설명할 수 있어야 합니다. '왜 하필이면 항공망처럼 생겼을까?' 이걸 고민하다 보니까 간단한 설명을 하나 발견했습니다. 이게 정답일지는 모르지만, 소위 말하는 빈익빈 부익부 법칙 때문에 그렇습니다. 잘나가는 놈이 계속 잘나가는 겁니다. 예를 들어 유명한 논문이 한번 되잖아요? 그러면 계속해서 더 많이 인용됩니다. 주로 참고 문헌 앞부분을 차지하는, 소위 말하는 골든 리스트에 들어가는 총설 논문들이 그렇습니다. 화살표를 계속 받으면서 허브가 되는 것이죠. 웹 페이지도 마찬가지입니다. 여러분이 웹 페이지를 만들고 링크를 걸 때 생각해 보면 당연히 유명한 웹 페이지에 링크를 하지 전혀 모르는 웹 페이지에 링크를 걸진 않습니다. 그래서 잘나가는 애들이 계속 잘나간다고 하는 겁니다. 영화배우도 잘나가는 스타에게 더 많은 새로운 기회가 생기고 연결이 더 빨리 늘어나면서 결국 허브로 자리매김하게 됩니다.

더 자세히 설명드리면, 대부분의 네트워크를 살펴보면 새로운 점들은 항상 생겨납니다. 논문을 봅시다. "출판하든가 도태되든가(publish or perish)"라는 말이 있을 정도로 논문을 쓰지 못하면 대학에서 쫓겨나기에, 새로운 논문은 계속 나올 수밖에 없습니다. 새로운 웹 페이지, 새로운 영화배우, 새로운 섹스 파트너도 계속 나옵니다. 이렇게 새로 등장한 녀석은 왕따가 아닌 이상은 어딘가 연결해야 합니다. 어디다 연결할까요? 기존에 있던 네트워크의 누군가에게 연결해야 하는데, 생각해 보면 당연히 잘나가는 애한테 붙을 가능성이 높습니다. 얘는 친구가 2명이구나, 4명이구나, 10명이구나 셈해 보고, 보나 마나 친구가 많은, 잘나가는 애에게 붙어야 뭔가 도움이 되겠다고 생각할 겁니다. 잘나가는 웹 페이지는 뭔가 중요한 내용이 있어서기도 하겠지만 일단 유명해지면 잘 보이기도 하고 노출도 더 되므로 계속 잘나가게 될 것이고 결국 빈익빈 부익부 현상이 나타나게 됩니다. 앞서 소개해 드린 네트워크 대부분에 적용해 보아도 이 법칙이 성립함을 알 수 있습니다. 결국 이런 잘나가는 애들이 연결선을 많이 모아서 허브가 됩니다.

컴퓨터 시뮬레이션을 돌려 보면 이 사실이 더 정확하게 확인됩니다. 조그만 네트워크에서 시작해서 점들을 늘리며 빈익빈 부익부 원칙, 다른 말로는 선호적 연결(preferential attachment) 알고리듬을 적용하여 점들을 연결해 나가면, 커다란 네트워크가 되었을 때 허브가 있는 항공망 네트워크가 나타납니다. 그리고 실제 연결선 분포 함수를 조사해 보면 x축과 y축이 로그 척도일 때 직선 모양의 분수 함수가 됩니다.

자, 드디어 앞에서 얘기했던 '주의'를 드릴 때가 왔습니다. **다음에 수식이 나옵니다.**

$$\frac{\partial k_i}{\partial t} \propto \Pi(k_i) = A\frac{k_i}{\sum_j k_j} = \frac{k_i}{2t}, \text{ 초기 조건 } k_i(t_i) = m \text{에서}$$

$$k_i(t) = m\sqrt{\frac{t}{t_i}}$$

$$P(k_i(t) < k) = P_t\left(t_i > \frac{m^2 t}{k^2}\right) = 1 - P_t\left(t_i \le \frac{m^2 t}{k^2}\right) = 1 - \frac{m^2 t}{k^2(m_0 + t)}$$

$$\therefore P(k) = \frac{\partial P(k_i(t) < k)}{\partial k} = \frac{2m^2 t}{m_0 + t}\frac{1}{k^3} \sim k^{-3}$$

$$\gamma = 3$$

제가 물리학자라는 걸 증명하려고 넣은 **인증샷**이니까 이해 못 하셨다고 전혀 걱정하지 마시고요. 지금까지 말씀드린 걸 수식으로도 풀 수 있음을 보여 드리려고 넣은 것이지 수식 유도 과정을 설명하려는 건 절대 아닙니다. 실제 제 논문[6]에 들어 있는 수식이기도 합니다. 제 자랑이지만, 이 논문은 《피지카 A(*Physica A*)》라는 저널에서 '지금까지 가장 인용이 많이 된 논문'으로 선정되어 중요성을 인정받았습니다.

이제 항공망 네트워크가 빈익빈 부익부 법칙 때문에 생성된다는 것을 알았으니 그다음으로 왜 항공망이 더 많은지를 생각해 볼 차례입니다. 왜 고속 도로처럼 생긴 균일한 네트워크 대신에 항공망 같은 불균일한 네트워크가 자연에 많이 존재할까? 세상을 만든 조물주가 있다면 모를까, 이 문제의 정답을 아는 사람은 없습니다. 저희가 추측하기로 한 가지 가능한 이유는 자원이 보다 효율적으로 이용된다는 겁니다. 만약 여러분한테 점 100개하고 선 200개를 준 다음에 네트워크를 만들라고 하면 이제는 두 가지의 네트워크를 만들 수가 있습니다. 고속 도로처럼 만들 수도 있고 항공망처럼 만들 수도 있죠. 여기서 같은 양의 재료로 만든 이 두 네트워크 중에 어느 것이 더 좋으냐고 묻는다면 어떨까요? 네트워크는 보통 통신이나 이동 등에 주로 사용됩니다. 예를 들어 한 곳 A에서 출발해서 다른 곳 B로 갈 때 어떻게 가야 하나를 생각해 봅시다. 고속 도로로 네트워크를 만들면 A에서 출발해서 B까지 가는 동안 중간에 있는 도시들을 모두 지나가야 합니다. 하지만 항공망에서는 A에서 출발하여 허브 공항에서 한 번만 갈아타면 B까지 쉽게 갈 수 있지요. 즉 한 곳에서 다른 곳으로 빨리 (비행기라 빠르다는 뜻이 아니라, 더 짧은 단계 만에 도착한다는 의미) 이동할 수가 있기 때문에 항공망이 더 효율적이라는 겁니다. '같은 자원으로 네트워크를 만들었을 때 항공망처럼 허브를 거쳐 가게 하면, 많은 중간 도시를 거쳐야 하는 고속 도로보다 이동이나 통신을 보다 효율적으로 이용할 수 있다!'는 게 저희가 제시한 한 가지 설명입니다.

두 번째는 항공망 네트워크가 더 견고하다는 겁니다. 예를 들어 아까 네트워크 그림에서 등장한 도시 이름을 쭉 써 놓고 이 중에서 어느 한 곳에 문제가 발생한다고 생각해 봅시다. 어디서 문제가 생길지 미리 알 수가 없으니까 눈을 감고 아무 도시를 하나 찍어서 네트워크에서 없앱니다. 당연히 점이 하나 없어졌으므로 주변에 연결된 도시들이 이동과 통신에 지장을 받아 옆으로 돌아가야 하는 불편함을 겪게 됩니다. 고속 도로에서는 아무 도시나 찍어 없애도 지연 효과가 비슷합니다. 어차피 연결선이 다 비슷비슷하니까요. 그런데 도시 대부분이 한두 개의 연결선만 가진 조그만 시골 공항인 항공망 네트워크에서는 무작위로 찍은 도시가 보나 마나 시골 공항일 테고, 대부분의 사람은 전체 항공망을 이용하는 데 아무런 지장이 없습니다. 물론 허브 공항이 고장 나면 큰일이겠죠. 하지만 중요한 건 문제라는 게 무작위로 발생하기 때문에 수가 많은 작은 공항들을 제쳐 두고 허브가 걸릴 가능성은 무척 낮다는 겁니다. 게다가 허브 공항이 중요한 건 다들 아니까 세심하게 관리해서 문제를 미연에 방지할 수가 있습니다. 결국 연결선이 적은 것들을 많이 가짐으로써 어디서 일어날지 모르는 고장을 조그만 곳에서 대부분 일어나게 하되 적은 수의 중요한 허브 공항들만 열심히 관리하면 전체 항공망 운영에는 큰 이상이 없다는 거죠. 그래서 항공망 네트워크가 고속 도로보다 통제할 수 없는 고장이 무작위하게 일어났을 때 상대적으로 훨씬 튼튼하다는 겁니다. 물론 그 대가로 허브가 고장이 나면 전체 시스템이 무너지는 곤욕을 치러야 하긴 합니다만, 이건 말씀드린 대로 충분한 대비를 하면 됩니다.

공항뿐만 아니라 생명체도 마찬가지입니다. 우리 몸속에 있는 많은 네트워크 중 어딘가에서 우리 모르게 문제가 발생할 수 있습니다. 지금 제 몸 어딘가 한 부분에도 말썽이 생겼을지 모릅니다. 하지만 걷고 말하고 생활하는 데 그다지 지장이 없는 것은 보나 마나 사소한 부분에서 문제가 발생해서일 겁니다. 생명체 네트워크가 항공망으로 되어 있기 때문에 우리가 얻는 큰 이점입니다. 실제로 단백질 네트워크 같은 생명체 네트워크를 통해 항공망 네트워크가 튼튼하다는 것이 간접적으로 증명이 됩니다. 아시다시피 단백질은 눈이 없습니다. 따라서 친구가 많은 단백질을 찾아보며 골라서 연결할 수가 없습니다. 그럼에도 항공망 구조를 갖는 이유는 이렇게 생각해 볼 수 있습니다. 단백질은 눈이 없으므로 아마도 무작위하게, 임의의 단백질과 연결이 될 겁니다. 허브와 연결될지도 모르고 연결선이 적은 단백질과 연결될지도 모릅니다. 하지만 시간이 지나고 진화를 거듭할수록 허브와 연결되어 항공망 구조로 발전한 개체들이 더 튼튼하여 살아남았다고 생각하면 설명이 되는 것이지요. 이러한 장점 때문에 항공망 네트워크가 고속 도로 네트워크보다 우리 주변에서 많이 발견되는 것이 아닐까 생각해 봅니다.

카사노바로 AIDS 치료하기

그럼 실생활에서는 항공망 네트워크를 어떻게 써먹을 수 있을까요? 지금까지 얘기한 항공망 네트워크 중에 아마도 가장 여러분 기억에 남는 건 섹스 네트워크일 거라 생각이 되는데요, 그중에서도 제퍼슨 고등학교의 섹스 네트워크를 다시 한번 떠올려 봐 주십시오. 전체 네트워크를 알면 성병을 포함해 전염성 질환이 어떻게 퍼져 나가는지를 알 수 있다고 말씀드렸습니다. 다시 말해서 네트워크가 어떻게 생겼는지 그 구조를 알면, 전염병의 확산 과정을 컴퓨터를 통해 정확하게 시뮬레이션해 볼 수가 있습니다. 누가 감염되는지, 얼마나 빨리 퍼지는지, 어떻게 퍼지는지 등을 알 수가 있는 거죠. 그래서 바이러스나 전염병을 통제할 때 이러한 네트워크 시뮬레이션을 쓰기도 합니다. 실제 네트워크를 조사해서 그중에 몇

몇 점들이 감염되었다고 가정하고, 연결된 주변 점들도 실제 전염병이 확산되듯이 일정한 확률로 차례차례 감염을 시켜 보는 겁니다. 그런데 앞서 튼튼하다고 이야기했던 이 항공망이 전염병에는 무척 취약합니다. 누구 하나 감염이 되면 연결선이 많은 허브로 금세 전염되고, 그러고 나면 허브에 연결된 수많은 점들로 재빨리 확산이 되는 것이지요. 컴퓨터 바이러스가 빨리 퍼지고 문제시되는 이유가 바로 인터넷이 항공망 네트워크기 때문입니다. AIDS나 성병도 마찬가지입니다. 누군가 한 명이 걸리면 이 사람이 연결선이 많은 카사노바에게 옮기고, 이 카사노바가 돌아다니면서 마구 퍼트리게 되는 겁니다.

이제 문제점을 알았으니까 해결을 해야겠죠. 어떻게? 아주 쉽습니다. 먼저 허브를 찾아내어 집중적으로 치료하면 됩니다. 물론 돈과 시간이 많다면 모든 사람에게 백신을 주사하면 되겠지만, 비용과 시간 문제가 있으니 우선 순위를 정할 수밖에 없습니다. 연결선이 얼마 없는 엉뚱한 사람보다는 카사노바를 먼저 치료하는 게 효율적이라는 겁니다. 전염병의 빠른 전파를 막을 수 있는 것이죠. 그런데 문제가 있습니다. 인터넷은 컴퓨터 뒤에 선이 몇 개 꽂혀 있는지 세면 누가 허브인지 압니다. 인터넷 지도에 따라 연결선이 많은 허브 컴퓨터에 방화벽을 설치하고 백신을 업그레이드하면 바이러스의 확산을 막을 수 있습니다.

하지만 인간 세상의 섹스 네트워크에는 지도가 없습니다. 누가 카사노바인지 알아야 백신 주사를 놓을 텐데 그게 누군지를 모른다는 거죠. 사람들을 모아 놓고 "카사노바 손드세요." 한다고 솔직하게 털어놓을 리도 만무하고, 거 참, 안타까운 노릇입니다. 그런데 이스라엘 바이츠만 연구소(Weizmann Institute of Science)의 연구자들이 드디어 프라이버시를 침해하지 않으면서 섹스 네트워크의 허브, 카사노바를 찾는 방법을 알아냈습니다. 다음과 같은 상황을 생각하면 됩니다. AIDS 백신 주사가 100개 있습니다. 100개의 주사를 가장 효율적으로 사용하려면 허브에게 맞혀야겠지요? 하지만 우리는 허브가 누구인지 모릅니다. 일단 백신 주사를 들고 서울역으로 나갑니다. 서울역이 아니어도 사람이 많이 들락거리는 곳이면 어디라도 좋습니다. 그리고 그곳에 서서 지나가는 사람 아무나 붙잡고 백신 주사를 한번 놓아 봅시다. 이 사람이 허브일까요? 허브가 서울역을 지나간다는 보장이 없으니 이 경우 백신을 낭비할 가능성이 있습니다. 그래서 이번에는 지나가는 사람에게 백신을 놓는 게 아니라 손에다 꼭 쥐어 줍니다. 그리고 그 사람에게 "집에 가다 친구 중 한 명에게 백신 주사를 푹 찌르세요."라고 말하는 겁니다. 잘 생각해 봅시다. 서울역 앞에서 무작위로 잡힌 사람은 허브가 아닐 수 있지만, 그 사람의 친구라면 허브일 가능성이 높습니다. 허브는 친구가 많기 때문에 아무나의 친구일 수가 있지요. "친구 중에서 바람둥이 같은 사람에게 주사를 놓으세요."라고 굳이 말할 필요도 없습니다. 그저 친구 한 명에게 주사를 놓으라고 말했을 뿐인데 확률적으로 자연스럽게 허브에게 백신이 가게 되는 겁니다. "친구 치료"라고 불리는 이 방법이 바로 프라이버시를 침해하지 않고 허브를 찾아내어 전염병을 차단할 수 있는 방법입니다. 물론 이 치료가 실행되는 동안에는 주사 자국이 드러날 수 있는 반소매 옷은 입지 않는 것이 좋겠지요?

이 방법은 마케팅에도 똑같이 적용됩니다. 보통 새로운 제품이 나오면 홍보를 위해 시제품을 나눠 줍니다. 하지만 길거리에서 아무렇게나 나누어 주면 아무런 소용이 없습니다. 허브한테 들어가서 허브가 입소문을 내 줘야 비용 대비 효과적이라는 거지요. 아까와 똑같이 시제품을 들고 서울역 앞에 나갑니다. 그러고는 아무나 붙잡고 시제품을 2개 주면서 "하나는 당신이 쓰고 하나는 친구 아무나 주세요."라고 하면 두 번째는 자연스럽게 허브한테 가게 됩니다. 이 경우 제품을 하나가 아니라 둘을 나눠 주는 이유는 생각해 보면 당연합니다. "이거 당신이 쓰지 말고 친구 아무나 갖다 주세요."라고 하면 누가 친구에게 주겠습니까? 당연히 자기가 쓰겠죠. 2개씩 주어야 하니 비용은 두 배로 들겠지만 허브가 지닌 파괴력을 생각하면 이 방법으로 거둘 수 있는 홍보 효과는 엄청납니다.

네트워크를 생각하라

자, 이제 첫 번째 강의를 마무리할 시간입니다. 강의를 시작할 때 제가 복잡계라는 것을 소개한다고 말씀드렸죠. 복잡계란 복잡하고 어려운 무언가입니다. 그런데 잘 보니까 그 바탕에는 네트워크라는 아주 간단한 뼈대가 있었습니다. 네트워크는 점과 선으로 이루어진 것인데 주변에 널려 있어서 찾아내는 건 사실 그다지 어렵지 않습니다. 그래서 '네트워크라는 뼈대를 연구한 다음에 복잡계를 이해하자! 어려운 문제는 나중에 풀자!'라고 생각해서 실제 네트워크를 살펴보았더니 이것들이 **항공망, 허브가 있는 네트워크였다**라는 게 이번 강의의 내용 전부입니다.

네트워크를 잘 활용하면 쓸모가 많습니다. 생각해 보십시오. 사방에 깔린 게 네트워크입니다. 여러분 주변의 네트워크를 생각해 보고 그 구조를 상상해 보십시오. 네트워크의 구조를 아는 것이 별것 아닌 것 같지만, 교묘하게 카사노바를 찾아낸 방법처럼 잘만 활용하면 쓸모가 많습니다. 배운 것들을 차근차근 되짚어 보고, 여러분 주변의 것들을 네트워크의 관점에서 바라보고 일상생활에 적용한다면 무언가 도움이 되지 않을까 생각합니다. "Think Networks." 이 문장을 마음속에 새겨 두시길 바랍니다. 제가 강의가 끝날 때 꼭 드리는 말씀이 있습니다. 앞에서 이야기한 모든 일은 제가 아니라 유능한 제 대학원생들이 했습니다. 저는 가운데서 연결하는 역할만 하고 있습니다. 따라서 혹시 강의가 끝나고 박수를 쳐 주신다면 저희 대학원생들에게 쳐 주시길 바랍니다. 감사합니다.

2강

복잡계 네트워크의 응용

이번 강의에서는 복잡계 네트워크가 실제로 어떻게 응용되고 있는지를 보여 드리려고 합니다. 물론 시작은 가벼운 이야기로 해야겠지요? 그래서 숫자 이야기를 좀 하겠습니다. 복잡계와 직접적인 연관은 없어 보일 수도 있지만 제가 좋아해서 종종 써먹는 이야기입니다. 재미없는 강의도 훌륭한 결과를 낳을 수 있음을 보여 주는 아름다운 이야기이기도 하고요.

소수(素數)라는 게 있습니다. 1과 자기 자신으로만 나누어지는 수를 소수라고 합니다. 소수는 수학에서 아주 중요합니다. 소수는 2, 3, 5, 7, 11, 13, … 이런 식으로 계속 나옵니다. 수학을 하는 사람들은 저기에 규칙이 있는지 궁금해 합니다. 만약 규칙이 있다면, 그 규칙을 알면 정말 커다란 소수도 알 수 있으니까요. 커다란 소수는 암호를 만드는 데 요긴하게 쓰이는 등 쓸모가 많습니다.

스타니스와프 울람(Stanisław Ulam)이라는 수학자가 있었습니다. 이 사람이 어떤 세미나에 갔는데 너무 재미가 없는 거예요. 그래서 뭘 했냐

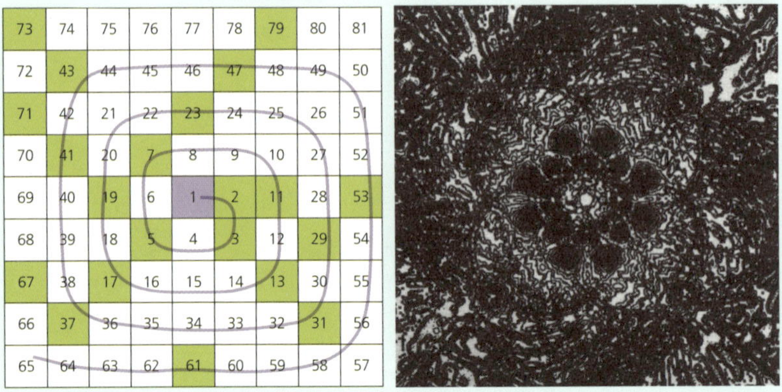

울람의 장미: 소수들의 네트워크

면 위 그림처럼 종이에다 칸을 그리고 숫자를 썼습니다. 가운데부터 빙글빙글 돌아가며 1, 2, 3, 4, 5, 6, 7, 8, … 이렇게 쓴 다음에 소수를 노란색으로 칠해 봤습니다. 그랬더니 뭔가 패턴이 보입니다. 대각선 쪽에서 소수가 많이 나오는 듯한 느낌이 들어요. '어, 뭔가가 있나?' 해서 이걸 6만까지 해 봤습니다. 세미나가 얼마나 재미없었으면! 그림에서 사선 모양이 보이시나요? 세미나가 끝난 다음에도 모눈종이 색 칠하기는 계속되었습니다. 참 끈질긴 사람이죠. 26만까지 했더니 오른쪽 그림과 같은 모양이 나왔습니다. 왠지 장미꽃처럼 보인다고 해서 이 그림에는 '울람의 장미'라는 이름이 붙여졌습니다. 지루한 세미나가 아름다운 결과물을 낳은 정말 좋은 사례지요? 재미없는 강의도 다 쓸모가 있더라는 걸 바로 이 울람의 장미가 증명하고 있습니다. 그리고 여기서 대각선으로 뻗어 나가는 듯이 보이는 사선은 수들이 연결된 것이니 결국 숫자들의 네트워크라고도 볼 수 있습니다.

세상 모든 것이 네트워크입니다. 작게는 사람들 몸속에서 일어나는 신진대사 과정이 네트워크이고, 이러한 사람들이 얽혀 살고 있는 사회가 네트워크입니다. 먹고 먹히는 먹이 사슬 역시 네트워크이며, 우리가 매일 이용하는 지하철이나 고속 도로, 인터넷, 월드 와이드 웹도 당연히 네트워크입니다. 현대 사회를 살아가는 데 있어 없어서는 안 되는 돈, 이 돈의 흐름 역시 거대한 경제 네트워크를 만듭니다. 결국 우리는 연결된 세상 속에서 살고 있습니다. 가끔은 속세를 떠나 아무도 없는 해변에서 맥주 한 잔 마시며 고독을 즐기기도 하지만, 이 짧고도 달콤한 휴가가 끝나면 다시 네트워크 속으로 돌아올 수밖에 없습니다. 인간이 사회적 동물이기를 포기하지 않는다면 완전히 네트워크에서 벗어난 삶이란 거의 불가능합니다. 네트워크를 이해하고 네트워크를 잘 활용해야만 하는 이유가 바로 여기에 있습니다. 그러면 본격적으로 네트워크가 어떻게 응용되고 있는지 살펴보도록 하겠습니다.

페이지랭크: 구글의 성공 배경

앞서 몇몇 예외를 제외하고는 대부분의 네트워크가 항공망처럼 생겼다고 말씀드렸습니다. 그런데 네트워크가 허브가 있는 항공망 모양이라는 게 중요한 문제일까요? 앞으로 여러분께 IT(Information Technology, 정보 기술)는 물론 생물학, 사회학, 경제 등 여러 영역에서 항공망 네트워크가 얼마나 쓸모 있는지를 차근차근 보여 드리겠습니다.

먼저 IT 분야를 봅시다. 무언가 궁금할 땐 어떻게 하죠? 보통 인터넷에 검색을 합니다. 제가 생각하기에 검색 엔진은 구글(Google)이 **짱**입니다.

구글이 전 세계 검색 시장에서 엄청난 성공을 이룬 데에는 사실 두 가지 이유가 있습니다. 첫 번째는 화면이 깔끔해서입니다. 구글 페이지에는 로고와 검색창뿐입니다. 쓸데없는 게 안 붙어 있어서 사람들이 좋아합니다. 인터넷으로 접속할 때도 금방 나옵니다. 물론 화면만 깔끔하다고 성공하는 건 아니죠. 더 중요한 이유는 당연하게도 검색을 하면 원하는 걸 잘 찾아 줘서입니다. 검색 엔진은 우리가 뭔가 궁금할 때 찾는 거잖아요? 예를 들어, '이탈리아'를 치고 엔터 키를 누르면 검색 엔진이 웹 페이지들을 보여 줍니다. 이탈리아, 이탈리아, 이탈리아…… 이렇게 이탈리아라는 단어가 들어간 웹 페이지들을 보여 주죠. 그런데 그게 너무 많으니까 어떻게 보여 주느냐는 문제가 생깁니다. 지금은 시들하지만 구글이 등장하기 전에는 가장 성공했던 검색 엔진인 야후(Yahoo)를 한번 떠올려 볼까요? 야후에서는 이탈리아가 들어간 웹 문서가 나오면 이걸 사람이 일단 읽었습니다. 읽어서 이게 이탈리아 정치 이야기구나, 이탈리아 역사구나, 문화구나, 여행 이야기구나, 직접 확인한 다음 문서들을 카테고리별로 정리했습니다. 만약 여러분이 이탈리아 정치에 관심이 있으면 '국가 → 이탈리아 → 정치' 순서로 찾으면 되는 겁니다. 편한 방법이죠. 우리가 원하는 것을 딱딱 찾아갈 수 있게 했습니다. 그런데 야후가 간과한 게 하나 있습니다.

앞서 말씀드렸듯이, 세상에는 웹 페이지가 **너무나 많습니다**! 대학원생이 처리할 수 없을 정도로 말이지요. 대학원생이 못하는 건 사람이 못하는 일이라고 봐야 합니다. 구글은 그래서 로봇을 만들고 프로그램을 짜서 컴퓨터가 대신하게 했습니다. 페이지랭크(PageRank)라고 하는 특허 받은 방법인데, 간략하게 설명을 드리겠습니다.

웹 페이지는 혼자 있는 게 아닙니다. 서로 연결되어 있지요. 어떤 건 2개와, 어떤 건 10개와, 또 어떤 건 몇천 개와 연결되어 있습니다. 이탈리아라는 단어가 들어간 수많은 웹 페이지를 가지고 구글이 고민한 건 '이 중에 뭘 먼저 보여 줄까?'입니다. 뭐가 좋을까요? 구글은 연결이 많은 걸 먼저 보여 주기로 했습니다. 사람들이 링크를 많이 건 데에는 뭔가 이유가 있을 테니까요. 그래서 구글은 연결이 많은 페이지를 1등으로, 그다음 2등, 3등, 4등 하는 식으로 연결선이 많은 순서대로 보여 줍니다. 구글이 진짜 신기하게 좋은 걸 잘 찾는 것 같죠? 생각해 보면 이걸 만든 건 구글이 아닙니다. 여러분입니다. 그 1등 웹 페이지에 걸린 수많은 링크는 바로 여러분이 만들어 준 것이잖아요. 그러니까 실은 여러분이 좋다고 링크를 많이 걸어 놓은 웹 페이지를 구글이 찾아 준다고 착각하며 신기해 하는 것이지요. 이런 의미에서 구글은 교활한 기업입니다.

그런데 구글 검색 결과로 나온 첫 번째 웹 페이지가 내가 찾고 있는 답이 아닐 경우가 있습니다. 그래서 두 번째 웹 페이지를 클릭해 봤더니 거기에 진짜 답이 들어 있어요. 1등을 내리고 2등 웹 페이지를 제일 먼저 보이게끔 수정을 해야 할 것 같은데요. 구글은 어떻게 할까요? 그냥 가만히 앉아서 기다립니다. 사람들이 1등 웹 페이지를 클릭했다가 "어, 이게 아닌데." 하고 그다음 웹 페이지를 클릭하면 점차 두 번째 웹 페이지에 클릭 수가 늘고 링크가 많아져서 자연스레 1등으로 올라가게 됩니다. 구글은 가만히 있는 대신 여러분이 열심히 클릭하고 연결을 해서 최신 답안지를 만들어 내고 있는 것이지요. 지금도 저 밖 어딘가에서 구글의 노동력을 대신하고 있는 사람들이 있을 겁니다. 참, 교활한 기업이지요? 실제 구글이 쓰고 있는 페이지랭크는 웹 페이지들의 행렬을 구성하고 몇 가지 계산을 더 하는 등 좀 더 복잡한 방법이지만 기본 원리는 제가 설명해 드린 것과 비슷하다고 보시면 됩니다.

결국 구글은 연결선의 중요성을 알아챈 기업입니다. 월드 와이드 웹에서 페이지들을 연결하는 링크의 가치를 돈으로 바꿀 줄 알았던 것이죠. 그런데 이것이 항공망하고 무슨 상관이 있느냐? 잘 생각해 보면 이것은 월드 와이드 웹이 항공망이기 때문에 먹히는 방법입니다. 만약 월드 와이드 웹이 고속 도로처럼 생겼다면 등수 놀이가 안 됩니다. 모든 웹 페이지가 동일한 숫자로, 예를 들면 10개씩 연결되어 있을 테니까요. 하지만 다행히도 월드 와이드 웹은 항공망처럼 생겼고 그래서 많지는 않지만 중요한 허브들이 있고 등수를 매길 수가 있습니다. 1 2 3등을 정해서 중요한 것만 쉽게 보여 줄 수 있는 거죠. 구글의 성공 배경에는 월드 와이드 웹이 항공망 네트워크로 되어 있으며 이를 구글이 잘 활용했다는 점이 숨겨져 있습니다. 구글이 정말 똑똑한 기업인 것은 분명합니다.

구글의 데이터 활용

요즘에는 구글이 검색 엔진뿐만 아니라 별의별 일을 많이 합니다. 2008년에는《네이처》에 논문[1]을 내기도 했습니다. 지금 전 세계에 독감 환자가 몇 명 있는지를 예측하겠다는 내용의 논문이었습니다. 구글이 독감 환자 숫자에 왜 관심을 둘까요? 지금부터 설명을 드리겠습니다.

미국에는 CDC(Centers for Disease Control)라는 기관이 있습니다. 질병 통제 예방 센터인데 매주 미국 각 지역의 독감 환자 수, 독감 유사 증상 환자 수를 파악해서 보고서를 냅니다. 지역별 독감 환자 수를 모니터하다가 어느 지역에서 환자 수가 급증하면 그 주변을 차단해서 독감이 전국으로 확산되는 것을 막으려는 것이지요. 그런데 이 보고서가 만들어지는 과정을 들여다보면 참 구식입니다. 먼저 일선에서 근무하는 지역 의사들에게 지시를 내립니다. '독감 환자가 오면 상부 기관에 보고하세요.' 그래서 환자가 오면 의사가 동사무소에 보고합니다. 동사무소는 그 데이터를 모아서 구청에 보고하고, 구청은 시청에, 시청은 주 정부에, 최종적으로 주 정부가 CDC로 넘깁니다. 그러면 CDC가 통계를 내서 지역마다 독감 환자가 몇 명이라고 보고서를 냅니다. 그런데 알다시피 이런 업무들이 오래 걸리잖아요. 이 모든 과정을 거쳐 보고서가 인쇄되기까지 2주가 걸립니다. 이제 보고서를 보니 LA 지역에 독감 환자가 지난주보다 갑자기 늘었다고 해 봅시다. 당연히 그 지역을 차단해서 독감 확산을 막아야 하겠지요. 하지만 요즘 미국 서부에서 동부까지 4시간이면 비행기로 갈 수 있는데, 2주면 독감이 LA를 벗어나 미국 전역에 퍼지고도 남았을 시간입니다. 대책을 세워 봐야 이미 늦은 거지요.

구글이 여기에 도전장을 던졌습니다. 사람들은 열이 나거나 몸에 이상이 나타나면 내가 무슨 병에 걸린 건 아닌지 검색을 합니다. 독감에 걸렸다면 '기침', '고열', '해열제' 등 독감과 관련된 증상이나 치료 방법을 검색해 보겠죠. 구글 서버는 각 검색어가 어느 ip 주소에서 왔는지 알기 때문에 그걸 분석해서 지역을 찾아낼 수 있습니다. 두통, 고열, 기침 등이 갑자기 LA지역에서 검색어로 많이 나온다면 이것은 필시 그 지역에 독감이 돌고 있다는 이야기입니다. 여기에 착안해서 구글은 독감 환자 숫자랑 가장 관련 있는 검색어를 찾아봤습니다. CDC의 2주 전 독감 환자 보고서와 자기네 검색 결과를 비교해서 독감 환자 수와 가장 잘 맞는 키워드를 50개 뽑았습니다. 그것으로 2003년부터 2007년까지의 데이터를 검증한 후 2008년에 예측을 내놓았습니다.

다음 페이지 그래프에서 검은색이 구글의 예측이고 붉은색이 실제 독감 환자 수 데이터입니다. 정확하게 잘 맞아떨어집니다. 그러면 그 50개

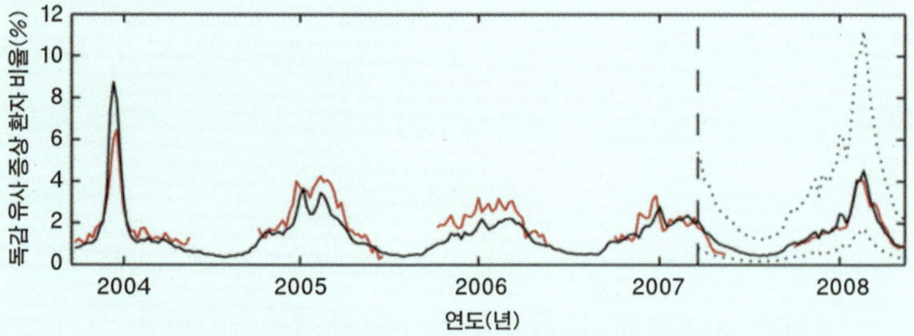

구글 독감 트렌드: 검색에 근거한 구글의 예측과 실제 독감 환자 데이터 비교

단어가 뭐냐? 그것은 발표를 안 합니다. 그걸 이야기하는 순간 사람들이 재미로 쳐 보게 되고 그러면 예측이 안 맞게 될 테니까요. 검색어는 '기침'일 수도, '코코넛'일 수도 있고 '바나나'일 수도 있습니다. 뭔지는 모르겠지만 어쨌든 제일 잘 맞는 것을 찾아내서 예측까지 한다는 거죠. 이게 구글이 무서운 점입니다. 정보를 현명하게, 정말 잘 활용한 사례가 아닐까 생각합니다. 구글이 적용한 이 방법은 당연히 실시간입니다. 검색어가 어느 지역에서 들어오는지 실시간으로 모니터를 해서, 2주나 걸렸던 CDC보다 훨씬 빠르게 독감이 퍼지는 것을 차단할 수 있습니다. 이렇듯 정보, 다시 말해서 빅 데이터(big data)는 얼마나 잘 쓰느냐에 따라서 할 수 있는 게 많습니다. 생각해 보면 구글이 검색어 데이터로 돈을 벌려고 마음만 먹으면 얼마든지 가능합니다. 예를 들어 어떤 지역에서 갑자기 부동산 관련 키워드 검색이 늘어났다면 그쪽에 부동산 광고를 하거나 투자를 할 수도 있고, 어떤 지역에서 갑자기 치즈 관련 검색이 늘었다고 하면 치즈 관련 제품들을 팔 수도 있겠죠. 이미 이런 사업을 하고 있을지도 모르겠습니다. 물론 당연히 무엇이 돈이 되는지는 이야기를 안 하겠지요.

네트워크 생물학

빅 데이터 이야기를 좀 더 해 보겠습니다. 2008년《네이처》에서 구글 10주년을 기념해 '빅 데이터' 특집호를 만들었습니다. 거기에 보면 페타바이트(petabyte, 100만 기가바이트), 엑사바이트(exabyte, 10억 기가바이트)로 계속해서 올라가는 방대한 데이터들로부터 어떤 유용한 정보를 어떻게 뽑아 낼 것인가를 고민하는 데이터 마이닝(data mining)과 생물학에서 생성되는 대규모 데이터를 요긴하게 써먹으려는 바이오 큐레이션(bio curation) 등 빅 데이터와 관련한 이야기들이 잘 소개되어 있습니다. 사실 생물학 분야가 최근 들어 여러 가지 기술적 발달로 엄청난 데이터를 쏟아내고 있거든요. DNA로부터 나오는 서열 정보나, 앞서 잠깐 말씀드렸던 다양한 수준의 네트워크 정보도 그 한 예입니다.

인간 유전체 계획(Human Genome Project, HGP)이라고 아시죠? 1990년대에 시작해서 2003년에 끝이 난, 엄청난 자본이 투입된 거대 계획입니다. 이 계획이 시작될 때 사람들은 인간 유전체 지도만 완성되면 암을 비롯한 각종 질병을 정복하고 무병장수하는 장밋빛 미래가 펼쳐질 거라 생각했습니다. 개인별 맞춤 약도 물론 개발할 수 있고요. 그러나 계획이 끝나고 몇 년이 흐른 지금까지도 암은 정복되지 않았습니다. 개인별 맞춤 약도 나오지 않았습니다. 유전자만 다 밝혀내면 생명의 신비가 풀릴 줄 알았는데 그게 아니더라는 겁니다. 왜 그럴까요?

쉽게 말해서 인간 유전체 계획이 한 일은 유전체(genome)의 모든 염기 서열을 해독해서 우리에게 어떤 유전자들이 있는지, 그리고 그 유전자들이 어떤 단백질을 만들어 내는지를 밝힌 것입니다. 유전자 지도를 완성하고 보니까 유전자의 개수, 다시 말해 단백질을 암호화하는 DNA 서열의 개수가 생각보다 너무 적었습니다. 2만에서 2만 5000개밖에 안 나오는 겁니다. 2만 5000개면 초파리나 하등 동물들하고 그다지 차이가 나지 않습니다. 만물의 영장이라고 자만하고 있었는데 식물보다도 못할 정도죠. 당연히, '우리 몸속에서 일어나는 일들은 정말 많은데 유전자가 이것밖에 안 나오다니 도대체 어떻게 된 일이지?' 하는 물음이 떠올랐겠지요? 고민 끝에 내린 답은 '아, 혼자 하는 게 아니구나!'였습니다. 단백질 하나가 하나의 기능만 맡아서 하는 것이 아니라, 각각이 맡은 기능들이 결합해서 또 다른 일도 할 수가 있다는 것이지요. 그래서 이제는 어떤 단백질이 어떤 단백질과 결합하느냐가 새로이 밝혀야 할 문제가 되었습니다. 모든 단백질이 모든 단백질과 결합하는 건 아니니까요. 모양이 맞아야 결합해서 단백질 복합체를 만들고 새로운 기능을 할 수 있습니다. 네트워크 관점에서 보면 점은 찍었고 이제 선으로 연결하는 문제가 남은 겁니다. 누가 누구랑 연결되는지 밝히려면 결국 상호 작용을 알아내는 것이 중요합니다. 네트워크 생물학(network biology)이나, 인간 유전체 계획을 넘어서서 인간 유전체 네트워크 계획으로 발전시켜야 한다는 이야기는 그래서 나오게 되었습니다. 그런데 알다시피 점을 찍는 건 쉬운데 연결하는 건 훨씬 가짓수도 많고 어렵거든요. 그러니까 암을 완벽히 정복하려면 멀었습니다. 장밋빛 미래가 오기까지는 시간이 좀 더 걸릴 겁니다. 모든 점들이 다 연결될 때까지 우리는 기다려야 합니다.

모든 단백질이 서로 결합을 하는 것은 아니지만, 가능성만 따지면 2만 5000개 곱하기 2만 5000개로 정말 많기 때문에 여러 작업을 할 수 있습니다. 게다가 이 단백질들은 자신들을 만드는 유전자와도 연결이 됩니다. 몇몇 단백질은 특정 유전자의 스위치 역할을 하는데, 이는 단백질-유전자 상호 작용을 통해서 이루어집니다. 이렇듯 유전자와 단백질들은 서로 연결을 이루면서 네트워크를 구성하고 그 바닥에는 신진대사 반응이 있습니다. 앞에서도 잠깐 설명을 했지만 섭취한 무언가를 소화하면서 살아가는 데 필요한 물질과 에너지를 얻는 과정으로, 여러 가지 물질이 복잡한 일련의 생화학 반응을 거쳐 에너지로 변화하게 되기까지를 모아 놓았다고 생각하면 됩니다. 생화학 물질들이 서로 다른 물질로 변화하는 것을 점과 선으로 연결하면 신진대사 반응 네트워크가 되는 것이죠. 여기에 단백질(효소)들이 각 반응과 연결되어 생화학 반응이 잘 일어나도록 촉매로 작용하는 것까지 종합해서 생명 현상을 온전히 이해하려면 전체적인 네트워크 분석을 통한 네트워크 생물학을 연구해야 합니다.

신진대사 반응 네트워크를 자세히 들여다보면 아래 그림처럼 되어 있습니다. 제가 생물학에 약한 이유 중 하나가 이름을 읽기가 참 어렵다는 것입니다. D-에리트로오스 4-인산(D-erythrose 4-phosphate)이 D-프룩토오스 6-인산(D-fructose 6-phosphate)과 만나서 효소 번호 2.2.1.2의

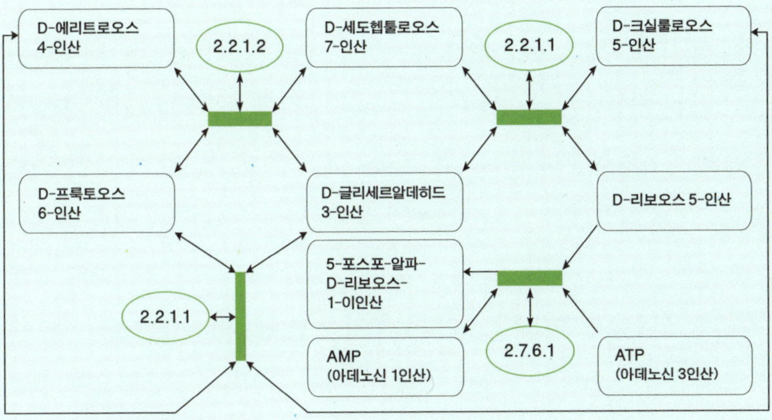

신진대사 반응 네트워크: 몸속 다양한 생화학 물질들의 연결망

촉매 과정을 거쳐서 이런저런 물질로 바뀌고…… 이름들이 어려우니 도통 와 닿지가 않습니다. 그래서 저는 저도 이해하고 여러분도 쉽게 이해할 수 있는 다른 대사 네트워크를 찾았습니다. 바로 학계의 대사 네트워크입니다.

학계의 대사 네트워크

인터넷에서 찾은 이 네트워크는 학계에서의 진화 법칙을 보여 줍니다. 대사 네트워크는 우리가 먹은 물질로부터 시작하잖아요. 다음 페이지 그림을 보면 아시겠지만 여기서는 대학생으로부터 시작합니다. 학부생은 수업을 듣고 점수를 받습니다. 즉 수업으로 학점을 만드는 거죠. 이 과정을 거쳐 학부생은 대학원생으로 변합니다. 대학원생은 연구 주제를 받고 논문을 써서 Ph.D.(박사)가 됩니다. 그런데 모든 반응이 지금처럼 한 방향으로만 가는 것은 아닙니다. 때로는 여러 가지 가능성이 있습니다. 예를 들어, 박사가 되고 나면 선택이 세 가지로 주어집니다. 왼쪽을 보면 산업계로 가는 것입니다(대신 보안(security)을 지킬 의무가 부여되죠.). 이러한 과정을 과학적으로 $\triangle G$, 자유 에너지(free energy)가 감소하는 과정이라고 하는데 안정적인 상태가 되었다는 뜻입니다. 자유 에너지가 낮은 쪽으로 가는 것이 안정적이거든요. 물론 반대도 있습니다. 오른쪽을 보면 거꾸로 자유 에너지가 증가하는 아주 불안정한 상태입니다. 대학원생에서 대학교 혹은 연구소의 비정규직, 신분이 불안한 박사 후 연구원으로 바뀌는 겁니다. 아니면 조금 잘 풀려서 이제 학계의 정도를 따라가서 시간 강사가 되죠. 물론 시간 강사도 불안정한 상태이긴 마찬가지입니다만, 여기

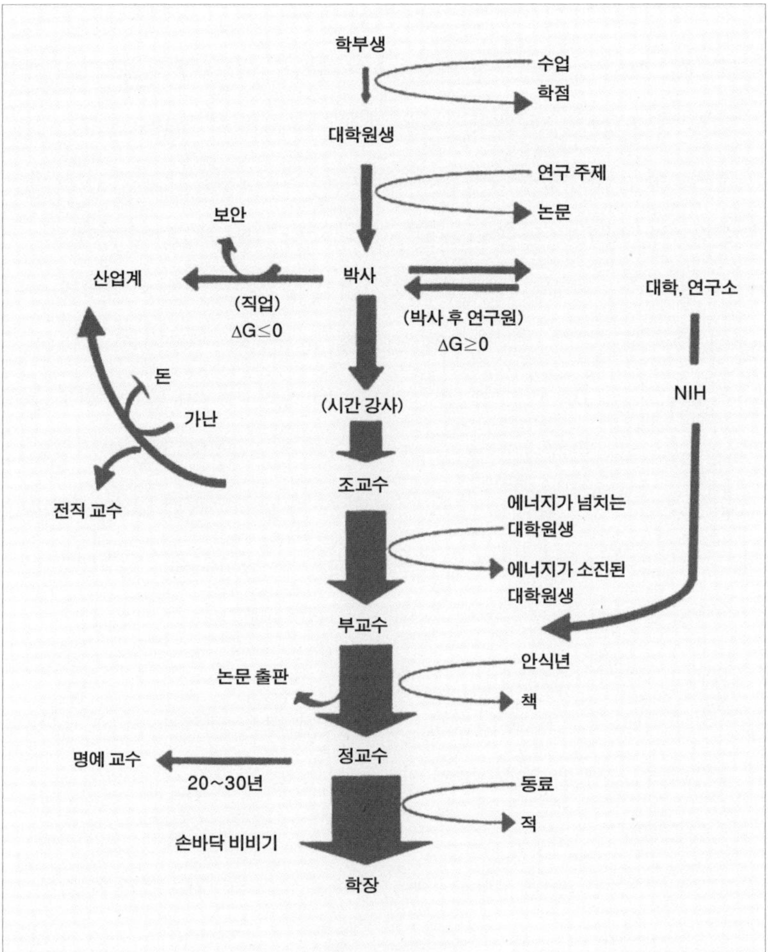

학계의 대사 흐름도

서 좋은 성과를 내고 열심히 노력하면 조교수 상태가 됩니다. 조교수가 되었는데 사실 이게 힘들고 돈도 많이 못 법니다. 그래서 어떤 분들은 산업계로 돌아가서 가난을 떨쳐 내고 돈을 법니다. 대신 조교수 직함은 없어지죠. 또는 학계에 계속 남아서, 뭐든지 잘하는 아주 에너지 넘치는 새

대학원생을 받아서 그들의 엄청난 도움을 촉매로 안정적인 부교수가 됩니다. 물론 그 과정에서 대학원생들은 에너지를 소진하게(degraded) 되지요. 학교가 이렇습니다. 대학원생은 정말 열심히 일하는 중요한 분들입니다. 아껴 줘야 합니다. 물론 부교수를 만드는 다른 경로도 있습니다. 박사 학위를 받고 아까 오른쪽으로 갔던 연구소나 NIH(National Institutes of Health, 미국 국립 보건원) 등의 경험을 거쳐서 부교수로 오는 과정도 있습니다. 그 이후 부교수는 열심히 논문도 쓰고, 안식년에 책도 좀 쓰고 하다 보면 정교수가 됩니다. 여기서 또 갈라집니다. 교수가 된 다음에 대부분은 수십 년쯤 계속 학계에 머물며 명예 교수로 은퇴합니다. 더 야심이 있는 몇몇은 주변에 있던 동료를 적으로 바꾸는 과정을 거치면서 많은 손바닥 비비기 촉매의 도움을 받아 결국은 학장이 됩니다. 이게 학계의 여러 메커니즘들을 보여 주는 학계 대사 네트워크입니다.

우리 몸속에서 일어나는 신진대사 반응이라는 것도 대충 이렇습니다. 무엇이 들어와서 어떻게 변화하는지를 보여 주는 네트워크라는 점에서 비슷합니다. 네트워크 생물학의 입장에서 보면 우리가 먹은 것이 출발점이 되어 촉매, 즉 효소의 작용을 받아서 다른 물질로 변하고 그 물질은 또 여러 가지 다른 반응을 거쳐서 에너지와 물질로 바뀌는 과정을 모두 모아 연결하면 네트워크를 그릴 수 있습니다. 점에 해당하는 것은 생화학 물질이고 연결선은 그것에 해당하는 생화학 반응으로 표현합니다. 그래서 저희가 마흔세 가지 생명체에 대해서 이러한 신진대사 반응을 모아 각각 분석해 보았더니 생명체의 세 가지 영역(domain)으로 분류되는 고세균(archaea), 세균(bacteria), 진핵생물(eukaryote) 전부에 허브가 있었고, 생물학 네트워크의 가장 바닥에 있는 대사 네트워크 또한 허브가 있는 항공망 구조임을 알 수 있었습니다.

효모 단백질 네트워크

생물학 분야에서 가장 크게 관심을 두는 것은 신약 개발입니다. 질병을 고칠 수 있을 뿐만 아니라 돈이랑도 직결되니까요. 수많은 단백질 중에서 중요한 신약 후보 물질을 찾아내기 위해서는 단백질-단백질 네트워크를 아는 것이 중요합니다. 최근 들어서는 단백질 분석 기법이 많이 개발되면서 단백질에 관한 많은 데이터들이 쏟아져 나오고 있습니다. 한 예로 이스트, 즉 효모에서 단백질 결합을 찾아내는 방법은 먼저 각각의 단백질에다 표지를 붙입니다. 그러면 신기하게도 2개의 단백질이 결합하게 되었을 때 효모의 색깔이 파랗게 변합니다. 이러한 색깔 변화를 이용해서 A라는 단백질이 B라는 단백질과 결합 가능한지를 손쉽게 알 수 있고 따라서 대규모 실험을 통해 네트워크를 그릴 수 있습니다 효모 단백질 잡종법(yeast two-hybrid)이라는 이 방법으로 그린 네트워크가 바로 다음 페이지에 있는 그림입니다.

여기서 각각의 점들은 단백질이고, 연결된 점들은 서로 결합하는 짝입니다. 네트워크 전체를 보면 여기도 허브가 있고 항공망 구조를 지녔습니다. 당연히 이 네트워크에서도 연결이 많은 허브가 중요합니다. 네트워크 가장자리에 있는 연결이 많지 않은 단백질은 그다지 중요하지 않은 거죠. 그러면 이제부터 이 많은 단백질 중에서 어떤 녀석을 신약 개발 후보 물질로 정할지를 생각해야 합니다. 정확한 표현은 아닙니다만, 만약 이 네트워크가 나쁜 병원균의 네트워크라고 한다면 약을 써서 병원균을 어떻게 효율적으로 죽일지를 고민해 보는 거죠. 네트워크의 점 하나를 신약의 타깃으로 한다는 말은 그 해당 단백질을 차단해서 활동을 못 하게 한다는 것입니다. 다시 말해서 그 점을 때리는 것을 뜻합니다. 어딜 때려야 더 아

효모의 단백질-단백질 네트워크

플지 생각해 보면 허브를 때려서 개네가 중요한 연결을 못 하게 막는 것이 더 아프겠죠? 따라서 연결이 많이 된 점을 때리는 게 좋습니다.

아래 그래프는 연결이 많아지면 많아질수록 중요도가 올라간다는 사실을 보여 줍니다. 가로축은 단백질이 가진 연결선의 개수를, 세로축은 얼마나 중요한 단백질이 많은가를 나타내고 있습니다. 좀 오르락내리락해서 뚜렷하게 잘 안 보일 수도 있겠지만 증가함수입니다. 생물학 쪽의 데이터에는 잡음과 오류가 많아서 이 정도면 충분히 증가함수라고 볼 수 있습니다. 물리학자인 제 입장에서는 덜 엄밀해 보여서 그래프를 그려 놓고는 다소 실망했는데 옆에서 같이 일했던 생물학자는 좋아하더라고요. 결국 이것 또한《네이처》논문[2]이 되었습니다. 어쨌든 연결선이 많은 단백질일수록 중요하고 그런 쪽에 신약 후보 물질이 있을 확률이 높다는 이야기입니다. 그럼, 이 그래프를 어떻게 활용할 수 있을까요? 단백질들을 제일 덜 중요한(연결선이 적은) 것부터 중요한(연결선이 많은) 순서대로 일렬로 세웁니다. 그다음에 모르는 단백질이 하나 나왔을 때 연결선의 개수 등으

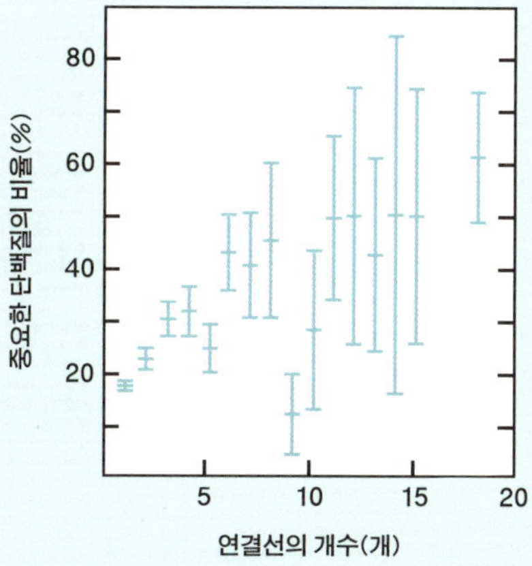

네트워크 연결선 수와 중요도의 비례 관계

로 어디에 들어가는지를 맞추어 보면, 이 단백질이 얼마만큼 중요한지를 예측할 수 있습니다. '연결선이 5개니까 25퍼센트쯤 중요하겠구나. 15개니까 50퍼센트쯤 중요하겠구나.' 하는 정보를 가지고 새롭게 발견한 혹은 잘 모르는 단백질이 신약 후보일 가능성을 점쳐 볼 수가 있는 것이죠.

데이트 허브와 파티 허브

하지만 단순히 연결선이 많다고, 즉 허브 단백질이라고 해서 모두 신약 후보 물질이라고 확신할 수는 없습니다. 아까 그래프에서도 보았듯이 연결선 개수와 중요도는 아주 깔끔한 증가함수가 아닙니다. 연결선이 20개 이상인 단백질 중에도 60퍼센트 정도만이 치명적 단백질입니다. 게다가 허브들이 언제나 연결되어 있는 것도 아니었습니다. 허브에는 두 가지 종류가 있는데 하나는 데이트 허브, 또 하나는 파티 허브입니다.

다음 페이지 그림을 보시면 A라는 허브와 B라는 허브가 있습니다. 둘 다 연결선이 많다는 점에서는 같지만 B는 주변이 다 같은 색으로 연결되어 있고 A는 주변 색깔이 다 다릅니다. 같은 색은 '같은' 지역에서 '같은' 시간에 연결되었음을 뜻합니다. 다른 색은 '다른' 장소에서 '다른' 시간에 연결된 걸 뜻하고요. 즉 B는 많은 사람과 한곳에서 파티를 하는 중이고, A는 한 사람씩 파트너를 바꾸어 가면서 다른 시간, 다른 장소에서 데이트를 하는 겁니다. 연결선들만 다 모아서 한꺼번에 그려 놓고 보면 둘 다 허브지만, 사실 둘은 성격이 매우 다릅니다.

그러면 데이트 허브와 파티 허브 중에서 어떤 게 더 중요할까요? 데이트 허브입니다. 파티에서 똑같은 사람들을 맨날 만나는 것도 중요하지만,

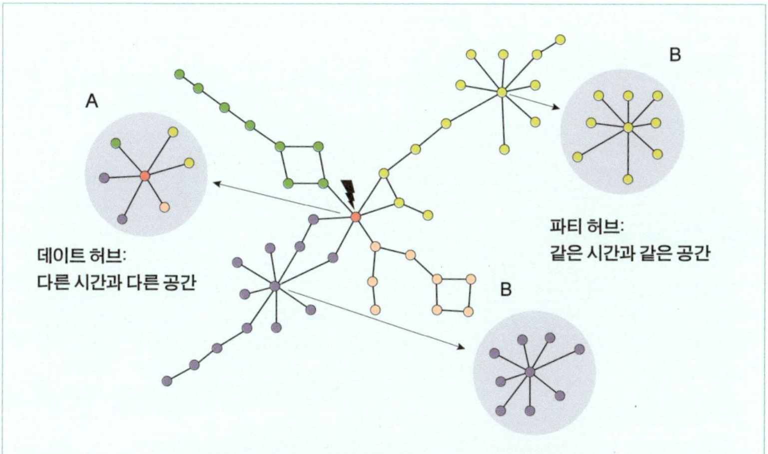

허브의 종류: 데이트 허브(A)와 파티 허브(B)

돌아다니면서 다양한 사람들을 만나는 데이트 허브는 훨씬 더 중요합니다. 파티 허브는 전체 네트워크에서 지워 버려도 전체 네트워크의 연결 정도가 그다지 변함이 없습니다. 하지만 데이트 허브는 제거하면 네트워크가 산산조각이 나서 더 이상 네트워크라고 부를 수가 없는 정도가 됩니다. 앞에서 특정 단백질을 차단해서 활동을 못 하게 때린다는 말씀을 드렸죠? 이게 쉬운 일이 아닙니다. 같은 허브라도 파티 허브는 때려 봐야 효과가 별로 없으니까 잘 골라서 때려야 합니다.

데이트 허브가 중요한 이유는 시간과 공간을 고려하기 때문입니다. 데이트 허브는 언제, 어디서, 누구랑 만나는지를 알아야 합니다. 파티 허브는 똑같은 장소에서 늘 만나기 때문에 유추하기가 쉬워서 상대적으로 쓸모가 적다고 해석할 수 있다는 거죠. 그래서 네트워크에서 시간과 공간을 고려하지 않으면 아주 어려운 문제가 될 수도 있습니다. 단순히 연결선 숫자만을 고려해서는 부족하고, 파티 허브보다는 데이트 허브가 중요한 탓에 우리는 시간과 공간의 제약을 항상 생각해야만 합니다. 동역학

(dynamics), 즉 시간에 따른 변화를 고려하지 않으면 원하는 결과를 얻지 못할 수도 있습니다.

신약 개발과 질병 치료

실제로 저희가 진행한 연구 결과 하나를 잠깐 보여 드리겠습니다. 이것은 김판준 학생 주도로 저희 연구팀이 2007년에《미국 국립 과학원 회보》에 발표한 논문[3]입니다. 가상 세포라는 말을 들어 본 적 있으신지요? 가상 세포란 세포 속에서 일어나는 일들을 컴퓨터에 프로그램 언어로 흉내 내어 집어넣고 시뮬레이션을 돌려 보는 것입니다. 아직은 걸음마 단계지만, 이를 통해 기존에는 알지 못했던 사실을 많이 알아낼 수 있습니다. 저희 연구에서는 단백질보다는 신진대사 반응 네트워크에서 각각의 생화학 물질들에 관심을 두고, 생화학 물질이 없어진다면 세포에 어떤 효과가 나타나는지를 가상 세포 시뮬레이션을 통해서 측정했습니다. 당연히 시간을 고려한 동역학 방법을 적용했습니다. 그랬더니 어떤 물질들은 연결선이 많지 않지만 매우 중요해서 없으면 안 되는 경우도 있고, 또 어떤 경우는 허브임에도 크게 치명적이지 않은 물질들도 있었습니다. 그리고 재미있게도 정말 중요한 물질들은 몇 가지 대체 경로가 존재했는데, 보통 때는 일반적인 반응 경로를 통해서 그 물질이 만들어지다가 어떤 이유에서든 이게 막혀 버리면 교묘하게 대체 경로라는 게 등장합니다. 보통 때는 쓰지 않던 예비 과정이 말썽이 일어나면 같은 물질을 계속 만들어 내는 거죠. 없어지면 안 되는 아주 중요한 물질이거든요. 세포를 포함해 우리 몸은 정말 잘 설계되어 있고 그 설계를 정확하게 이해하기 위해서는 네트워크를 잘 알아야 한다는 점을 또 한번 확인할 수 있습니다.

이와 같은 연구 결과를 바탕으로 요즘에는 더 재미있고 실용적인 프로젝트들이 많이 진행되고 있습니다. 예를 들면 대사 네트워크와 단백질 네트워크를 응용한 대사 공학(metabolic engineering)이라는 것이 있는데, 쉽게 말씀드리면 세균을 괴롭히는 방법입니다. 대장균의 대사 네트워크를 펼쳐서 그려 놓습니다. 다음 페이지에 있는 그림을 보시면 네트워크 시작점에 해당하는 부분이 대장균에게 먹이를 주는 곳입니다. 대장균은 먹이를 가지고 여러 가지 필요한 물질들을 만들어 나갑니다. 포도당으로 ATP 같은 에너지를 만드는 것이죠. 저 전체 네트워크를 속속들이 안다면 대장균을 조절할 수 있습니다.

예를 들어서 대장균이 만드는 물질 중에 Ac라고 하는 물질이 있다고 합시다. 이게 인슐린처럼 쓸모 있고 비싼 물질이라고 생각해 보죠. 당연히 이런 건 많이 만들면 좋겠죠. 대사 효율을 높이고 싶은 것이 당연지사입니다. 똑같은 먹이를 주고서 많이 만들어 내면 좋으니까 이걸 기준으로 분석에 들어갑니다. 먹이로부터 전체 네트워크를 쭉 따라가다 보면 우리가 원하는 Ac라는 물질로 가는 중간에 갈림길이 여럿 있는 것을 발견할 수 있습니다. 중간에 다른 곳으로 새는 경로가 있는 것이죠. 이 새는 경로로 간다면 쓸데없이 재료를 낭비해서 이상한 걸 만들 테니 이제 그쪽으로는 못 가게 막아 버립니다. 그러면 낭비가 없이 모든 게 Ac 쪽으로만 집중되어 우리가 원하는 물질을 더 많이 얻을 수 있습니다. 대장균 대사의 전체 지도를 알면 이렇게 조작을 할 수 있습니다. 대사 공학은 이처럼 어떤 생명체의 전체 네트워크를 알 때 어디를 쥐어짜고 막고 열고 해서 우리가 원하는 물질만 많이 만드는 방법입니다. 전체 네트워크를 알고 흐름을 알면 가능한 일이죠. 이렇듯 네트워크의 지도를 알고 분석하는 것이

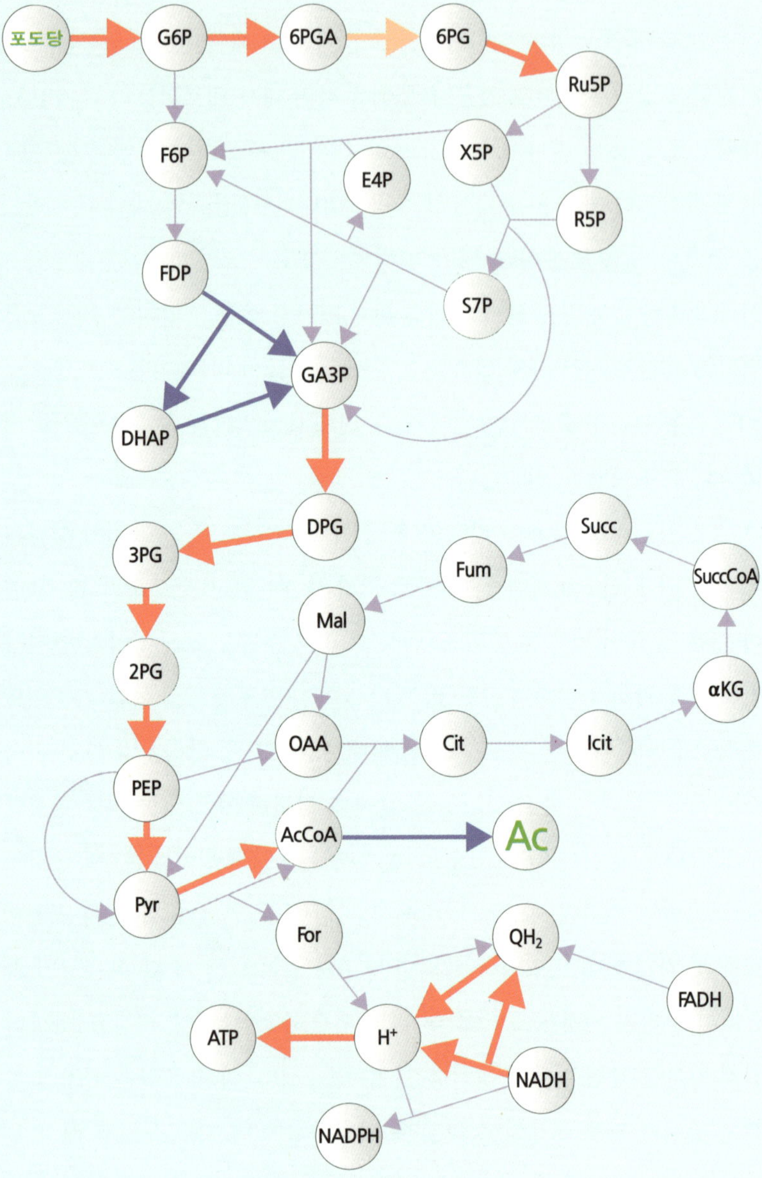

대장균 대사 네트워크의 일부분

실제로도 쓸모가 있습니다. 생명공학과에서 관련 연구들을 많이 하는데 KAIST 생명화학공학과의 이상엽 교수님께서도 대장균으로 이런 작업을 하고 계십니다. 저희 연구실에서는 이론적 배경을 컴퓨터로 계산해서 알려 드리는 공동 연구를 했습니다. 단순히 대장균을 막 때리고 "많이 만들어!" 하며 혼낸다고 되는 게 아니라, 전체 네트워크의 구조를 잘 알고 교묘하게 조정해야 원하는 걸 많이 만들 수 있다는 걸 이제 아시겠죠?

교통 체증과 네트워크

대장균과 세균보다 좀 더 친숙하고 일상적인 이야기를 해 보겠습니다. 대도시에서 사시는 분들은 아침저녁으로 교통 체증 때문에 엄청 짜증이 나시죠? 이게 너무 괴롭다 보니 교통 체증이 도대체 왜 생기는지, 교통 체증을 어떻게 하면 해결할 수 있는지 많은 사람들이 이 문제에 달려들고 있습니다. 그런데 교통 체증도 알고 보면 도로 교통 네트워크 위에서 움직이는 자동차들의 동역학 문제입니다.

이 주제를 연구해 저희가 2008년에 논문[4]을 냈습니다. 요즘 저탄소, 녹색 성장 이런 말이 많이 들립니다. 저공해 고효율 자동차를 개발하는 것도 중요하지만, 교통 체증을 줄일 수 있다면 자동차에서 발생하는 탄소 문제를 해결하는 데 어느 정도는 기여를 할 수 있을 것입니다. 교통 체증을 줄이려면 당연히 도로망을 잘 설계하고 교통 흐름이 막히지 않게 잘 운영해야 할 텐데 그게 쉽지 않습니다. 뭔가 상식과 어긋나는 역설들이 자꾸 등장합니다.

다음과 같은 문제를 생각해 봅시다. 어떤 복잡한 도로망이 있고, 도로

위를 차들이 지나갑니다. 이런 도로망에서 어떻게 가야 잘 간 것일까요? 한 곳 A에서 다른 곳 B로 간다고 하면 보통 여러 길이 있겠죠. 당연히 빠른 길로 가고 싶은 게 운전자의 마음입니다. 그래서 어떤 길로 가야 좋은가를 따질 때에는 비용 및 시간이 중요한 요인이 됩니다. 시간도 결국 돈이므로 편의상 비용을 시간에 포함시켜 이동에 총 걸리는 시간만 고려해서 논의를 진행하도록 하겠습니다. 즉 얼마나 빨리 갈 수 있는지가 최고의 선택이라고 합시다.

길이가 길면, 즉 가야 할 거리가 멀면 당연히 시간이 오래 걸립니다. 도로가 넓을수록 빨리 갈 수 있을 테고요. 따라서 총 걸리는 시간은 거리에 비례하고 도로의 폭에는 반비례합니다. 차들이 몇 대가 함께 지나가는가도 중요합니다. 혼자 간다면야 가장 짧고 넓은 도로로 가는 것이 최선이겠지만, 여럿이 간다면 상황이 달라집니다. 비슷한 길로 사람들이 몰려서 차가 많아지면 시간이 오래 걸리게 되겠지요. 그래서 결국 도로 교통망에서 운행 시간을 결정하는 것에는 거리와 도로 폭, 차량 수가 중요한 변수가 됩니다. 물론 이것 말고도 고려해야 할 요소가 더 있겠지만 저처럼 물리학 하는 사람들은 단순한 것을 좋아하기 때문에 제일 중요한 요소들만 골라내서 대개 문제를 풉니다. 그러나 여기에는 반드시 짚고 넘어가야 하는 요소가 하나 더 숨겨져 있습니다. 우리는 지금 '최적화', 즉 운전자들에게 유리하고 가장 빨리 갈 수 있는 '제일 좋은 답'을 찾으려 하고 있습니다. 그런데 제일 좋은 답이라는 말 자체에 어폐가 있습니다. 물리학에는 두 가지 최적화, 그러니까 절대적 최적화(global optimization)와 상대적 최적화(user optimization)가 있기 때문입니다. 이 둘의 차이점을 설명하기 위해 예를 하나 들어 보겠습니다.

인터넷에서 찾은 것인데요, 남녀의 차이를 희화화해서 보여 주고 있는 유머입니다. 그냥 유머일 뿐이고 남녀를 차별하려는 의도 같은 건 절대 없다는 사실을 명심해 주셨으면 합니다. 이야기는 이렇습니다. 남녀에게 'A라는 가게에 가서 청바지를 하나 사 와라.'라는 미션을 동일하게 줍니다. 그러면 남자는 백화점에 들어가서 A매장에 들러 청바지를 하나 사 옵니다. 6분이 걸리고 33달러가 듭니다. 여자는 어떨까요? 백화점에 막 진입한 여자는 A매장이 있는 오른쪽이 아닌 왼쪽으로 성큼성큼 걸어갑니다. B매장에도 들렀다가 C에도 들렀다가…… A매장에서 청바지를 사 오는데 총 3시간 26분이 걸리고 비용은 876달러가 나옵니다. 자, 어느 게 좋은 걸까요? 남자들은 당연히 6분짜리가 좋다고 하겠지요. 수학적으로도 6분이 제일 좋은 답안입니다. 비용도 시간도 적게 드니까요. 하지만 혹시나 남편들이 부인한테 그걸 강요했다가는 그날로 끝장일 겁니다. 만족도라는 걸 고려했을 때 여자들에게는 3시간짜리가 제일 좋은 답안입니다. 이처럼 청바지를 사는 단순한 미션에도 제일 좋은 답에는 개인차가 있게 마련입니다.

절대적 최적화는 남자의 선택처럼 수학적으로 가장 작은 값입니다. 상대적 최적화는 이와 달리 게임 이론에서 내시 평형(Nash equilibrium)이라고도 부르는 상태입니다. 앞서 든 예에서는 6분이 절대적 최적화, 3시간이 상대적 최적화와 비슷합니다. 절대적 최적화 답안이 당연히 상대적 최적화 답안보다 작은 것을 알 수 있습니다. 절대적 최적화 답안인 6분으로 상대적 최적화 답안인 3시간을 나누면 1보다 큰 숫자가 나옵니다. 이를 PoA(Price of Anarchy)라고 합니다. 아나키는 무정부 상태, 통제가 없는 무질서를 뜻하고 PoA는 그에 대한 대가라고 생각하면 됩니다. 1보다 크다는 것은 비효율적이라는 뜻입니다. 청바지를 살 때 6분에 33달러를 들이는 게 (수학적으로는) 가장 효율이 높은데 그걸 따르지 않음으로써 낭비되는 시간과 비용이 있는 것이죠. PoA가 1보다 크면 클수록 낭비되는 것이 많고 효율이 나쁜 것입니다.

게임 이론과 교통 체증

다시 교통 문제로 돌아와서 간단한 게임을 해 보도록 하겠습니다. 아래 그림은 여러분의 출근길입니다. 왼쪽이 여러분 집이고 오른쪽이 직장입니다. 이제 출근을 해야 하는데, 두 가지 선택지가 있습니다. 윗길을 보면 넓죠. 고속 도로입니다. 대신 좀 길게 돌아가야만 합니다. 그리고 아래에는 지름길이 하나 있습니다. 짧은 대신 무지 좁습니다. 둘의 차이는 저기 수식으로 쓰여 있지만 비용과 시간이라고 생각하면 됩니다. 고속 도로는 차가 1대 가면 10분이 걸립니다. 2대가 가도 10분이 걸립니다. 3대도 10분, 4대도 10분입니다. 고속 도로라서 아주 넓기 때문에 다 수용할 수가 있습니다. 그 대신 돌아가기 때문에 언제나 10분이 걸립니다. 하지

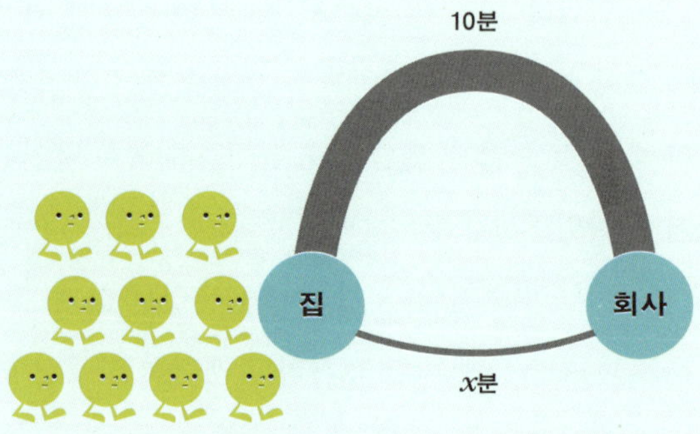

출근길 전쟁: 고속 도로 대 지름길

만 지름길은 상황이 좀 다릅니다. 여기는 1대가 가면 1분이 걸립니다. 대신 2대가 가면 2분이 걸립니다. 3대가 가면 차가 더 막히기 때문에 3분이 걸리고, x대가 가면 x분이 걸립니다. 많이 가면 갈수록 좁은 길에 차가 막혀서 오래 걸리는 겁니다.

만약 이런 상황이라면 아침에 출근할 때 어떻게 가는 게 좋을까요? 당연히 혼자 간다면 지름길로 1분이면 회사에 도착합니다. 정말 행복한 출근길이죠. 그런데 세상은 혼자 사는 게 아니라서 여러 사람이 함께 가야 합니다. 이제 같은 동네에 사는 10명이 각자 차를 타고 출근한다고 했을 때 어떻게 가는 것이 가장 좋은 방법인지를 풀어 봅시다. 10대 모두 똑같이 지름길로 가면 차가 몰려서 오래 걸릴 겁니다. 그렇다면 시차를 두어서? 아니죠. 출근 시간은 똑같잖아요. 9시에는 출근해야 하거든요. 같이 출근하려면 당연히 사이좋게 최적화가 될 수 있도록 나눠서 가야 하겠지요? 가장 쉬운 방법은 하나씩 해 보는 겁니다. 1대/9대, 2대/8대, 3대/7대 등으로 가능한 걸 모두 해 보면 각각 총 소요 시간이 나옵니다. 수식을 써서 푼다면 이차식으로 정리되어 시간이 가장 적게 걸리는 최솟값이 나옵니다. 정답은 $x=5$입니다. 5명은 위로, 5명은 밑으로 가야 한다는 거지요. 그러면 위로 가는 사람은 고속 도로니까 10분씩 걸립니다. 밑으로 가는 사람은 5명이므로 5분씩 걸립니다. 그래서 10분으로 가는 사람 5명하고 5분으로 가는 사람 5명을 합치면, 총 75분이 걸립니다. 75달러라고 생각해도 됩니다. 한 사람당 7.5달러 혹은 7.5분입니다. 이게 수학적으로 제일 좋은, 소위 말하는 절대적 최적화 답입니다.

그런데 저게 먹힐까요? **안 먹힙니다**. 나라에서 이 동네에 사는 사람들 중 5명에게는 고속 도로를, 5명에게는 지름길을 이용하도록 정해 줬다고 합시다. 고속 도로를 이용하던 사람들 중 하나인 영희 아빠는 어느 날 아침에 뭔가 이상하다는 걸 느낍니다. 아침에 막 출근을 하려는데 직장 동료이자 옆집 사는 철수 아빠는 집에서 커피를 마시고 있어요. '어? 지금 안 나가면 지각일 텐데, 오늘 출근 안 하나?'라고 생각하면서 길을 나섰는데 회사에 가니까 철수 아빠가 이미 도착해서 또 커피를 마시고 있는 거예요. 이상하잖아요? '순간 이동인가? 빨리 가는 제일 좋은 답을 따랐는데, 왜 철수 아빠는 나보다 늦게 출발해서 먼저 도착해 있는 거지?' 무언가 불합리하고 잘못되었다는 걸 느끼기 시작합니다. 그리고는 '좋아, 그럼 나도 철수 아빠처럼 아래쪽 지름길로 가겠어.'라고 생각을 하게 되지요.

자, 이제는 어떻게 될까요? 아래는 차량 수가 5대에서 6대로 늘어나서 6분이 걸립니다. 원래 고속 도로에서는 10분이 걸렸으니 안 갈 이유가 없습니다. 4분이나 절약이 되는데요. 5분에서 6분으로 1분이 더 늘어나는 남 생각할 때가 아니죠. 나라에서 5대/5대로 나눠 가는 게 모두에게 제일 좋은 답이라고 했지만, 나 개인에게는 좋은 답이 아닙니다. 그러니 밑으로 옮겨 갈 수밖에 없습니다. 10분 걸리던 게 4분이나 줄어드니까 무조건 가야 합니다. 그런데 한 사람이 가잖아요? 그러면 다른 사람도 눈치를 챕니다. '어라? 영희 아빠는 왜 저리로 가지? 나라에서 시키는 걸 안 따르다니!' 정의감에 불타다가 생각이 미치는 거죠. 머릿속으로 시뮬레이션해 보니까 내가 지름길로 가면 이제 차량이 총 7대가 되거든요. 그러니까 7분이 걸린단 이야기죠. 위쪽 고속 도로에 있었을 때는 10분이었는데 3분 이익입니다. 당연히 가야죠. 이제 탄력을 받습니다. '왜 다 저리로 가지? 뭔가 좋은 게 있나?' 이 사람도 시뮬레이션해 보니까 지름길로 가면 차가 8대가 되면서 8분이 걸립니다. 2분 이익이네? 무조건 가는 겁니다. 다음 사람도 옮겨 가는 것이 9분, 즉 1분이 이익이니까 가야죠. 제일 멍청한 사람은 마지막 사람이거든요. 가장 머리가 안 돌아가는 사람입니다. 이 상황이 되

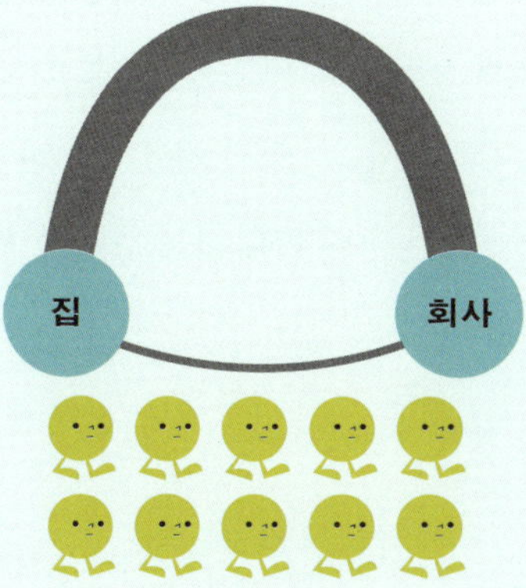

상대적 최적화: 피해자 없이 모두가 만족하는 결과

면 뭔가 불안합니다. '나는 혹시 왕따인가? 왜 다 저리로 가지?' 계산이고 뭐고 없습니다. 무조건 따라갑니다.

이래야 끝이 납니다. 물론 원래 지름길로 5분 만에 가던 5명은 불만이겠지만, 처음에 어떻게 각기 5대를 배정하느냐 하는 문제를 생각해 보면 모두 지름길로 가는 이 상황이 모두의 불만을 잠재울 답이 됩니다. 그런데 따져 보면 10명이 모두 10분씩이면 총 소요 시간이 100분입니다. 한 사람당 10분씩이에요. 아까 틀림없이 7.5분짜리 더 빠른 답이 있었거든요. 그런데도 이런 일을 막을 수가 없는 겁니다.

여기서 7.5분씩 걸리는 첫 번째 답안이 수학적인 최적화, 절대적 최적화이고, 모두 지름길로 몰려서 10분씩 걸리는(모든 사람이 선택할 수밖에 없는) 내시 평형에 의한 답안이 상대적 최적화입니다. 사람들이 선택하는, 좋아하는 답이라는 거죠. 자신의 이익을 극대화할 수밖에 없기에 어쩔 수 없이 발생하는 상황입니다. 물론 공산주의 사회라면 너는 위! 너는 아래! 매일 아침 5대씩 정해 주면 되겠지만 말입니다. 결국 평균 7.5분이면 갈 수 있는 거리를 10분에 가게 되는 교통 체증이 일어날 수밖에 없습니다. 이걸 PoA로 계산해 보면 1.33(10분÷7.5분)쯤 됩니다. 33퍼센트의 비용이 낭비되는 거지요. 1로 막을 수 있는 것을 0.33만큼 더 쓰고, 75달러로 막을 수 있는 것을 100달러를 내고 다니는 겁니다. 이게 무질서의 대가입니다.

실제 도로에서는 어떨까?

그런데 저렇게 단순하고 억지스러운 출퇴근 도로가 진짜 있을까요? 그래서 실제 도로에서도 저런 일이 일어나는지 한번 살펴보기로 마음을 먹고 미국 도시인 보스턴에 있는 교통 도로를 조사해 보기로 했습니다. 언뜻 생각하면 쉬울 것 같지만 사실은 굉장히 어려운 작업이었습니다. 먼저 구글 지도를 확대한 다음, 도로가 몇 차선인지, 차선 하나가 주차선은 아닌지(주차선은 빼야 하거든요.) 도로의 폭과 길이는 얼마인지 살피고 2차선 이상 되는 큰 도로만 폭과 길이를 따서 교통망을 만들었습니다. 뭐든지 가능한 대학원생만이 할 수 있는 아주 어려운 작업입니다. 박사 학위를 받고 지금은 미국 샌타페이 연구소(Santa Fe Institute)에서 복잡계를 연구하고 있는 윤혜진 학생이 이 작업을 주도했습니다. 이제 도로의 정보를 알았으니 문제를 풉니다. 주택 단지에서 출발해서 번화가 직장으로 여러 사람이 출근한다고 할 때 개인적인 이기심 때문에 생기는 무질서의 대가(PoA)로 교통 체증과 낭비가 실제로 발생하는지를 보는 겁니다.

다음 페이지 그림에서 오른쪽은 수학적인 절대적 최적화 답입니다. 왼쪽이 사람들이 택하는 상대적인 최적화 답인데 차가 1대면 두 답안지는

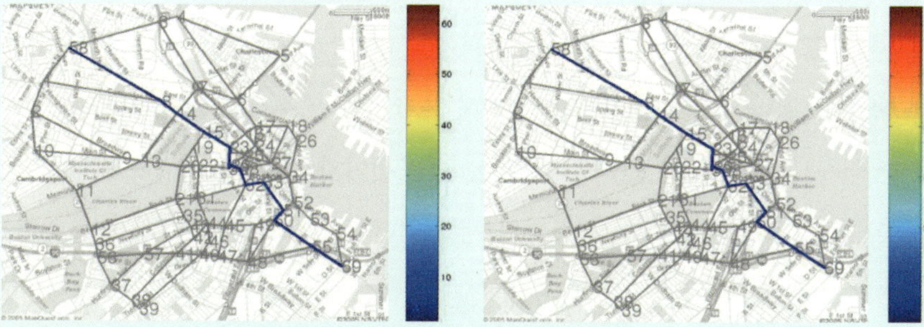

상대적 최적화와 절대적 최적화: 보스턴 도로망 시뮬레이션(차가 1대일 때)

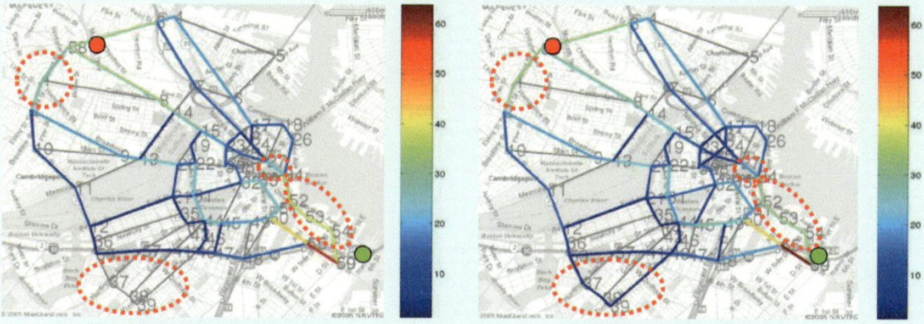

상대적 최적화와 절대적 최적화: 보스턴 도로망 시뮬레이션(차가 20대일 때)

똑같습니다. 혼자 갈 때는 제일 짧고 빠른 길로 가면 되거든요. 왼쪽이나 오른쪽 모두 똑같은 정답 길을 사용하는 거죠. 하지만 차량 대수가 늘어나면서 차이가 나기 시작합니다. 2대, 3대, 4대, 5대로 늘어 갈수록 차이도 늘어나서 20대가 되면 아래쪽 그림과 같은 상황이 됩니다.

도로의 명암은 차가 몇 대 지나가는가를 보여 주는 겁니다. 잘 보면 왼쪽과 오른쪽 몇 군데에서 명암이 차이가 난다는 것을 알 수 있습니다. 수학적으로 정말 좋은, 가장 경제적인 답이 있음에도 사람들이 그렇게 안 한다는 거죠. 이게 얼마만큼 비효율적인지 알아보기 위해 PoA를 계산해 봤더니 1.01이 나왔습니다. 즉 +1퍼센트입니다. 계산 결과를 받아들고는 많이 실망했습니다. 겨우 1퍼센트 낭비라니요. 이걸로 어떻게 교통체증을 설명할 수 있겠습니까. 그런데 다시 꼼꼼히 들여다보니 저희가 잘못한 게 있었습니다. 앞서 도로 폭이 넓고 길이가 길면 시간이 오래 걸리고, 폭이 넓고 가까우면 시간이 적게 걸린다는 말씀을 드렸는데 사실은 너무 단순한 공식을 썼던 겁니다. 실제로 적용해야 하는 공식은 꽤 복잡합니다. 자, **이제 수식이 나옵니다**. 도시 공학에서 많이 쓰는 BPR(Bereau of Public Roads, 미국 공로국) 함수라는 건데 두 지점 i와 j 사이에 걸리는 시간이

$$d_{ij}/v_{ij}[1+\alpha(f_{ij}/p_{ij})^{\beta}]$$

와 같은 비선형식으로 되어 있는 복잡한 수식입니다. 해당 도로에 속도제한이 얼마인지 등 여러 가지 요소들을 모두 고려해야 하기 때문에 자세한 설명은 생략하겠습니다. 아무튼 복잡한 공식으로 다시 계산해 봤더니, 결과는 보스턴에서 러시아워 시간에는 PoA가 1.3, 즉 30퍼센트 이상까지 지체가 일어날 수 있다고 나왔습니다. 보스턴에서만 일어나는 일인가를 확인하기 위해 런던과 뉴욕에 대해서도 저희가 분석을 했습니다. 런던과 뉴욕의 도로 지도를 읽어서 동일하게 시뮬레이션을 해 보았더니 마찬가지로 20에서 30퍼센트 정도의 낭비가 실제로 일어났습니다. 결국 모두가 더 빨리 가는 최적화된 길이 있음에도 사람들은 그걸 따르지 않고 있었습니다.

이론적으로뿐만 아니라 실제로도 문제점이 확인되었으니 이제 해결 방법을 찾을 차례입니다. 절대적 최적화 답안지에 맞게 강제하는 방법이

있긴 합니다만, 자유 민주주의 사회에서는 거의 불가능하다고 봐야지요. 그래서 좀 더 좋은 도로 시스템을 만들어 보자고 생각했습니다. '시간과 비용이 30퍼센트까지 낭비되는 건 너무 심하니까 그걸 좀 줄일 수 있는 효율적인 도로망을 만들어 보자.' 제가 도로 전문가는 아니지만 어쨌든 그런 착한 생각을 했습니다. 결국 PoA가 낮은 도로 네트워크를 만들어야 합니다. PoA가 낮을수록 낭비가 적은 더 좋은 시스템이니까요.

브라에스 패러독스: 도로를 막아야 교통 흐름이 나아진다고?

사람들이 "짜증 나. 또 교통 체증이야."라고 불평하면 저 위에 계시는 높으신 분들은 보통 이렇게 생각하시죠. "차가 막혀 힘드시죠? 제가 여기 도로를 넓히고 다리를 놓아 드리겠습니다." 그런데 이게 **꽝**입니다. 만만한 작업도 아닐뿐더러 쓸데없는 작업일지도 모른다는 걸 지금부터 보여 드리겠습니다.

자, 다시 출근하는 상황으로 돌아가서 다음 페이지 그림을 보시면 왼쪽이 집이고 오른쪽이 회사입니다. 10이라고 쓰여 있는 게 10분이 걸리는 고속 도로이고 x라고 쓰여 있는 게 지름길입니다. 10명이 집에서 회사로 갈 때 어떻게 가는 게 가장 좋을까요? 비슷한 방법으로 하나씩 대입해 보면 쉽습니다. 결론은 위아래로 각기 5대씩 나눠 가면 됩니다. 윗길은 5명이 가기 때문에 지름길에서는 $x=5$분이 걸리고 나머지 길을 가는 데 10분이 걸리니까 총 15분이 걸립니다. 아래에서는 고속 도로로 10분이 걸리고 지름길에서 5분 걸리니까 15분이 걸립니다. 10명이 다 15분이에요. 모든 사람이 공평하죠. 그래서 이 시스템은 글로벌 최적화, 수학적으

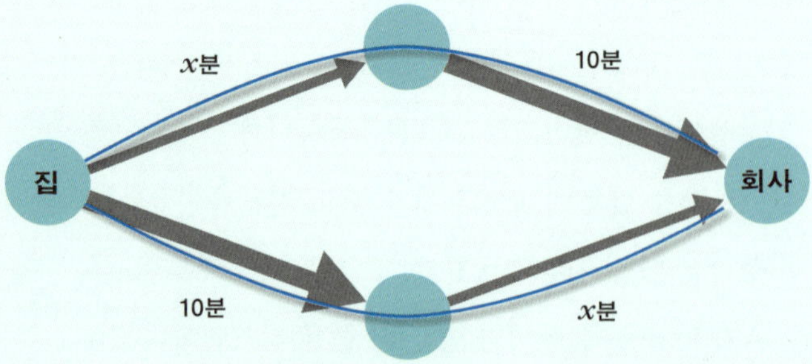

행복한 출근길: 절대적 최적화와 상대적 최적화가 같은 이상적인 도로

로 좋은 답도 150분이고 사람들이 좋아하는 상대적 최적화 답도 150분인 아주 좋은 시스템입니다. PoA가 1입니다. 낭비가 전혀 없는 아주 완벽한 도로지요. 그런데 선거철에 높으신 분께서 "15분이 길죠? 제가 더 빨리 갈 수 있도록 다리를 놔 드리겠습니다."라고 공약을 했습니다(그것도 공짜로 건너갈 수 있는 다리를.). 그래서 중간 지점을 서로 연결하는 다리를 딱 놓았습니다.

이제 어떻게 될까요? 사람들이 아까와 다른 방식으로 갑니다. 다음 페이지 그림을 보시면 다리가 놓이는 바람에 처음 사례의 영희 아빠처럼 모두가 지름길 한 곳으로만 몰리게 되어서 (x=10분)+(x=10분) 해서 총 20분이 걸립니다. 10명이니 다 합치면 200분이 걸립니다. 원래 150분으로 잘되어 있는 것을 망쳐 놓은 겁니다. 잘못된 탁상행정의 대표적인 예죠. 의도는 좋았으나 해 보고 나니까 더 막히는 겁니다. 다리가 있기 전에는 공평하고 효율적으로 잘 가던 게 다리를 놓아서 많은 선택권을 주니까 한곳으로 몰리는 상황이 발생합니다. 없던 낭비와 교통 체증이 생기는 거죠. 물론 이것도 "이렇게 생긴 동네가 어디 있어?"라고 할까 봐 저희가 실제 도시에서 또 해 봤습니다.

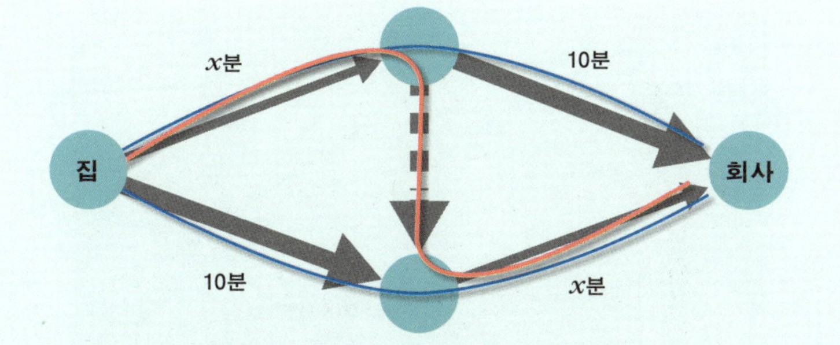

삽질이 삽질로: 다리 건설로 오히려 더 나빠진 출근길

그런데 이걸 확인해 보려면 실제로 다리를 놓아야 하거든요? 보스턴에 다리를 놓으려면 서류 작업도 힘들고 돈도 엄청 많이 듭니다. 시간도 오래 걸리겠지요. 하지만 다행히도 우리에게는 포토샵이라는 막강한 도구가 있습니다. 지도 위에다 다리를 포토샵으로 금방 만들었다 지울 수 있거든요. 사실 새로 다리를 놓을 필요 없이, 지금 지어져 있는 다리가 쓸모 있는 다리인지, 아니면 쓸데없이 교통 흐름을 더 나쁘게 만드는 다리인지를 확인해 보는 것이 더 재미있습니다. 따라서 우리가 가진 지도에서 다리나 도로를 하나 지운 다음에 PoA를 계산합니다. 그러고 나서 다시 포토샵으로 살리고 계산을 합니다. 그러면 이것이 좋은 다리인지 나쁜 다리인지를 알 수 있습니다. 만약 다리를 살려 내서 PoA 값이 오히려 높아지면 나쁜 다리인 거죠.

다음 페이지 그림을 보면 다행히 보스턴에 있는 다리들은 다 괜찮았습니다. 대신 점선으로 된 게 나쁜 도로들입니다. 점선으로 된 도로들은 오히려 막아 버리는 게 교통 체증을 줄이고 사람들을 빨리 보내는 방법입니다. 이걸 **브라에스 패러독스(Braess paradox)**라고 합니다. 다리 놓고 길을 새로 뚫으면 빨리 갈 것 같은데 오히려 엉망이 되는 겁니다. 전체 강의

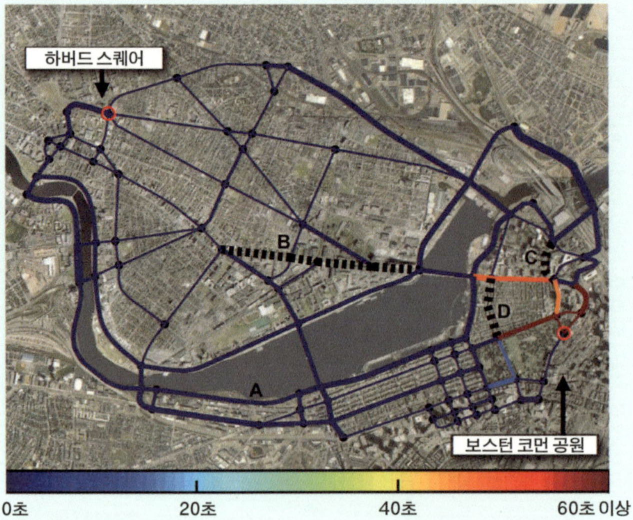

해당 도로를 지웠을 때 지연되는 시간

주제인 '정보'의 입장에서도 마찬가지입니다. 사람들에게 쓸데없는 정보를 많이 주면 오히려 모호하게 될 수도 있습니다. 물론 브라에스 패러독스를 알고 PoA를 알고, 이기적이지 않고 이타적인, 서로 살기 좋은 이상적인 사회라면 문제가 안 일어나겠지만 현실은 잔인하거든요.

저희가 보스턴뿐만 아니라 런던에서도 해 봤습니다. 뭐든지 할 수 있는 대학원생이 또 열심히 런던 지도를 만들어서 포토샵과 컴퓨터 시뮬레이션을 해 봤더니 나쁜 다리가 나왔습니다. 마찬가지로 뉴욕의 맨해튼 섬을 조사해 봤더니 여기에도 막아 버리는 편이 훨씬 도움이 되는 도로가 있었습니다. 그 도로를 공사 때문에 막았던 때에 교통 흐름이 아이러니하게도 더 나아졌다고 하는 사례도 실제로 보고되었습니다. 물론 이러한 연구가 모든 교통 체증을 해결할 수는 없겠지만, 한 가지 교훈은 주는 것 같습니다. 제가 좋아하는 표현으로 **삽질이 삽질이 될 수 있다**가 있습니다. 계획

없는 다리 건설과 도로 확장만이 능사가 아니라는 거죠. 교통망이란 신경 써야 할 것들이 많이 얽혀 있는 복잡한 시스템이라는 겁니다.

자! 이렇게 우리는 PoA에 의한 교통 체증이 보스턴, 뉴욕과 런던에서 실제로 일어나고 있고, 다리를 막는 게 교통 흐름에 오히려 더 낫다고 하는 브라에스 패러독스를 확인했습니다. 물론 저희가 이 문제를 처음 연구한 것은 아닙니다. 브라에스라는 이름에서 짐작했겠지만 이것은 원래 유명한 문제입니다. 저희가 한 일은 실제 도시 도로망에서의 문제를 구체적으로 수치화하고 동역학, 즉 시간에 따른 변화를 고려하여 문제를 푼 것입니다. 복잡계 네트워크에서 동역학이 중요한 역할을 한다는 사실을 사례로써 보여 드렸다는 데 의미가 있습니다.

네트워크 안에는 재미가 있다

이번 강의를 간단하게 요약하면 복잡계 네트워크의 응용에 관한 이야기였습니다. 처음에 말씀드린 것은 IT 분야에서 구글이 성공한 원인을 봤더니, 웹 페이지가 항공망처럼 생겼다는 사실, 즉 허브가 있다는 사실을 이용해 등수를 매김으로써 검색 결과를 잘 보여 주더라는 겁니다. 구글이 가장 잘한 점은 링크, 연결선이라고 하는 것의 가치를 알아챈 겁니다. 그 전에는 그냥 웹 페이지의 내용만을 생각했습니다. 하지만 구글은 야후의 실패를 보고 내용이, 점이 중요한 게 아니라 연결선이, 링크가 더 중요함을 파악했고 그 덕분에 성공할 수 있었습니다. 물론 그 바탕에는 우리가 첫 번째 강의에서 배웠던 월드 와이드 웹의 구조가 항공망처럼 생겼다는 사실이 자리잡고 있습니다.

두 번째로 우리는 네트워크 생물학, 생물학 분야에서 전체 네트워크를 안다고 하는 것이 신약 후보 물질의 발견에 어떤 도움을 주는지 보았습니다. 또 허브에는 파티 허브도 있고 데이트 허브도 있어서 시간과 공간, 즉 동역학을 보아야지만 네트워크를 정확하게 알 수 있으며, 전체 시스템의 네트워크를 알면 가상 세포를 동원해서 우리가 원하는 물질을 많이 만들어 내는 대사 공학에도 적용할 수 있다는 것을 말씀드렸습니다.

그리고 마지막으로 교통 체증 사례에서는 실제로 네트워크 위에서 뭔가 움직이는 동역학 문제를 풀어 보았습니다. 차가 도로 위에서 수십 수천 수만 대가 움직이는 것을 계산하는 것이니 결코 만만한 문제가 아니라는 거죠. 우리가 단순히 출근하는 과정에서도 생각해야 할 게 아주 많습니다. 그냥 다리 놓고 도로를 뚫으면 문제가 풀릴 것이라는 1차원적 사고로는 문제가 해결되기는커녕 오히려 악화될 수 있습니다. 쭉 여러 가지 사례들을 보셔서 아시겠지만 **네트워크 안에는 재미있는 문제가 많이 있습니다.** 네트워크에 대해서 배운 것들을 잘 활용하면 많은 도움을 얻을 수 있습니다. 복잡계 네트워크의 중요성을 다시 한번 강조해 드립니다. 언제나처럼 마지막은 뭐든지 잘하는 훌륭한 저희 대학원생들에게 박수를 쳐 주셨으면 합니다. 감사합니다.

3강

데이터 과학과 복잡계

복잡계 네트워크와 정보에 대한 마지막 강의를 시작하겠습니다. 이번 강의에서는 정보 쪽 이야기를 조금 더 들려 드리도록 하겠습니다. 재미있는 이야기로 시작해 볼까요. 자, **네트워크로 직접 돈을 벌 수 있을까요?** 경제 현상 중에서 가장 재미있고 관심을 많이 끄는 것이 주식 시장입니다. 물리학 쪽에서 주식 시장을 연구하는 게 이른바 경제 물리학, 이코노피직스(econophysics)입니다. 주식 시장을 연구한다고 하면 언제나 돌아오는 첫 번째 질문이 이것입니다. “그래서 내일 주가가 오르나요?” 이 질문에 대해서는 “모릅니다.”가 정답입니다. 첫 시간에 제가 물리학자가 노벨 경제학상도 탔다고 말씀드렸지만 그렇다고 그들이 주식으로 돈을 번 것은 아닙니다. 주식 공부하는 물리학자들이 일확천금으로 인생 역전이 되었냐면, 그렇지 않습니다. 주식과 관련해서는 교훈이 하나 있죠. ‘차라리 동전을 던져라.’가 그것입니다.

차라리 동전을 던져라

예를 하나 들겠습니다. 과학 하는 사람들은 실험을 좋아합니다. 실험으로 뭔가 증명하고 싶어 하지요. 한 과학자가 1970년도에 주식의 오르내림을 얼마나 맞출 수 있는가를 실험했습니다. 다트 포트폴리오(dart portfolio)라는 실험입니다. 다트는 알다시피 칸으로 나뉘어 점수가 매겨져 있는 동그란 판에 화살을 던져서 맞추는 게임이죠. 포트폴리오라는 말은 어떤 주식을 사고팔지를 결정하는 것을 뜻합니다. 다트 포트폴리오 실험은 이렇게 진행되었습니다. 아침에 신문 주식면을 펼쳐서 다트판에 걸어 놓고 다트를 던집니다. 홀수 번째 찍히는 주식을 사고, 짝수 번째 찍히는 주식을 팝니다. 그런 식으로 주식 포트폴리오를 구성합니다. 아침마다 다트를 던져서 사고팔고를 정했습니다. 그랬더니 평균 주가 지수보다 10퍼센트 더 벌었답니다. 그러니 주식을 하고 싶은데 어떻게 사고팔아야 할지를 모르겠다면 근처 문방구에서 다트판을 사면 됩니다. 어렵게 분석할 필요도 없습니다. 아침에 다트만 던지면 됩니다. 그런데 이게 1970년도 결과니까 옛날 시장에만 맞는 것 아니냐는 의문이 생겼습니다. 그래서 2000년도에 실험을 새로 했습니다.

이번에는 눈 가린 원숭이(blind monkey)라는 것을 동원했는데, 사실 실험에는 언제나 비교할 만한 대조군이 있어야 합니다. 아까는 평균 주가 지수가 대조군이었는데 이번엔 세 집단으로 나눠서 누가 돈을 많이 버는지 실험했습니다. 첫 번째 집단은 여러분과 같은 아마추어 투자자입니다. 두 번째 집단은 펀드 매니저, 그러니까 주식 전문가이고 세 번째가 눈을 가린 원숭이입니다.

세 번째 집단이 주식 투자를 하는 방법은 이렇습니다. 아침에 바나나를 한 다발 들고 동물원에 갑니다. 바나나마다 펜으로 회사 이름을 씁니다. 삼성 전자, 현대 자동차, SK 텔레콤 등등을 쓴 다음에 바나나를 원숭이 우리에다 던지고 지켜봅니다. 어떤 바나나부터 집어먹나 보는 거죠. 그래서 집어먹는 바나나에 쓰인 회사의 주식은 사고, 먹지 않고 남은 바나나에 쓰인 회사 주식은 팝니다. 이런 식으로 2000년 7월부터 2001년 5월까지 주식 투자를 했습니다. 누가 이겼을까요?

놀랍게도 원숭이가 이겼습니다. 저 시기가 하락장이어서 다들 손해를 봤는데 원숭이는 수익률이 -2.7퍼센트였습니다. 펀드 매니저는 -13.4퍼센트, 여러분 같은 아마추어 투자자는 -30퍼센트였습니다. 펀드 전문가? 필요 없습니다. 이제 주식 하려면 동물원에 가야 합니다. 물론 바나나를 들고 가야죠. 그런데 여기에는 단점이 있었습니다. 아시다시피 우리나라는 동물원이 몇 군데 없습니다. 서울대공원 옆에 사는 분은 정말 대박입니다. 원숭이를 한 마리 키워 볼까 생각도 했는데 꽤 비쌉니다. 그리고 주식 거래 수수료 외에도 바나나 값이 많이 듭니다. 아무래도 실제로 적용하기는 좀 힘들겠지요?

그래서 2002년에 영국에서 다시 실험을 했는데 이번에는 주변에서 쉽게 볼 수 있는 5살짜리 꼬마 여자아이를 썼습니다. 그리고 일반인 대신 점성술사 집단이 붙었습니다. 점성술사는 별을 보고 뭔가 예측을 하겠죠? 전문가 집단은 주식을 보고 전략을 세워서 합니다. 마지막 꼬마 집단은 이렇게 투자를 했습니다.

아침에 5살짜리 아이 손에다가 초콜릿 크림을 잔뜩 바르고 신문의 주식면을 쥐어 줍니다. 그러면 아이가 신문을 막 가지고 놀겠지요. 한참을 가지고 논 신문을 뺏은 다음에 주식면에서 크림이 안 묻은 부분에 써 있는 주식을 삽니다. 초콜릿 크림으로 가려진 것은 안 보이니까 팔았습니다. 자, 누가 이겼을까요? 당연히 꼬마가 이겼습니다. 이번에는 원숭이보다 더 쉽습니다. 주변에 5살짜리 여자애가 있다면 대박입니다. 그 아이한테 조언을 구하십시오. 조카가 있으면 조카도 좋습니다. 다만 이게 영국에서 한 실험이잖아요. 영국 나이로 5살이어야 하고 여자애라야 합니다. 남자애로는 검증을 못 했으니 괜히 남자애한테 물어보고 손해 봤다고 하면 안 됩니다. 5살짜리 영국 여자아이가 있으면 그 아이한테 추천을 받는 게 가장 좋습니다. 주식 시장이 얼마나 엉터리고 이걸 예측하는 게 말이 안 된다는 걸 이제 아시겠죠? 그래도 아직 미련이 남았다면 제가 이제 최악의 사례를 보여 드리겠습니다.

2000년 9월 20일에 IRS(Internal Revenue Service, 미국 국세청)에 의해 한 고등학생이 체포를 당하는 사건이 발생합니다. 조너선 레베드(Jonathan Lebed)라는 이 학생은 주식으로 갑자기 엄청난 돈을 벌었습니다. 방법은 아주 간단합니다. 포털 사이트 야후의 금융 게시판에다가 글을 하나 씁니다. 2000년대 초반이니까 야후가 잘 나가던 때였죠. 게시판에다 'ABC 전자가 잘 나가는 것 같아요.'라고 적었습니다. 로그아웃을 한 다음에 아이디를 새로 만듭니다. 그리곤 아까 쓴 글에 답글을 자기가 달았습니다. '네, ABC 전자는 최고인 것 같아요.' 로그아웃하고 아이디를 또 새로 만듭니다. 그다음에 또 답글을 답니다. '아, 제가 ABC 전자에 전화를 해 봤는데요, 주문이 엄청난가 봐요, 계속 통화 중이에요.' 로그아웃하고 다른 아이디로 답글을 또 답니다. '제가 ABC 전자 옆 동네에 사는데요, 물류 트럭이 엄청납니다.' 이런 짓을 해서 보통 때 6만 주가 거래되던 ABC 전자가 100만 주가 거래되었고, 그는 그 차익으로 돈을 벌었습니다. 1999년 9월부터 2000년 2월 사이에 동일한 수법을 열한 번 써먹고 그가 번 돈은 총 80만 달러였습니다. 많이도 벌었죠? 그럼 재판으로 넘어가서 그가 선고받은 벌금은 얼마일까요? 80만 달러? 28만 5000달러입니다. 변호사가 말하길, "얘는 그냥 아이디가 맘에 안 들어서 바꾸었을 뿐이다. 그리고 ABC 전자가 좋아서 그랬다."는 겁니다. 어떡하겠어요. 사실 아침마다 경제 방송에서 펀드 매니저는 자신 있게 추천 종목을 발표하거든요. 그런데 그 사람들은 감옥에 안 갑니다. 경찰차 출동 안 하거든요. 그런데 왜 이 아이는 벌을 받아야 하냐는 거죠. 따라 한 개미 투자자가 잘못이지 이 아이의 잘못은 아니라고 해서 벌금을 28만 5000달러밖에 안 냈습니다. 물론 나머지 50만 달러는 아마도 변호사의 주머니 속으로 거의 대부분 들어갔겠지요. 이 사건은 얼마나 주식 시장이 엉터리인지를 보여 주는 최악의 사례입니다. 주식 시장을 예측해서 돈을 벌기란 불가능합니다. 일확천금을 노리면 안 될뿐더러, 그런 일은 절대 일어나지 않습니다.

주식 네트워크

그런데 또 주식을 아예 하지 말라고 하면 슬프잖아요? 일확천금만 노리지 않고 적당히 하면 됩니다. 문제는 포트폴리오를 어떻게 짜느냐인데, 정말 좋은 포트폴리오는 위험률을 낮추는 것입니다. "달걀을 한 바구니에 담지 마라."라는 명언이 있지요. 하나에 **몰빵**하면 안 된다는 걸 말합니다. 분산 투자를 어떻게 잘 하냐가 문제인데 경제 물리학이 그것에 대한 힌트를 드릴 수 있습니다.

무슨 이야기냐면 주식으로 네트워크를 구성할 수 있습니다.[1] 어떤 주식과 어떤 주식이 같이 움직이나? 즉 오를 때 같이 오르고, 내릴 때 같이 내리는 주식들을 분석하는 것인데 상관관계가 가까운 주식들끼리 연결해서 네트워크를 만들면 여기서도 물론 항공망 네트워크처럼 허브가 나옵니다. 허브 주식은 물론 영향력이 큰 주식이기에 좋기는 하지만, 효율적인 분산 투자를 하려면 이것 하나만으로는 안 됩니다. 골고루 사야 하거든요. 간단하게 말씀드리면, 주식 네트워크를 그렸을 때 잘 살펴보면 에너지 관련주, 기술 관련주, 의료 관련주 등 유사한 카테고리 안에 들어가는 주식들이 비슷한 영역에 몰려 있습니다. 이 네트워크에서 가장 바깥쪽에 있는 것들을 골라서 투자하면 제일 멀리 떨어져 있는 것들을 사게 되기 때문에 자연스럽게 분산 투자가 되는 겁니다. 물론 언제 팔 것인가 하는 문제가 있지만, 그 부분은 모니터를 잘 해서 운용하면 평균 주가 지수보다 조금 높은 수익률을 거둘 수 있다고 알려져 있습니다. 어쨌든 주식 네트워크를 만들어서 여기서 하나, 저기서 하나 하는 식으로 서로 멀리 떨어진 주식을 산다는 것이 기본 아이디어입니다.

이 방법으로 실제 주식 투자를 제가 해 본 것은 아닙니다. 저는 그럴 처지가 못 되고요, 금융계에서 어떤 분이 오셨기에 그 분께 소개를 해 드린 적은 있습니다. 한번 해 보겠다고는 하셨는데 다녀가신 이후로 연락이 없으시네요. 대박을 쳐서 어디 멀리 가셨거나, 아니면 망했거나 둘 중 하나겠지요. 어쨌든 김동희 학생, 서울시립대학교 노재동 교수님과 함께 쓴 공개된 논문이니만큼 관심 있으신 분들께는 얼마든지 가르쳐 드릴 수 있습니다.

이렇게 경제 현상에 네트워크를 적용하여 회사와 회사, 또는 나라와 나라 사이의 경제 활동을 기준으로 네트워크를 만들고 분석하면 많은 새로운 사실들을 알아낼 수 있습니다. 그리고 그것을 투자에 이용하면 돈을 벌 수도 있고 말입니다.

척도 없는 네트워크

경제, 주가가 나온 김에 숫자 이야기를 조금만 더 하겠습니다. 사실 지난 강의에서 반복해서 배운 항공망 네트워크와도 관련이 있는 숫자 이야기입니다. 항공망 네트워크를 더 엄밀하게는 스케일 프리(scale-free), 그러니까 우리말로 '**척도 없는**' 네트워크라고 부릅니다. 그런데 이게 참 모호한 말입니다. 척도가 없다니 무슨 뜻인지 전혀 감이 안 오죠. 이 이야기의 시작은 저희가 맨 처음 월드 와이드 웹을 분석해서 (연결선 분포 함수가 분수 함수 모양을 따른다는 것을 밝힌) 《네이처》 논문을 쓴 직후로 거슬러 올라가야 합니다.

웹 페이지들이 항공망처럼 허브가 있는 불균일하고 불공평하게 연결된 네트워크라는 것을 밝힌 후, 이러한 모양의 네트워크를 뭐라고 불러야 할까 고민을 했습니다. 골치를 썩이다가 항공망 모양의 연결선 분포 함수가 수학적으로 분수 함수, 우리말로는 멱함수 법칙, 영어로는 파워 로(power-law) 함수를 따르니까 간단하게 파워 네트워크(power network)라고 불러 볼까 했습니다. 그런데 파워 네트워크라고 했더니 대부분 전력 송전망을 상상하는 겁니다. 발전소부터 철탑들을 거쳐 가정까지 전력선을 통해 전기가 공급되는 연결망을 연상하는 것이지요. 그런데 하필이면 전력 송전망은 항공망처럼 생기지 않은 겁니다. 의미가 잘못 전달될 수가 있어서 다시 곰곰이 생각했습니다. 그때 '아! 물리에 스케일 프리라는 말이 있지.' 하고 떠올랐습니다. 척도가 없다는 게 무얼 의미하는지 제가 좋아하는 재미난 예제로써 설명해 보겠습니다.

다음 페이지를 보시면 엑셀 파일로 된 회계 장부가 하나 있습니다. 호기심 많은 사람들이 이걸로 장난을 치기 시작했습니다. 오른쪽 칸을 보

분류	공급처	금액
전산 소모품	대원 사무기기	11759
가구 집기	대기 산업(주)	592
전산 소모품	상신 전산	0
청소 용역	동양 인력	695
전산 소모품	새론 산업	3275
전산 소모품	엔피플	4179
문구	진성 PLT	29
조명	한진 산업사	397
가구 집기	대지 가구(주)	11838
문구	(주)주풍	7151
문구	유삼 홀로아트	1624
문구	오피스넷	0
청소 용역	(주)명신	51648
청소 용역	애드민	2191
문구	(주)프라택	907

회계 장부에 숨어 있는 법칙: 벤포드 법칙

면 금액이 숫자로 표시되어 있죠. 그 숫자들의 맨 첫 자리 숫자만 봤습니다. 그러고는 1, 5, 6, 3, 4, 2, 3, 1, 7, 1, 5, … 이들 숫자의 합집합에서 1이 몇 번 나오고 2가 몇 번, 3이 몇 번 나오는지를 각각 셌습니다. 어느 숫자가 가장 많이 나올까요? 다시 말해서 엑셀 파일에 등장하는 숫자의 맨 앞자리만 따서 통계를 낼 때 1부터 9까지의 9개 숫자 중에서 무엇이 많이 나오는지 찾아보는 것이지요.

어떤 숫자가 가장 많이 나올까요? 맨 처음 드는 생각은 3,000원짜리가

4,000원짜리보다 많을 이유가 없으니만큼 그냥 공평하게 나와야 가장 자연스러울 것 같습니다. 그런데 신기하게도, 첫 번째 숫자들을 따서 세 보았더니 공평하게 나오지가 않았습니다. 이것을 벤포드 법칙(Benford's law)이라고 말하는데 실제로는 이렇습니다. 1이 30.1퍼센트로 제일 많이, 2가 17.6퍼센트로 그다음으로 많이, 3이 12.4퍼센트로 또 그다음으로 많이 나오는 식입니다. 비단 회계 장부뿐만 아니라 별의별 곳에서 나오는 숫자들이 다 그렇습니다. 지구 상에 있는 강들을 다 모아서 살펴본 강의 너비, 각국의 인구수, 물리 법칙에 등장하는 상수들, 뉴스에 나오는 숫자들, 비열, 압력, 분자량, 원자량, 디자인에 쓰이는 숫자, 미국 야구 리그, 사망률, 다 조사해도 어디나 1이 제일 많이 나오는 겁니다.

벤포드 법칙

이걸 처음 발견한 사람은 사이먼 뉴컴(Simon Newcomb)이라고 하는 천체 물리학자입니다. 알다시피 천체 물리학자는 우주를 다룹니다. 우주의 크기가 얼마나 큰지 잘 아시죠? 그래서 뉴컴은 엄청나게 큰 숫자를 가지고 자주 계산을 해야 했습니다. 당시에는 컴퓨터는커녕 계산기도 발명되기 전이라 손쉬운 계산을 위해 로그표(log table)가 들어 있는 로그 책을 이용했습니다. 기억이 나실지 모르겠는데 고등학교 수학 책이나 『수학의 정석』 맨 뒤에 보면 로그표가 붙어 있습니다. 계산기가 없던 시절에 큰 숫자를 곱하려면 힘드니까 원래 숫자들에 로그를 취해서 작은 숫자들로 바꾸고 이 값들을 곱하기 대신 더할 수 있게 만들어 주는 표입니다. 곱하기보다는 더하기가 훨씬 쉬우니까요. 그다음에는 더한 숫자를 다시 로그표에서 찾은 값으로 바꿔서 원래 결과를 알아내는 방식입니다.

그런데 뉴컴이 여기서 신기한 걸 발견했습니다. 여러분도 많이 겪으셨을 텐데 수학 책이나 문제집을 보면 앞쪽만 까맣잖아요? 매년 학기 초면 굳은 결심을 하죠. '이제 열심히 공부해야지!' 1단원인 '집합과 명제'를 열심히 공부합니다. 그리곤 흐지부지. 방학이 되면 다시 각오를 다지고 계획표를 짜서 1단원부터 다시 공부. 하지만 또 중간에 흐지부지. 학기와 방학이 되풀이될수록 1단원만 손때가 타서 까매집니다. 뒷부분은 안 열어 봐서 깨끗하고 내용도 잘 모르죠. 그런데 신기하게도 뉴컴이 천체 물리를 계산하는 데 자주 사용했던 로그 책도 다른 수학 책처럼 앞부분만 까맸습니다. 로그 책에는 1, 2, 3, 4, 순서대로 표가 나와 있는데 왜 앞에만 때가 탔을까? 곰곰이 생각해 봤더니 이유가 있었습니다. 자꾸만 1을 찾게 되더라는 겁니다. 1에서 9까지 순서대로 자주 찾게 된다는 거죠. **이제 제 강의의 마지막 수식이 나옵니다.** 그는 이 사실을 고민하고 연구해서 각각의 숫자가 사용될 확률이 다음과 같은 법칙을 따른다는 걸 알아냈습니다.

$$P(D)=\log(1+\frac{1}{D})(D=1, 2, \cdots, 9)$$

이렇게 되는 이유가 뭘까요? 왜 숫자들의 앞자리를 따면 1이 많이 나오고, 로그 책에서는 1이 많이 쓰일까요? 1이라는 숫자가 뭐가 특별하기에 이런 일이 일어나는 걸까요? 주변에서 쉽게 볼 수 있는 또 다른 사례를 하나 들어 보도록 하겠습니다. 엑셀을 쓰는 분은 엑셀을 써도 되고 계산기가 편한 분은 계산기로 해 봐도 좋습니다. 은행에 1,000달러를 저금했는데 연이율이 5.4퍼센트라고 합시다. 1년에 한 번씩 통장 정리를 합니다. 1년이 지나면 1,000달러의 5.4퍼센트니까 이자가 54달러 붙습니다. 그래서 원금과 이자의 합계 1,054달러가 찍힙니다. 2년 후에는 복리기 때문에 거기에 또 5.4퍼센트가 붙어서 1,110.92달러가 됩니다. 시간이 지날수록 계속 늘어나서 아래 표와 같이 될 겁니다.

실제로 표를 보면 맨 앞자리 숫자들이 1이 한참 나오다가 2로 넘어갑니다. 정말로 1이 많이 나옵니다. 여기 표에는 안 나오지만 뒤로 갈수록 숫

원금과 이자의 합계	첫 번째 자릿수
1054	1
1110.92	1
1170.91	1
1234.13	1
1300.78	1
1371.02	1
1445.05	1
1523.09	1
1605.33	1
1692.02	1
1783.39	1
1879.69	1
1981.2	1
2088.18	2
2200.94	2
2319.8	2
2445.06	2
2577.1	2
2716.26	2
2862.94	2
3017.54	3

통장에 나타나는 숫자의 분포

자들이 금방금방 그다음 숫자로 넘어갑니다. "그러면 처음에 2,000달러로 시작하면 1보다 2가 더 많이 나오는 것 아니야?"라고 생각하는 분들도 계실 테지요? 실제 엑셀 파일로 충분히 길게 해 보면 이것 역시 1이 가장 많이 나오고 정확하게 1,000달러를 가지고 했을 때와 똑같은 빈도로 숫자가 나옵니다. 여기에 중요한 사실이 숨어 있습니다. 1,000달러로 시작하든, 2,000달러로 시작하든, 심지어 3,000달러로 시작하든 벤포드 법칙은 항상 맞다는 겁니다. 어떤 시작점이 중요한 게 아니라는 뜻입니다. **이것을 다른 말로 척도가 없다고 할 수 있습니다.**

항공망을 전문 용어로 스케일 프리, 척도 없는 네트워크라고 부른다고 했던 이야기로 돌아가 보겠습니다. 스케일은 곧 척도이며, 뭔가 대푯값 혹은 기준이 되는 숫자를 말합니다. 예를 들어 "사람의 키는 스케일이(척도가) 1.7미터쯤 돼."라는 말을 했다고 합시다. 사람들의 키를 다 모으면 수학적으로 정규 분포를 따르는데, 평균값이 가운데 있고 그 근처에서 많이 안 벗어나는 종 모양의 그래프가 그려집니다. 그 평균값을 우리가 보통 척도라고 부릅니다. 사람의 키라고 하면 대개 떠올리는 1미터에서 2미터 사이, 1.7미터 정도가 척도인 것이죠. 사람의 키에 해당하는 숫자를 우리가 적당히 정할 수 있으면 그게 사람 키의 척도입니다.

첫 번째 강의에서 보았던 고속 도로망 그래프에서는 이러한 기준이 되는 숫자가 분명합니다. 4입니다. 4가 기준이고 대푯값입니다. 4라는 숫자로 이 그래프의 특징 대부분을 이야기할 수 있습니다. '고속 도로망에서 도시는 대부분 4개의 고속 도로로 연결되어 있다.'라고 하면 거의 맞습니다. **대세**가 4인 거죠. 따라서 4라는 숫자가 고속 도로 연결망의 척도, 즉 스케일이 됩니다. 그런데 항공망 그래프에서는 척도를 정하기가 어렵습니다. 왜냐하면, 대표 숫자를 가장 경우의 수가 많은 1로 잡으려니 1은 그다지 대푯값의 자격을 지니지 못합니다. 항공망에서는 작은 공항들보다는 허브가 훨씬 중요한 역할을 하니까요. 전체 네트워크의 특징을 1이라는 숫자로 나타낼 수는 없는 것이죠. 그렇다고 척도를 가장 큰, 예를 들어 100으로 잡는다면 그것도 안 됩니다. 가장 큰 허브만 있다고 네트워크가 결정되는 것은 아니거든요. 그러면 중간값인 50을 잡을까? 아니면 10? 아무리 봐도 적당한 녀석이 나타나지를 않습니다. 그러니까 여기서는 대푯값을 딱히 잡을 수가 없습니다. 반대로 어떤 의미에서는 1부터 100까지 모든 척도가 골고루 다 있는 겁니다. 물론 1이 많고 100은 적지만, 각각의 역할이 비슷하게 중요합니다. 다시 말해서 1은 역할은 적지만 그런 도시가 많으므로, 100은 역할이 크지만 그런 도시들이 개수가 적어서 비슷하게 중요한 역할을 하기에 척도라고 부를 만한 숫자를 하나 선택하기가 어려운 상황이 되는 겁니다. 그렇기 때문에 스케일 프리, 척도가 없다고 할 수 있습니다.

스케일 프리의 또 다른 의미를 살펴보기 위해 다시 벤포드 법칙의 통장 이야기로 돌아가 봅시다. 예금 통장에서 본 것처럼 벤포드 법칙은 1,000달러에서 시작하나 2를 곱해서 2,000달러에서 시작하나 크게 다르지가 않습니다. 몇을 곱해서 시작해도 충분히 오래 지나면 같은 벤포드 법칙을 따르게 되는 것이죠. 만약 어떤 시스템이 척도가 정해져 있다고 합시다. 예를 들어 고속 도로 연결망에서처럼 4를 척도로 잡잖아요? 그렇다면 모든 도시에 2를 곱해서 연결선을 두 배로 늘리면 가장 중요한 대푯값이 4×2=8이 됩니다. 8이라는 것이 대세가 되었으니 척도도 두 배가 된 것이죠. 그런데 벤포드 법칙에서는 이렇게 척도가 변하면 안 됩니다. 얼마를 곱해서 측정하던지 항상 같아야 하죠. 3을 곱해도 똑같아야 하고 4를 곱해도 그 모양 그대로 나와야 합니다. 100을 곱해도 똑같이, 1,000을 곱해도 똑같이 나와야 하는 겁니다. 그렇기 때문에 스케일 프리에서는 일정한 기준이 없고 결국 모든 숫자가 자유롭습니다. 우리가 네트워크의 연결선 분포에서 '정해진 척도를 잡을 수 없다.'는 뜻에서 척도 없는 네트워크라고 번역을 했지만, 어쨌든 다음과 같은 의미로 생각하셔야 합니다. 스케일이 없다는 것은 **시스템의 대푯값을 정할 수가 없다**는 뜻으로, 어떤 숫자를 곱하던지 항상 같은 분포를 나타낸다고 이해하면 됩니다.

숫자에 숨어 있는 법칙을 활용하자

이런 벤포드 법칙에 무슨 쓸모가 있을까 하고 생각하는 분이 계실지 모르겠습니다. 하지만 언제나 그렇듯이 과학에서 발견된 법칙들은 쓰는 사람에 따라 아주 요긴하게 사용될 수도 있습니다. 무슨 쓸모가 있느냐? 사실 앞에서 보여 드린 회계 장부가 담긴 엑셀 파일은 어떤 구청의 예산 집행 자료의 일부입니다. 요즘은 행정 정보 공개로 구청 웹 사이트에 가면 예산 자료를 쉽게 찾아볼 수 있습니다. 그리고 저처럼 그 자료들을 가지고 벤포드 법칙에 자연스럽게 맞아떨어지는지를 확인할 수 있습니다. 숫자 놀이를 하자고 벤포드 법칙을 회계 장부에 들이대는 것은 아닙니다. 이유는 따로 있습니다.

회사에서 영수증을 처리하다 보면 분실 등의 몇 가지 이유 때문에 가짜 영수증을 만들어야 하는 상황이 생기기도 합니다. 절대 제 이야기는 아닙니다. 학교에서 사용하는 연구비는 연구비 카드 제도로 인해 투명하게 집행되는 탓에 이런 일이 일어날 수 없습니다. 아무튼, 뭔가 이렇게 회계 처리를 하다 보면 '이번에는 얼마짜리 영수증을 만들어야 할까.' 하는 고민에 빠지기도 합니다. 생각없고 경험 없는 초짜는 그냥 아무 금액으로나 가짜 영수증을 만들기 십상이죠. 조금 더 신중을 기하는 영악한 사람이라면 회계 장부를 쭉 살펴보고는 "아! 9가 별로 없네!" 하면서 9로 시작하는 영수증을 만들지도 모릅니다. 하지만 둘 다 벤포드 법칙을 적용해보면 맞아떨어지질 않고 결국 자연스럽지 못한 회계 장부라는 사실이 들통 나게 됩니다.

한국의 국세청, 그리고 미국의 IRS에서 이 방법을 실제로 사용합니다. 어떤 회사가 회계 부정이 있는지, 즉 회계 장부가 맞는지 틀리는지를 알아보려고 모든 회사를 하나하나 자세히 조사할 수는 없잖아요. 그래서 고안한 방법이 이겁니다. 회계 장부에 벤포드 법칙을 적용해서 맨 앞자리 숫자로 그래프를 그렸을 때 벤포드 법칙에 잘 맞으면 통과, 뭔가 그래프에 이상한 점이 있으면 그 회계 장부를 제출한 회사를 정밀하게 조사하는 것이죠. 1차 검출기로 쓰는 겁니다.

물론 걸려 본 적이 있거나 영악한 사람이라면 이런 검출 방식이 있다는 걸 알고, 법칙에 맞게 영수증을 만들려고 노력합니다. 그런데 그래도 걸립니다. 왜 그런지 아세요? 자연스러운 회계 장부에는 척도가 없기 때문입니다. 첫 자리를 잘 봐서 벤포드 법칙에 맞게 영수증을 만들었다고 합시다. 예를 들어서 1이 많이 나오게, 엄밀하게 30.1퍼센트가 나오도록 1만 원짜리 영수증을 만든 것이죠. 그러면 국세청에서는 엑셀 파일에 곱하기 2를 해 봅니다. 그러면 꼼수로 채워 놓은 데이터들은 다 흐트러지게 됩니다. 회계 장부가 조작이 아닌 자연스럽게 나온 데이터라면, 2를 곱해도 정확하게 벤포드 법칙이 맞아야 합니다. 억지로 첫 자리만 맞춰서 끼워 넣으면 2를 곱했을 때 무언가가 툭 하고 튀어나옵니다. 문제가 있는 겁니다. "2를 곱한 다음에 그것까지 맞추도록 조작하자." 그러면 국세청은

3을 곱해서 다시 해 봅니다. 그래프가 다시 툭 튀어나오고 저걸 맞추려면 3을 곱한 숫자들도 법칙에 다 맞도록 조정해야 합니다. 첫 자리만 맞추는 게 중요한 게 아니고 두 번째, 세 번째 다 맞춰야 합니다. 3을 곱한 것에도 맞췄잖아요? 그러면 4를 곱하고 5를 곱하고 6을 곱하고…… 모든 숫자를 곱했을 때, 모든 척도에 대해서 그걸 다 맞췄다고 한다면 비록 가짜 영수증일망정 정성 하나는 높이 사야 합니다. 엄청나게 힘든 작업이거든요. 차라리 안 만들고 말죠. 혹시라도 정성이 깃든 가짜 영수증에 관심이 있으시다면, 뭐든지 잘하고 척도가 없다는 것이 무엇인지를 잘 알고 있는 물리학과 학생을 고용하시면 도움이 될 겁니다. 벤포드 법칙을 통해서도 알 수 있듯이 자연 법칙은 정말 위대합니다. 아무리 인위적인 조작을 하려고 해도 쉽지가 않습니다.

스케일 프리는 사실 복잡계에서 흔히 나타나는 개념입니다. 특히 물리에서 상전이(phase transition)라고 하는 창발 현상의 대표적인 특징으로 등장하는 중요한 개념이지요. 프랙탈(fractal)이라는 단어를 혹시 들어 보셨는지요? 프랙탈은 공간적으로 척도가 없는, 아무리 확대를 해도(즉 몇 배를 곱하더라도) 원래 자기 자신과 똑같은 모양을 되풀이하는 구조를 말합니다. 이러한 속성을 자기 유사성(self-similarity)이라고 부르기도 합니다. 척도가 없다는 것은 뭔가 자유롭고, 모든 스케일이 존재 가능하며, 복잡계가 지니는 창발 현상과 깊은 관련이 있다는 걸 말씀드리고 싶습니다.

허브, 매개자, 중심자

지금까지 재미 위주로 말씀드렸지만 사실 **빅 재미**는 사회 네트워크에 있습니다. 이번 강의의 큰 주제가 사회 네트워크입니다. 소셜 네트워크죠. 사회 네트워크는 우리가 매일 그 속에서 살아가고 있기 때문에 굳이 공부하지 않아도 언제나 친숙한 네트워크입니다. 점에 각각의 사람이 있고 연결선은 곧 친구 관계입니다. '4단계 만에 유명한 연예인을 찾았다.' 기억하시죠? 그런데 여기서 한 가지 조심할 것이 있습니다. 제가 지금까지 말씀드린 내용 중에 가장 중요한 메시지가 허브입니다. 세상의 네트워크는 허브가 있는 항공망처럼 생겼다는 것인데, 이것을 잘못 이해하면 부작용이 있을 수 있습니다.

제 강의를 여기까지 들은 여러분 중에 '아, 허브가 중요하구나. 그래, 네트워크 사회에서는 허브가 중요하대.' 그러고는 휴대 전화를 꺼내서 전화번호부에 등록된 친구 숫자를 확인해 보는 분들 계실 겁니다. '하나, 둘, 셋, 넷, ……. 아, 이게 뭐지. 나는 허브가 아니구나. 네트워크에서 변방에 있구나. 이 서로서로 연결된 네트워크 세상에서 나란 사람은 도대체 왜 존재하는 걸까?' 하며 자괴감에 빠지거나 우울해 하실까 봐 제가 미리 말씀드립니다. 절대 허브만이 최고가 아닙니다. 대부분의 사람들은 허브가 아닙니다. 알다시피 허브는 몇 명 안 됩니다.

네트워크 분석에서 중요하게 간주되는 몇 가지 지표가 있습니다. 중요도 지수라고 하는 것인데 네트워크에서 각각의 점들이 얼마나 중요한가를 나타내고 있습니다. 가장 쉽고 많이 쓰이는 것이 연결선 지수(degree centrality)입니다. 얼마나 연결선이 많은가, 즉 친구 숫자를 세는 것이죠. 허브란 이 지수가 높은 사람입니다. 허브, 마당발, 당연히 중요합니다. 그런데 말씀드린 것처럼 허브가 되려면 밥을 많이 사는 등 관리 비용이 꽤 듭니다. 자칫 잘못했다간 망하기 쉽죠.

네트워크 사회가 되면서 점점 더 중요해지는 게 두 번째 유형의 지표입니다. 링커(linker), 매개자로 대표되는 사람인데요. 매개 지수(betweeness centrality)라고 하는 숫자가 가장 큰 사람입니다. 쉽게 말씀드리면 많이 거쳐 가게 되는 인물입니다. 이렇게 생각하면 됩니다. 여기 복잡하게 연결된 네트워크가 하나 있고, 저기도 하나 있습니다. 저는 두 네트워크의 가운데에 있습니다. 저는 허브가 아니라서 왼쪽 집단에 1명, 오른쪽 집단에 1명으로 친구가 달랑 둘입니다. 친구 숫자로만 보면 거의 왕따 수준이죠. 하지만 저는 중요합니다. 왜냐하면 제가 없어지면 두 집단이 소통할 수가 없거든요. 커뮤니케이션이 끊어지는 겁니다. 그래서 저는 전체 네트워크에서 아주 중요한 사람입니다. 많은 사람이 저를 거쳐 가야 하거든요. 더 좋은 점은 밥을 두 번만 사면 됩니다. 돈이 안 듭니다. 이걸 또 잘못 이해해서 '밥을 두 번만 사면 네트워크에서 중요해진다더라.'라고 찰떡같이 믿고 같은 집단 친구에게 두 번 밥을 사면 안 됩니다. 같은 집단에서 나오는 이야기는 다 비슷비슷하고 새로운 정보가 없습니다. '약한 연결의 중요성(strength of weak tie)'이라고, 직장을 새로 구하거나 할 때 매일 보는 친한 집단보다는 약한 연결이지만 가끔 보는 다른 집단에서 정보를 구하는 편이 훨씬 유리하다는 것과 비슷하죠. 서로 다른 집단을 연결할 수 있는 친구를 갖고 있어야 유용한 새 정보를 획득하는 데 유리하고 몸값도 올릴 수 있습니다. 그래서 다른 분야의 친구를 사귀는 게 중요합니다. 그동안 알지 못했던 전혀 뚱딴지같은 분야에 있는 사람과 만나 여기서 하나, 저기서 하나를 연결하는 역할을 해야 네트워크 세상에서 자신의 가치를 높일 수 있게 됩니다. 이제부터 매개자를 목표로 하십시오. 밥도 두 번만 사면 되니까 돈도 적게 들고 아주 좋습니다.

또 하나의 지표가 중심도(closeness centrality)입니다. 전체 네트워크에서 얼마나 중심에 있느냐를 나타내는 지수인데, 이건 제가 뒤에서 예를 들어 설명하겠습니다. 이러한 지수들로 사회 네트워크를 분석해서 각 구성원들의 중요성을 알아낼 수가 있습니다.

사회 네트워크 분석

사회 네트워크와 관련된 자료는 찾아보면 아주 많습니다. 예를 들면 《중앙일보》에서 하는 '조인스 인물 정보'라는 서비스를 보면 국내 주요 인사들의 여러 정보들이 수록되어 있습니다. 어느 학교를 나왔고, 어디 출신이고, 가족 관계는 어떻다 등등. 인물들의 정보를 다 내려받을 수 있다면 학연, 지연, 혈연 등으로 연결해서 국내 파워 엘리트 그룹들의 네트워크를 분석할 수 있습니다.

예를 들어 서울대학교 사회 발전 연구소와 《중앙일보》가 협조해서 연구한 2005년의 결과는 시대가 지남에 따라 학연이 점점 해체되는 과정을 보여 줍니다. 1950년대 이전에 출생한 사람들을 그려 보면 한가운데 모두 몰려 있습니다. 서울대학교, 연세대학교, 고려대학교 출신들이 핵심을 차지하고 있는 거죠. 1950년대 출생도 마찬가지입니다. 1960년대 출생부터 변화가 일어나기 시작합니다. 뭉쳐 있던 그룹들이 서울대학교, 연세대학교, 고려대학교, KAIST, 한양대학교, 전남대학교로 조각조각 해체가 되기 시작하고, 1970년대 출생부터 더는 학연이 끈끈하게 연결되지 않더라는 겁니다.

그 다음으로 분석해 볼 수 있는 것이 등수 놀이입니다. 과연 누가 허브냐, 누가 마당발이냐를 찾는 거죠. 사실 언제나 그렇지만 우리가 잘 알고 있는 유명한 사람들이 허브로 나오게 마련이므로 그다지 새로운 재미는 없습니다. 그다음으로 중요하고 더 재미있는 게 링커, 매개자를 찾는 놀이입니다. 누가 다른 집단의 사람들을 연결하는 중요한 링커일까요? 당시 분석에서 가장 중요한 링커로 선정된 사람은 재정 경제부 차관이었던 박병원 씨입니다. 서울대학교 법학 대학과 KAIST를 거친 결과 문과와 이과를 연결하는 엄청난 다리 역할을 하고 있는 것으로 밝혀졌습니다. 물론 재정 경제부 차관 정도 되면 아는 사람도 많을 테니까 허브이기도 하겠지만, 허브보다 링커로서의 가치가 훨씬 더 높은 분입니다. 혹시 여러분 중에 문과 출신인 분이 계시면 이과 분들과 좀 사귀시고, 또 이과 출신인 분들은 문과 분들과 친하게 지내신다면 문과와 이과를 연결하는, 이 시대에 정말 중요한 링커가 되실 수 있으리라 생각합니다.

국회 의원 네트워크

재정 경제부 차관이 나온 김에 정치 이야기를 조금 해 보겠습니다. 저는 개인적으로 정치를 좋아하지는 않습니다만, 많은 사람들이 알고, 관심을 가지고 계시기 때문에 예로 들기에 적합한 주제인 듯합니다. 《조선일보》에서 정치인 네트워크를 조사한 적이 있습니다. 정치인도 사람이니까 사람들의 사회 네트워크인 거지요. 그러면 어떻게 네트워크를 만들었을까요? 어떤 국회 의원이 어떤 국회 의원과 아느냐/친하냐를 일단 알아내야 하는데 역시 신문사답게 직접 국회 의원들에게 전화를 돌렸답니다. 친한 국회 의원 이름 셋을 알려 달라고 했지요. 그 결과로 17대 국회 의원들의 네트워크를 만들었습니다. 분석했더니 김덕룡, 김근태, 한명숙, 김문수 이런 분들이 허브였습니다. 인망이 높고 유명한 분들이 당연히 허브겠죠. 따라서 별로 재미는 없습니다. 물론 다른 분석도 했습니다. 예를 들면 이런 결과도 있습니다. 전체 네트워크를 분석해 봤더니 옛날 3김 시대 때는 우두머리가 있고 그 밑에 부하들이 있는 보스 중심의 수직적 리더십 구조였는데 이게 시대가 지나면서 포스트 3김 시대에서는 허브 중심의 수평적 리더십 구조로 변화되었답니다.

그다음에 분석한 것이 링커, 주요 매개자별 네트워크입니다. 김덕규, 원희룡 이런 분들이 여야를 연결하는 중요한 다리 역할을 하는 것으로 밝혀졌죠. 이 정치인 네트워크에서 특히 흥미로웠던 것은 중심자 지표를 밝혔다는 겁니다. 앞에서 중요도 지수를 설명하며 마지막 지표로 중심도를 잠깐 언급했었습니다.《조선일보》 조사 결과, 17대 국회 의원 네트워크에서 중심자 지표로 1등을 한 분은 고 김근태 의원이었습니다. 실제 기사를 찾아보시면 김근태 의원이 기사의 한 꼭지를 차지하고 있기도 합니다.

그렇다면 중심자란 무엇인가? 네트워크가 주어져 있을 때 다음과 같은 게임을 하는 겁니다. 여러분이 어떤 이유에서건 국회 의원들한테 소문을 퍼뜨려야 한다고 생각해 보세요. 그런데 만날 수 있는 국회 의원이 딱 1명뿐입니다. 누구에게 처음 소문을 전달해야 가장 빨리 퍼질까요? 만약에 처음 만나는 사람이 네트워크의 저 구석 변방에 있다면 반대쪽 끝까지 소문이 다 퍼지는 데 한참이 걸릴 겁니다. 여러 단계가 걸리는 거죠. 그러나 네트워크의 한가운데 있다면 가장 빨리 소문이 퍼지게 될 겁니다. 이런 사람이 바로 중심자입니다. 국회 의원들 각자를 시작점으로, 그러니까 소문의 근원지로 삼았을 때 소문이 퍼지는 단계를 계산해 봤더니 김근태 의원이 3.85단계로 164명에게 가장 빠르게 전달되어 중심자로 판명이 났습니다.

이러한 센터, 중심자와 허브인 마당발, 링커라고 하는 매개자, 이 세 가지가 네트워크를 분석할 때 어떤 점이 어떠한 역할을 하는지를 보는 중요도의 척도로 가장 많이 쓰이는 지표입니다. 공개된 네트워크 분석 프로그램을 사용하면 직접 계산할 필요도 없이 금방 분석해서 각각의 등수를 매길 수 있습니다. 《조선일보》의 정치인 네트워크 조사 결과를 보고 저는 18대 국회 의원도 네트워크를 만들어 보고 싶었습니다. 국회 홈페이지에 갔더니 18대 국회 의원 299명의 명단이 있더라구요. 그래서 종이에 점을 찍고 그 옆에 국회 의원 이름을 죄다 썼습니다. 당의 색깔에 맞춰 색칠도 했습니다. 그런데 이건 점만 찍었으니까 네트워크가 아니잖아요. 선이 있어야 하거든요. 그런데 여기서 딱 막히는 겁니다. 누가 누구를 아는지를 생각해 보니까 차명진, 한선교, 송광호. 이런 분들이 서로 알까요? 사실 자신의 지역구를 제외하면 국회 의원 이름만 가지고는 누가 누군지도 대부분 잘 모르잖아요. 그런데 이분이 누구를 아는지 어떻게 알겠습니까. 점 찍는 것까지는 쉽습니다. 전체 명단은 쉽게 구할 수 있으니까 점까지는 찍었고 이제 연결을 해야 하는데 이게 어렵다는 거죠. 《조선일보》 기자들처럼 국회 의원 전화번호를 안다면 모를까. 그러니 직접 물어볼 수도 없습니다. 연결에서 막힌 겁니다. 물론 가장 쉬운 것부터 하면 같은 정당끼리는 서로 알 테니까 같은 색끼리 연결하고……. 그런데 이건 의미가 없습니다.

뭔가 새로운 네트워크를 만들어야, 그러니까 분명히 다른 색깔인데도 서로 아는 사람이 있을 테고 그런 사람들을 연결한 네트워크를 그려야 정당 간 연결과 소통이 되고 누가 중요한지 알 수 있잖아요. 그런데 이게 어려운 작업이라는 거죠. 어떻게 해야 할까요? 고민하던 차에 인터넷에서 무언가를 봤습니다.

구글 신은 뭐든지 알고 있다

2007년 대선 직후에 어떤 블로거가 이런 글을 자신의 블로그에 올렸습니다. '대선 득표수와 구글 검색'이라는 제목인데 이 친구가 왠지 모르지만 대선이 끝난 후에 구글에다 각 대선 후보의 이름을 검색해 보았답니다. 즉 '이명박'이라고 쳐 본 겁니다. 구글에 뭘 치면 검색 결과 옆에 숫자가 하나 나옵니다. 이명박이란 단어가 들어 있는 웹 페이지가 몇 개나 있는지 보여 주죠. 이명박이라고 쳤더니 검색 결과가 약 1000만 개 있다고 떴습니다. 그런데 이명박 후보의 득표수가 1000만쯤 됩니다. 정동영 후보를 쳤더니 500만 개가 나왔는데 득표수가 500만 표, 이회창 후보는 300만 개가 나왔는데 득표수는 300만 표, 문국현 후보도 200만 개에 200만 표로 재미있게도 웹 페이지 숫자와 득표수가 거의 정확하게 비례했습니다. 이게 어느 정도 잘 맞느냐면, 얼마나 정확한 비례인지를 보여 주는 상관계수가 0.9879이고 《동아일보》 여론 조사보다도 나았습니다. 이건 공개된 정보라서 검색해 보기만 하면 되거든요. 역시 우리의 구글 신은 위대하다는 거죠. 구글 신은 뭐든지 알고 계십니다. 선거 결과 정도는 그냥 미리미리 알려 주십니다.

저 사실을 제가 알게 되었을 때가 미국 대선 전이었습니다. 그래서 시험 삼아 미국 대통령 선거에 한번 적용해 봤습니다. 미국 대선 후보들을 구글 신께 여쭤 보고 얼마나 검색이 되었는지 살펴보는 것이죠. 당시는 힐러리 클린턴과 버락 오바마가 민주당 내 경선도 하기 전이었습니다. 구글 신에게 각 후보의 이름을 여쭤 보았더니 오바마가 제일 많답니다. 그래서 저는 오바마가 될 줄 진작에 알았습니다. 심지어 저는 경선은 물론 대통령 선거에서도 오바마가 될 것을 미리 알고 있었습니다.

구글 신을 믿지 못하겠다고요? 마지막으로 한 가지 예를 더 보여 드리겠습니다. 지난 서울 시장 선거에서 나경원 후보와 박원순 후보가 엎치락뒤치락 예측하기 힘든 박빙의 선거를 펼쳤다고 하죠. 저는 선거 전날 밤 11시 15분에 구글 신께 직접 여쭤 보았습니다. 목욕재계를 하고 경건한 마음으로 컴퓨터를 켰습니다. 그리고는 웹 브라우저를 띄우고 구글에 접속해서 세 글자를 조심스럽게 쳤습니다. "나경원" 그리고 엔터. 그러자 구글 신께서 나경원 후보의 이름이 들어가 있는 웹 페이지가 총 몇 개인지를 알려 주셨습니다. 검색 결과 약 4660만 개가 나왔습니다. 그다음에 해야 하는 일도 같습니다. 다시 목욕재계를 하고, 당연히 경건한 몸과 마음으로 컴퓨터를 켜서 구글에 "박원순"을 친 다음 엔터. 구글 신 가라사대, 검색 결과 약 5430만 개. 대략 46 대 54로 박원순 후보가 승리할 것으로 이미 결론이 난 것입니다. 실제 선거 결과가 기억 안 나실까 봐 보여 드리면 46.2퍼센트 대 53.4퍼센트로 박원순 시장이 이겼습니다.

원래 주제로 돌아오겠습니다. 제가 18대 국회 의원 네트워크를 만들다가 점만 찍고 막혀서 선을 그리기 힘들었습니다. 누가 누구를 아느냐를 알 수가 없었습니다. 그래서 이번에는 국회 의원들의 관계도 구글 신에게 물어보기로 마음을 먹었습니다. 어떻게? 잘만 물어보면 됩니다. 구글 신은 모르는 게 없으시거든요. 그럼 어떻게 물어보는 게 잘 물어보는 거냐, 두 사람을 한꺼번에 물어보면 됩니다. 예를 들어서 '박영아'라는 국회 의원과 '이용경'이라는 의원이 서로 아는지 알고 싶으면 두 사람 이름을 검색창에 같이 넣고 검색합니다. "박영아, 이용경" 엔터. 물론 우리나라는 동명이인이 많으니까 '국회 의원'이란 단어도 함께 넣어야 합니다. "박영아, 이용경, 국회 의원" 엔터. 이렇게 하면 '이용경', '박영아', '국회 의원'이라는 단어가 들어 있는 검색 결과가 736개라고 나옵니다. 이 이야기는 저

두 사람의 이름이 들어간 웹 페이지가 736개 있다는 겁니다. 실제 검색된 페이지를 보면 '미래 과학 기술 방송 통신 포럼 공동 대표 박영아/이용경…….' '국회 의원 박영아 의원과 이용경 의원은 어디를 방문했고…….' 무언가 둘이 같이 했고 연관이 있기 때문에 저런 웹 페이지가 있는 겁니다. 이 숫자가 많다는 것은 둘이 뭔가 관련이 있어서 함께 나타날 일이 많다는 것입니다. 정말 친해서일 수도 있고 혹은 반대로 매일 치고받고 싸우는 관계일 수도 있지만, 어쨌든 싸우다가 정든다고 뭔가 서로 연관이 있고 잘 안다는 것이거든요. 숫자가 적다는 이야기는 2명 사이에 별로 관련이 없다는 겁니다. 같이 안 다니면 당연히 같이 나올 리가 없잖아요. 검색 결과에 따르면 박영아 의원과 이용경 의원, 이 두 분은 736번 같이 연결되었습니다. 이걸 구글의 상관관계 지수(google correlation)라고 하겠습니다. 그러면 이제부터 제가 할 일은 아주 단순합니다. 국회 의원을 두 사람씩 계속 구글에 넣어 보기만 하면 됩니다. 총 299명이니까 299×299=약 9만 번, 그런데 A와 B를 물어보나 B와 A를 물어보나 같은 결과를 주니까 겹치는 걸 빼면 결국 약 4만 5000번만 구글 신께 물어보면 됩니다. 그렇게 해서 나온 상관관계 지수들을 다 모아 18대 국회 의원의 연결 네트워크를 만들어 보았습니다.

결과적으로 우리나라 국회 의원들은 모두 다 서로 연결이 됩니다. 왜냐하면 앞에서 말씀드렸다시피 국회 홈페이지에 당선자 명단이 정리되어 있으므로 어느 2명을 잡아도 동시에 이름이 들어 있는 페이지가 최소한 1개는 있습니다. 그런데 보면 몇만 페이지가 나오는 사람이 있는 반면 두 페이지밖에 없는 사람도 있습니다. 눈으로 보기에는 너무 복잡해서 수학적으로 MST(Minimum Spanning Tree, 최소 걸침 나무)라는 방법을 사용하여 보기 좋게 가장 진한 선 순서로 뽑아서 네트워크를 간략하게 하면

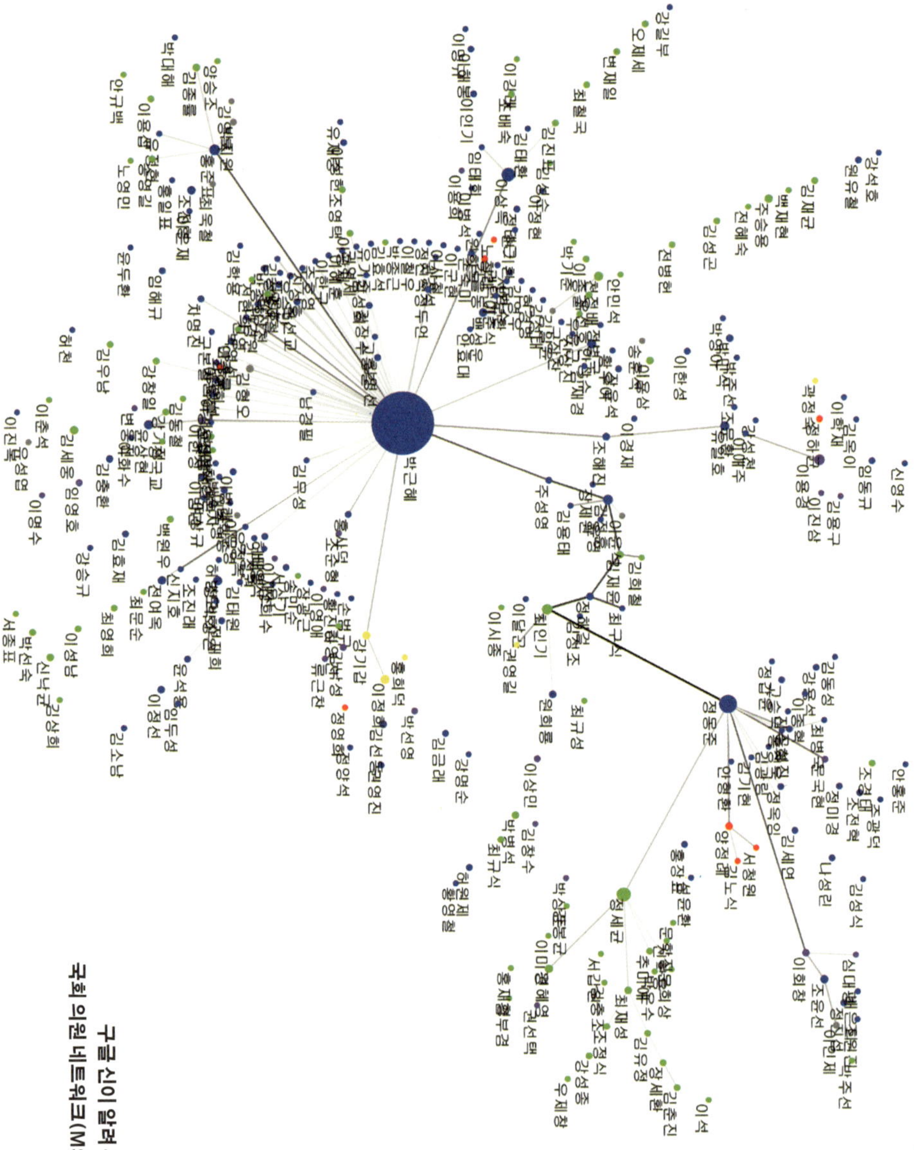

구글 신이 알려 주신 대한민국
국회 의원 네트워크(MST 간략 버전)

왼쪽 페이지 그림처럼 됩니다. 이제 허브가 보이네요. 박근혜, 이상득, 홍준표, 천정배, 정몽준, 정세균, 이런 사람들이 허브입니다. 우리가 아는 것과 비슷한 결과입니다만 사실 이게 중요한 건 아닙니다.

제가 왜 이런 조사를 했는지 뒷이야기를 말씀드리면, 강의 첫 시간에 물리학자는 뭐든지 다 잘하는 팔방미인이라는 얘기를 한 적이 있는데 혹시 기억하시는지요? 국회에도 어김없이 물리학자가 진출해 있습니다. 바로 앞에서 언급한 박영아 의원입니다. 박영아 의원은 명지대학교 물리학과 교수님으로 저랑 연구 분야가 같은 통계 물리학자셔서 연구 논문도 함께 쓴 선배님입니다. 박영아 의원께서 총선이 끝나고 얼마 지나지 않아 국회에서 세미나를 한번 하는 게 어떻겠냐고 물어 오셨습니다. 얼떨결에 "네."라고 답을 하긴 했는데 시간이 지나면서 국회에 가서 무슨 얘기를 해야 할지 고민에 휩싸이게 되었습니다. 섹스 네트워크나 카사노바 얘길 하기도 그렇고. 그래서 만든 것이 국회 의원 네트워크입니다.

여기서 한 가지 말씀드리고 넘어갈 것은, 이 방법에는 비합리적인 요소가 숨어 있습니다. 생각해 보면 다선 위원이 절대적으로 유리합니다. 활동을 오래 했기 때문에 웹 페이지에 많이 실렸고 의정 활동도 많이 했으니까요. 그런데 알다시피 18대에는 초선 위원이 아주 많았습니다. 초선 위원에게 이 방법으로 만든 네트워크는 너무나도 불리하지요. 예를 들어 박영아 의원의 경우 네트워크에서 어디에 있는지를 찾기가 힘듭니다. 절 초대해 주셨으니 뭔가 눈에 띄게 보여 드려야 하는데 네트워크 저기 끝 어딘가에 계신 거예요. 쉽게 말해 체면이 안 서는 거죠. 그래서 제가 "1년 후에 다시 오겠습니다. 그러니 그동안 열심히 의정 활동을 하십시오."라고 말하고 1년 후에 다시 조사했습니다. 이번에는 한글 문제 때문에 구글 대신 네이버 검색 엔진을 사용해서 같은 방식으로 조사해 봤더

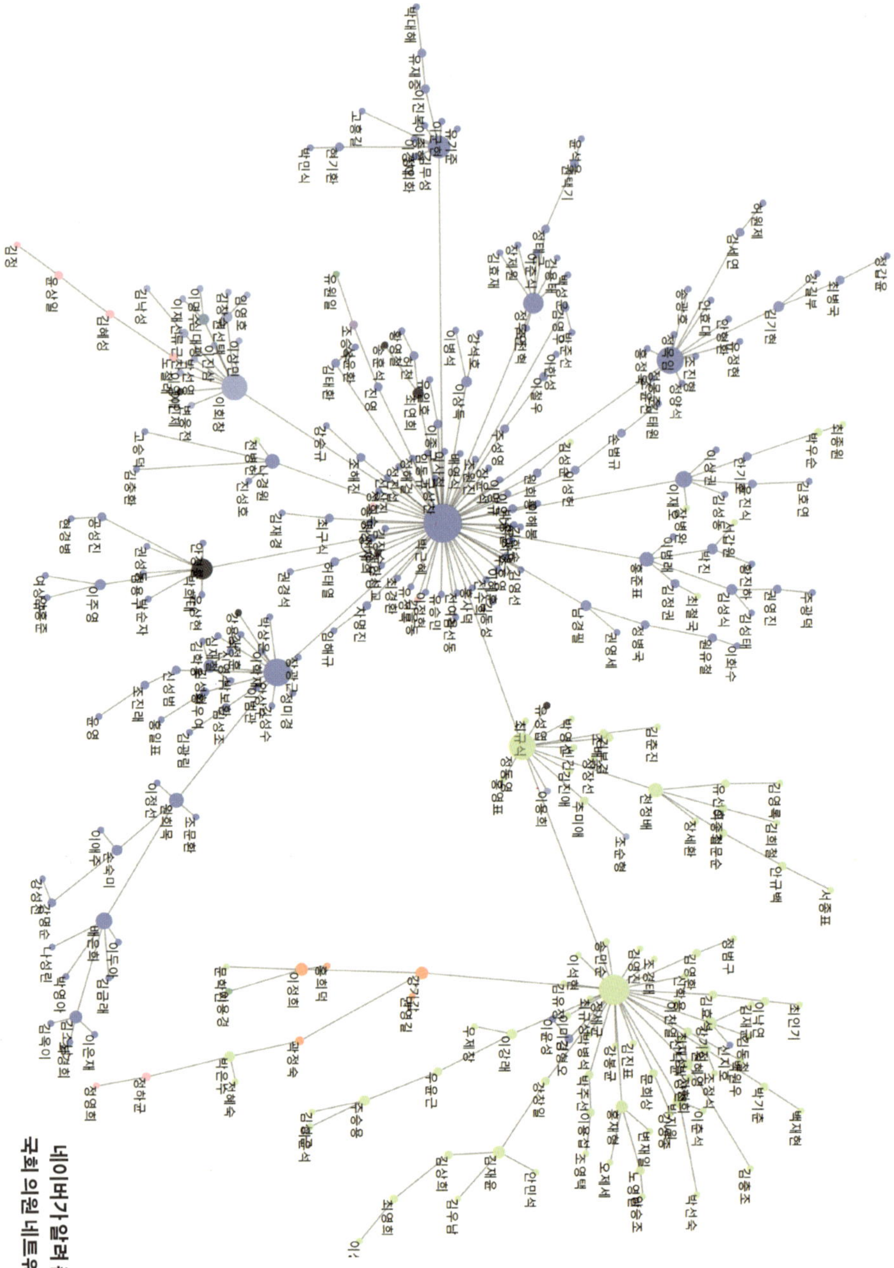

네이버가 알려 준 대한민국 국회 의원 네트워크(1년 후)

니 이렇게 나왔습니다.

박근혜 씨는 아직도 허브로 건재합니다. 워낙 이슈 메이커이기도 하고 오랫동안 의정 활동을 하셨기 때문에 어쩔 수 없는 결과입니다. 그런데 재미난 것은 지난 네트워크에는 없었던 정동영 의원이 총선에서 떨어졌다가 중간에 보궐 선거로 들어오시면서 자리매김을 한 겁니다. 시대 변화를 잘 반영하고 있는 거죠. 박근혜, 정동영, 정세균, 김형오 의장, 이런 분들이 허브임을 알 수 있는데 이건 언제나 그렇듯이 뻔해서 그다지 재미가 없습니다. 제가 눈여겨본 건 링커, 매개자 순위 4등에 강기갑 의원이 올라 있다는 사실이었습니다. 강기갑 의원은 연결선 수가 적어서 절대 허브가 아니거든요. 의원 경력이 오래되지도 않았으니 당연하죠. 그런데도 매개자로서 높은 위치를 차지했습니다. 생각해 보면 바로 진보와 보수를 연결하는 다리 역할을 하고 계시기 때문이란 걸 알 수 있습니다.

그런데 강의 요청 때문에 재미 삼아 만든 이 자료가 입소문을 타면서 정치부 기자는 물론이고 국회 의원 보좌관, 시사 잡지들까지 온갖 곳에서 문의 및 요청 전화가 쇄도했습니다. 검색 엔진에 있는 정보를 이용한 네트워크 구성은 계속하고 싶은데 또 잡음에 시달리게 될까 봐 우려도 되고, 결국 고민 끝에 미국으로 무대를 옮기기로 했습니다. 설마 미국 정치부 기자들이 저한테까지 전화를 걸어 오지는 않겠지요.

미국 상원 위원 네트워크

저희 연구실에 있던 이상훈 학생의 도움을 얻어 미국 상원 의원들의 네트워크를 만들었습니다.[2] 다음 페이지에 있는 그림이 2명씩 넣어 보기

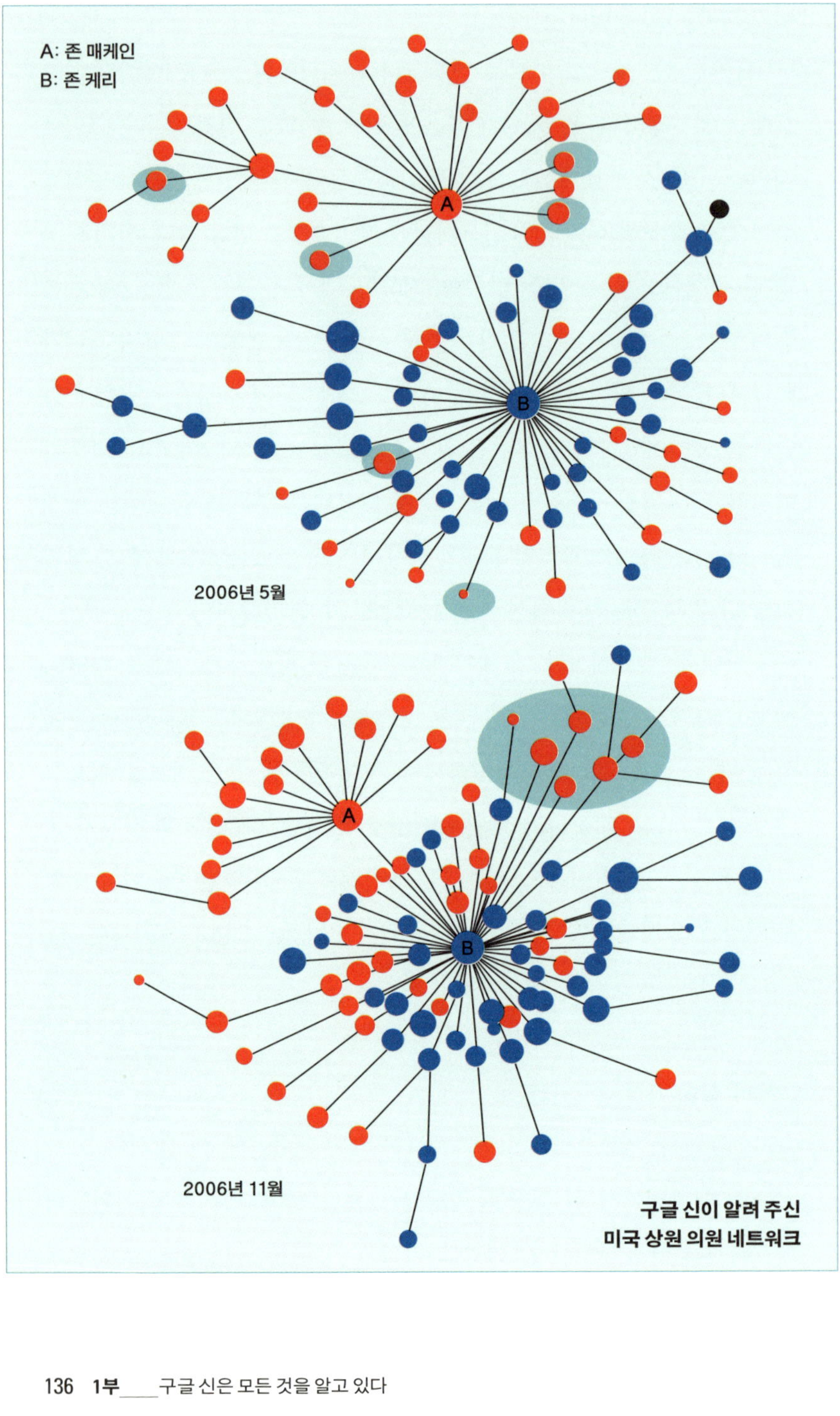
A: 존 매케인
B: 존 케리
A
B
2006년 5월
A
B
2006년 11월
구글 신이 알려 주신
미국 상원 의원 네트워크

방식으로 만든 상원 의원 100명의 네트워크입니다. 미국은 양당 체제인지라 민주당(파란색)과 공화당(빨간색) 각각 1명씩 허브가 나옵니다. 존 케리 민주당 의원과 존 매케인 공화당 의원입니다. 여기까지는 별것이 없어 보이지만, 이제부터가 제가 좋아하는 부분인데, 이게 2006년 5월 14일자 네트워크입니다. 그런데 아까와 마찬가지로 1년 후에 조사를 다시 하면 네트워크가 변하거든요. 구글에게 오늘 물어보고 내일 물어봐도 다른 답이 나올 수 있습니다. 새로운 페이지가 등장하고, 뭔가 갑자기 사건이 일어나고, 활동을 많이 하면 확 올라갈 수 있죠. 이것을 시간별로 모니터하면 정치 흐름이 어떻게 변하는지를 알 수 있습니다.

처음 보여 드린 네트워크가 2006년 5월 14일이었는데 6개월 후인 2006년 11월 12일에 다시 해 보았더니 네트워크에 커다란 지각 변동이 일어난 걸 알 수 있습니다. 이 사이에 무슨 일이 있었느냐? 상원 의원 선거가 있었습니다. 중간 선거에서 민주당이 압승을 했습니다. 민주당 쪽으로 네트워크가 몰려 있는 게 보이시죠? 정치의 흐름이 어떻게 변하는지를 알 수 있는 겁니다. 이것을 잘만 생각하면 선거 전략으로도 쓸 수 있습니다. 예를 들면, 두 번째 그림에 하늘색으로 색칠이 되어 있는 부분을 보시면 공화당 상원 의원 6명이 안에 들어 있습니다. 이 6명은 선거에서 떨어진 사람들입니다. 불쌍하죠. 그런데 사실 더 불쌍한 건 떨어진 사람들에게 연결된 3명입니다. 용케 이번 선거에서는 살아남았지만 줄을 잘못 섰기 때문에 빨리 갈아타지 않으면 다음 선거에서 바로 떨어질 겁니다. 정치인 네트워크를 분석하면 이렇게 유용한 정보를 얻을 수 있습니다.

구글 신에게 사람과 기업을 물어봐도 됩니다. 예를 들어 미국의 대선 후보 주자들과 미국의 100대 기업 이름을 함께 넣습니다. 오바마와 포드(Ford)를 검색하면 그 둘이 얼마나 자주 같이 등장하는지가 나올 테고 이

걸 바탕으로 네트워크를 만들 수 있습니다. 후보들이 어느 산업에 관심이 있는지를 알 수가 있는 거죠. 좋은 말로 관심이지 어떤 의미에선 로비가 들어갔을 수도 있는 부분입니다. 저희가 조사를 해 보니 존 매케인 후보가 항공 우주 관련 기업인 노스럽 그러먼(Northrop Grumman) 사와 뭔가 연결이 있는 것으로 나왔습니다. 실제로 찾아보면 관련 기사도 있고 좀 더 심각하게 분석할 수도 있습니다. 이제는 방법을 알았으니 여러분도 쉽게 하실 수 있습니다. 관심 있는 사람이나 사물들을 짝을 지어 구글 검색 엔진에 집어넣기만 하면 됩니다.

우리나라 부자들을 다 집어넣으면 이건희 씨가 허브로, 미국 부자들을 넣으면 빌 게이츠(Bill Gates)가 허브로 나옵니다. 이제는 고인이 된 스티브 잡스(Steve Jobs)도 여전히 중요한 위치를 차지하고 있고요. 이런 네트워크를 만들 때 점의 크기, 즉 동그라미 크기는 혼자 구글에 넣었을 때 얼마나 많은 페이지가 나오는지를 보통 나타냅니다. 연결선은 아까 말씀드린 것처럼 두 사람이 같이 등장하는 횟수를 말하고, 실제로는 두께를 다르게 표시해야 하는데 대신 숫자를 선 옆에 쓰기도 합니다. 이 두 사람은 17만 건, 저 두 사람은 6만 7000건 등을 표시해서 네트워크 안에서 강약을 포함한 중요도 분석을 할 수 있습니다.

될성부른 회사는 네트워크만 봐도 알 수 있다

다시 정보를 활용한 네트워크 이야기로 돌아가겠습니다. 사회 네트워크의 가장 재미있는 예 중의 하나는 직장입니다. 대부분의 사람들이 매일매일 겪고 있는 네트워크이니까요. 직장 내 네트워크를 잘 보면 재미있는 것을 많이 알 수 있습니다. 옛날에는 직장이 단순했습니다. 장인이 하나 있고 그 밑에서 일을 배우며 작업을 하는 제자가 있는 길드 구조의 조그만 형태였죠. 조직이라고 하기에도 조금 어설픈 단계지요. 그러던 것이 산업 혁명이 일어나면서 비약적으로 발전을 했습니다. 많은 사람들이 모여서 한 직장을 이루고 분업화가 되면서 영업부, 기획부, 생산부 등으로 조직화되고 상하 질서가 생겨나며 계층화됩니다. 요즘 대부분의 기업이 갖추고 있는 구조라고 할 수 있습니다.

그러던 것이 최근에 와서 변화의 바람이 불고 있습니다. 한계 효용 법칙 때문에 더 이상 부서의 전문화가 새로운 가치를 창출하지 못하게 된 겁니다. 또한 사회가 복잡해지면서 새로 생긴 업무가 어느 부서 한 곳의 사람들로만 해결되는 것이 아니라, 여러 부서가 함께 고민하고 해결해야 하는 상황이 자주 발생하게 됩니다. 여러 전공 분야가 함께 모여서 머리를 맞대고 새로운 문제를 해결하는 융합 연구가 최근 학계에서 주목받는 것과도 비슷합니다. 마찬가지로 직장인의 업무에도 혼자 해결할 수 없는 업무들이 자꾸만 나타나고, 이것이 A부서 업무인지 B부서 업무인지 모호한 상황이 발생하는 것입니다. 이럴 때 필요한 것이 네트워크입니다. 부서들이 서로 연결되어 정보를 주고받고 함께 업무를 공동으로 진행하려면, 기업 내부의 조직이 점차 네트워크화되어야 합니다.

사실 CEO의 지휘 하에 전문 부서가 나뉘고 각 부서 내에 세부 부서와 위계질서를 갖춘 수직적인 구조는 정보화 시대에는 그리 유용하지 못한 구조입니다. 많은 정보가 인트라넷 및 인터넷을 통해서 공유되고 제공되는 상황에서 전문 부서만의 특별한 역할은 점차 줄어들게 마련입니다. 대신 기존에는 생각할 수 없었던 새로운 소비자의 요구나 불만 사항이 발생했을 때 여러 부서에서 협력을 통해 머리를 맞대고 신속하게 대처해야 하는 융합의 시대가 온 것이죠. 그렇다고 부서를 완전히 없애고 모든 직원들이 수평적으로 연결되는 조직을 상상하면 안 됩니다. 아무나 서로 마구잡이로 연결되어 있는 상태는 직장이 아니라 놀이터입니다.

양 극단에 있는 수직적 구조와 수평적 구조의 중간 형태인, 적당한 부서와 직책이 있어서 기본적인 구조를 갖추되 많이 소통하는 사람들끼리는 쉽게 연결할 수 있는 채널을 만들어 주는 구조가 가장 이상적인 기업 형태라고 할 수 있습니다. 수직적이고 딱딱한 구 거버먼트(old government)에서 수평적이고 유연한 신 거버넌스(new governance)로 변화했다고 이야기하기도 합니다. 또한 이러한 소통 채널은 고정된 것이 아닙니다. 계속 변화하고 진화해야 합니다. 이번 달에는 A부서의 김 과장이 B부서의 이 대리와 연결선이 있었으나, 다음 달에 새로운 업무가 주어지면 그 업무에 가장 잘 맞는 새로운 사람과 부서가 연결되는 역동적인 소통채널을 갖춰야 합니다. '적당한 구조'와 '유연한 연결선', 이것이 핵심입니다. 이러한 유연하고 탄력적인 구조를 갖추고 있다면, 새로운 프로젝트를 시작하거나 커다란 문제가 생겼을 때, 조직을 다 뜯어고치지 않고도 손쉽게 새로운 일을 시작하고 위기에 대처할 수 있게 됩니다.

대표적인 사례가 최근 엄청난 인기를 끌고 있는 카카오톡의 개발사입니다. 얼마 전 이석우 ㈜카카오 공동 대표의 발표에 따르면 카카오톡 실사용자가 4600만 명, 일일 방문자가 2000만 명, 하루에 전송되는 메시지 숫자가 26억 건으로 통신 3사의 SMS 문자 메시지 합계 3억 건을 훨씬 웃돌 만큼 승승장구하고 있습니다. 그 이면에는 다음과 같은 이유가 있었습니다. 카카오톡은 지난 3년간 조직 개편을 마흔 번이나 감행했습니다. 이렇게 잦은 조직 개편이 가능할 수 있었던 데에는 직원들이 직책 없이 영문 이름으로만 호칭을 한 게 중요하게 작용했다고 합니다. 아시다시피 영문 이름은 존대가 필요 없이 '마이클'이나 '앨리스'처럼 서로 쉽고 편하게 부를 수 있는 장점이 있지요. 따라서 누구나가 쉽게 소통할 수 있는 여건이 갖춰져 있는 셈입니다. 서로 가까우니까 조직을 갑자기 바꾸어도 크게 문제가 없겠지요. 그렇다고 완전히 부서나 위계질서가 없는 것은 아니고 프로젝트 리더에 해당하는 팀장과 임원은 있다고 합니다. 적절한 구조와 유연한 연결선을 자연스레 확보하고 있었던 것이지요. 이렇기에 아마도 카카오톡이 여러 가지 문제나 위기 상황에서도 잘 버티며 지금의 성공을 이룰 수 있지 않았나 생각해 봅니다.

'어떤 직원과 직원에게 소통 채널을 열어 주어야 하는가?' CEO의 입장에서는 이 점이 가장 궁금하겠지요. 직원들을 물리적으로 계속 추적할 수는 없지만, 다행히도 요즘은 정보화 시대기 때문에 직원들의 업무 흐름을 다양한 방식으로 추적할 수가 있습니다. 누가 누구에게 이메일을 보내는가, 사내 메신저로 연락을 하는가, 전화를 많이 하는가 등의 정보를 이용하면 손쉽게 어떤 직원과 어떤 직원이 이야기를 많이 하는지 알 수 있습니다. 서로 연결이 많은 직원들에게 소통 채널을 열어 주고 쉽게 만날 수 있게 해 주어야 하겠지요. 물론 사내 연애를 하는 커플이 발견되는 사태가 벌어질 수도 있겠으나, 이는 조금만 유심히 살펴보면 몇 가지 필터로 쉽게 걸러 낼 수 있습니다. 실제로 휴렛팩커드(Hewlett-Packard)란 회사에서 직원들의 이메일 네트워크를 분석해 그걸 바탕으로 부서를 재배치한 사례가 있습니다. 영업부, 기획부 등을 다 무시하고 커뮤니케이션을 많이 하는 사람들끼리 모일 수 있도록 일층, 이층, 삼층에 함께 재배치했더니 업무 효율이 올라갔다고 보고되었습니다. 이런 식으로 직원들의 이메일 네트워크를 조직 분석 및 개선에도 쓸 수가 있습니다.

직원들의 이메일 분석은 두 회사가 합병을 했을 때에도 요긴하게 쓸 수 있습니다. 예를 들어 A라는 회사와 B라는 회사가 합병했다고 합시다. 합병이 성공적인지 여부를 확인하는 가장 좋은 방법은 두 회사의 사람들이 서로 잘 섞여 있는지를 보는 것인데 가장 쉬운 방법이 앞서 이야기한 바와 같이 이메일과 전화입니다. 만약 잘 섞여서 업무가 잘 진행된다면 A와 B가 서로 커뮤니케이션을 많이 하겠지요. 조사했더니 A는 A랑만 놀고 B도 B랑만 논다면 올바르게 합병이 된 게 아닙니다. 물론 사내 이메일이라도 개인 메일의 내용을 보는 일은 프라이버시 때문에 어려울 수 있습니다. 하지만 메일의 맨 위 2줄, 즉 누가 누구에게 보내는가(from-to)를 살펴보는 것은 괜찮습니다. 모든 이메일의 맨 위 2줄만 딱 끊어서 누가 누구에게 보냈는지 보면 사내 직원의 네트워크를 만들 수가 있습니다. 이러한 네트워크를 정기적으로 계속 모니터하면서 네트워크가 어떻게 바뀌어 가는지를 아는 것은 중요합니다. 합병된 회사의 업무 병목 지점을 발견할 수도 있고, 이를 개선하여 업무 효율을 획기적으로 늘릴 수도 있을 테니까요. 일상적으로 존재하는 이메일 정보를 네트워크화함으로써 유용한 가치를 이끌어 내는, 좋은 활용 예라고 할 수 있습니다.

네트워크와 정보가 결합해야만 도구가 된다

2강에서 빅 데이터라는 개념을 이야기한 것을 기억하실 겁니다. 엄청난 규모로 세상에 쏟아져 나오는 데이터를 이르는 말입니다. 빅 데이터를 정의하는 데 있어 가장 많이 쓰는 기준이 3V, 즉 정보의 양(Volume), 생성 속도(Velocity), 다양성(Variety)입니다. 많은 양의 정보가 빠른 속도와 다양한 형태로 쏟아져 나온다는 것을 뜻하지요. 생성되는 정보의 양이 홍

수를 넘어 재앙 수준으로 치달으면서 슈퍼컴퓨터로도 다루기 힘들 정도가 되었습니다. 생겨나는 속도 또한 점점 빨라지고 있으며, 그 형태도 텍스트를 넘어서 이미지, 동영상 등등 정형화되지 않은 포맷까지 매우 다양한 형태를 띠고 있지요. 그렇기 때문에 정보 자체를 분석하는 것도 점점 어려운 작업이 되고 있습니다.

모든 데이터를 한꺼번에 처리할 수 없다면 중요하고 좋은 데이터를 선별하여 골라내고 알맞게 가공하여 유용한 지식으로 바꾸는 작업이 필수적입니다. 앞서 소개했던 구글 신을 통해 정치인의 네트워크를 만드는 방법이 이러한 과정의 일환입니다. 너무나 많은 데이터이기에 내용을 일일이 살펴볼 수는 없고 숫자를 가지고 연관 관계를 개략화해서 보는 것이지요. 구슬이 서 말이어도 꿰어야 보배라는 옛말이 있죠? 정보도 마찬가지입니다. 정보가 하나씩만 따로 있다면 우리가 얻을 수 있는 내용은 제한적입니다. 하지만 우리가 시도했듯이 정보를 네트워크로 연결하여 시각화한다면 훨씬 더 중요한 정보를 알아내고 활용할 수 있는 것이지요. 정보도 꿰어야 보배가 되는 겁니다.

하지만 언제나 그렇듯이 이런 분석에서 조심해야 하는 것이, 세상 일이 그렇게 단순하지만은 않습니다. 숫자 세기만으로는 정확하지 않거든요. 웹 페이지 숫자가 많으니 두 사람의 연결이 강하다고 해석하긴 했는데 그 숫자라는 것이 좋아서 많을 수도 있고 철천지원수라서 많을 수도 있어서, 단순한 숫자 세기로는 좋다/나쁘다의 구분을 못 합니다.

이것을 구분하려면 실제로 웹 페이지의 내용을 읽어야 합니다. 둘이 싸우는지 친한지 모두 살펴봐야 하는데 아직은 불가능합니다. 물론 웹 페이지의 숫자가 많지 않다면 사람이 하나씩 읽어서 판단을 할 수 있겠지만, 말씀드린 것처럼 세상의 웹 페이지는 사람이 읽기에는 너무 많아서 컴퓨터를 이용해야 합니다. 소위 말하는 자연어 처리를 통해서 콘텐츠를 읽고 판단해야 하는데, 인공 지능 및 여러 알고리듬을 통해 열심히 노력 중이지만 아직은 갈 길이 멉니다. 아이폰 4S가 나오면서 시리(Siri)라는 음성 인식 기능이 화제가 되었죠. 명령어를 듣고 그에 해당하는 답을 들려주는 프로그램인데 기대보다는 부정확하다는 평입니다. 결국 사람이나 사물들 사이의 정확한 관계를 알아내기 위해서는 사람들이 실제로 데이터를 하나씩 들여다봐야 하기에 대규모로 정확한 데이터 분석을 하기가 아직까지는 힘듭니다.

제가 지금까지는 점들을 찍고 단순히 숫자에 근거해서 선으로 연결하는 이야기만 했는데 정말로 깊은 정보를 얻고 정확한 분석을 하고자 할 때는 콘텐츠, 다시 말해서 각각의 점이 무엇인지를 하나하나 보고, 각각의 연결선이 어떤 의미를 지니는지, 예를 들어 이 연결이 플러스인지 마이너스인지를 봐야 합니다. **정보와 네트워크가 결합하면 단순히 정보만을 살펴보는 것보다 더 유용한 정보를 주지만, 그 내면을 깊숙이 들여다보기 위해서는 점과 선의 내용까지 상세히 고려해야 정말로 쓸모있는 도구가 된다는 사실을 기억해야 합니다.** 정치인들을 점으로 찍고 구글 검색을 통해 선으로 연결하고 등수놀이를 해서 이 사람이 허브다, 매개자다라는 걸 밝히는 것만으로도 그간 알지 못했던 재미있는 정보를 얻을 수 있지만, 보다 쓸모있고 정확하게 활용하려면 더 깊이 들어가야 한다는 걸 말씀드립니다.

빅 플랜: 복잡계를 예측, 조절하기

복잡계에서 가장 궁금한 점이 뭘까요? 복잡계의 대표적인 사례인 소셜 네트워크 연구에서 우리의 궁극적인 목표는 아마도 이것일 겁니다. 사회란 사람들로 구성되며 그 사람들은 서로 연결되어 있습니다. 예전에는 이러한 연결 관계를 알아내기가 힘들었지만, 차츰 디지털 정보화 사회가 되면서 트위터, 페이스북, 이메일, SMS 등 사람들의 연결 관계를 알 수 있는 정보들이 많아지고 있습니다. 좀 더 지나면 아마도 지구 상의 모든 사람들의 연결 관계가 밝혀질지도 모르겠습니다. 정보를 이용해서 네트워크를 알아내고, 또 그 네트워크 위에서 정보가 전달되고, 다시 이 정보를 통해 네트워크가 새로 업데이트되고……. 서로 물고 물리는 그런 관계를 시기별로 자세히 살펴볼 수 있게 되는 거죠.

사람은 혼자 사는 게 아닌지라 집단을 이루게 되어 있습니다. 이런 집단을 통해 사람들은 활동을 하며 사회를 꾸려 나갑니다. 따라서 사회 구성원 개개인의 행동도 중요하지만 이런 집단들이 어떻게 이합집산하느냐는 것도 중요해집니다. 어떤 집단은 만나서 합치기도 하고, 없던 집단이 생기기도 하고, 어떤 것은 줄어들기도, 갈라서기도, 심지어 없어지기도 합니다. 이러한 효과를 앞서 소개한 정보와 네트워크를 이용하여 하나하나 다 살펴보고 고려해서 집단과 개개인의 시간적 변화를 파악, 이해한다면 사회를 구성하는 개인과 집단의 성질을 모두 품는 모형을 만들 수 있게 됩니다.[3]

사회에 관한 모형이 만들어지면 그 모형으로부터 사회의 미래가 (완벽하지는 않겠지만) 어느 정도 예측 가능해집니다. 내가 속한 가족과 회사의 장래는 어떻고, 그 속에서 나는 어떤 방향으로 나아가야 할 것인가 등 우리가 알고 싶은 미래의 비밀을 짐작해 볼 수 있겠지요. 물론 쉽지는 않습니다. 그러니까 앞으로 연구해야 할 목표라고 말씀드리는 것이지요. 꼭 직장이나 가족, 사회생활뿐만 아니라, 꼭 소셜 네트워크만이 아니라 다양한 네트워크에서 새로운 점들이 생겨나서 흩어지고 모이고 늘어나는 것을 보는, 시간에 따른 네트워크의 동역학을 이해하고 모형을 세워서 복잡계의 미래를 예측하려는 것이 우리의 첫 번째 목표입니다.

소셜 네트워크에서 보았듯이 첫 번째 목표를 이루기 위해서는 다양한 데이터, 즉 정보가 결국 가장 중요합니다. 빅 데이터가 키워드인 셈이지요. 빅 데이터라고 하는 것은 사실 우리가 지금까지는 몰랐던 세계거든요. 과거에는 데이터가 디지털로 저장되지도 않았고 다 모은다는 것이 불가능했지만, 이제는 가능합니다. 모든 데이터가 디지털화되어서 쌓이고 있기 때문에 말 그대로 정보의 보고가 우리 눈앞에 있습니다. 물론 쓰레기 같은 정보도 많지만 적당한 기술만 있다면 거기서 보석을 건질 수 있습니다. 그런 예를 보여 드리려고 제가 세 번에 걸쳐서 네트워크와 정보의 분석에 관한 이야기를 들려 드렸습니다. 이러한 제 의도가 여러분에게 전달이 되었으면 좋겠습니다.

두 번째 목표, 좀 더 궁극적인 목표는 다음과 같습니다. 이게 사실 복잡계 연구의 큰 그림, 빅 플랜인데요, 정보와 네트워크 분석을 통해서 어렵다고만 생각되었던 복잡계를 이해하고, 더 나아가 복잡계를 원하는 대로 **조절해 보려고 하는 것**입니다. 무언가를 마음대로 조절하려면 그 시스템을 A부터 Z까지 완벽하게 이해해야만 할 것 같은데 복잡계의 경우에는 완벽하게 이해하는 것이 거의 불가능합니다. 구성 요소와 연결 관계만을 안다고 되는 일도 아니고 상호 작용과 동역학까지, 거기서 파생되는 현상은 물론 그 이후까지 정말 많은 것을 알아야 하는 힘든 작업입니다. 그럼 복잡계를 완벽하게 이해할 수 없으니 조절할 수도 없는 것 아니냐 하고 생각하시겠지만 신기하게도 복잡계를 잘 몰라도 조절을 할 수 있는 경우가 있습니다. 간단한 예를 들어 설명하겠습니다. 자동차를 한 대 분해해 보면 아주 복잡합니다. 정말 많은 부품으로 이루어져 있죠. 우리가 자동차를 이용, 즉 운전하기 위해 저 수많은 부품을 다 알아야 하나요? 아니거든요. 딱 3개만 알면 됩니다. 핸들, 액셀러레이터, 브레이크, 이 세 가지만 알면 자동차를 마음대로 조절할 수 있습니다. 액셀을 밟아서 출발하고, 핸들을 조정해서 원하는 방향으로 움직이고, 브레이크를 밟아서 원할 때 자동차를 세울 수 있는 것이죠. 가장 중요한 세 가지 구성 요소만 알면 자동차라고 하는 복잡한 물건을 우리가 원하는 대로 조절할 수가 있는 것입니다.

복잡계도 마찬가지입니다. 복잡계의 전체 구성 요소와 네트워크, 원리와 동역학까지 정확히 알면 좋겠지만, 조절하는 입장에서 보면 그런 자세한 내용을 다 무시하고 중요한 몇 개만 알면 됩니다. 아무리 복잡한 복잡계도 결국 자동차와 마찬가지로 핸들, 액셀러레이터, 브레이크에 해당하는 것만 찾아낼 수 있다면 우리가 원하는 방향대로 움직일 수 있고 따라서 전체 시스템의 조절이 가능해지는 것이죠. 그래서 최근 이쪽에서 활발히 연구되는 분야 중 하나가 복잡계의 이러한 중요 구성 요소, 컨트롤 노드(control-node)를 찾는 것입니다.[4]

간단히 정리하면 복잡계 연구의 궁극적인 목표는 복잡하고 어려워서 감히 풀지 못하고 이름만 따로 붙여 두었던 복잡계를 정보와 네트워크를 통해 이해하고, 그 복잡계를 통해서 우리의 미래를 예측하고 조절하자는 겁니다. 어렵지만 아주 도전적이고 흥미로운 연구 주제임에는 틀림없죠.

정보와 네트워크로 밝히는 복잡계의 미래

이제 세 번째 강의도 마지막에 다다랐습니다. 세상 사람들은 네트워크를 통해 점점 서로서로 연결되어 갑니다. 사람뿐만이 아닙니다. 가까운 장래에는 사물 인터넷(internet of things)이라는 말처럼 모든 사물에 ip 주소가 부여되고 인터넷을 통해 세상의 사물들이 서로 연결될지도 모릅니다. 결국 우리가 살고 있는 세상은 사람과 사물 할 것 없이 모든 것이 서로 연결되어 있는 크고 복잡한 네트워크로 진화할 것입니다. 따라서 여러분은 현재의 네트워크 상태를 파악하고 지금 내가 네트워크 위에서 어디에 있는지, 이렇게 연결된 네트워크 사회에서 앞으로 어떻게 살아나가야 할지를 고민해야 합니다. 그리고 그 바탕에는 빅 데이터, 즉 정보가 있습니다. 네트워크 위에서 떠돌아다니며 때로는 네트워크를 구성하기도 하는 여러 가지 데이터들 말입니다. 결국 우리는 정보와 네트워크가 얽혀 있는 시스템을 생각해야 합니다. 조금 과장해서 말씀드리면 "정보와 네트워크", 이 두 키워드가 앞으로 세상의 모든 것을 설명해 줄 겁니다.

복잡계를 이야기하며 제 강의를 시작했습니다. 어떻게 손을 댈지 모르겠고, 어렵고 복잡해서 복잡계라고 이름만 붙여 둔 골치 아픈 것. 그런데 점차 쌓여 가는 정보를 통해서 그것을 하나씩 분해하고 엑스선 사진을 찍어 보니까 네트워크라고 하는 구조가 있었고, 그 구조는 우리가 이해하기에 그다지 어렵지 않았습니다. 허브가 있는 항공망 구조, 이제는 익숙하시죠? 강의 초반에는 여러 사례를 통해 네트워크가 무엇인지 알려 드리려고 했고 후반부에는 각각의 점과 연결선을 넘어서 정보라고 하는 것까지, 실제 콘텐츠까지 함께 볼 것을 말씀드렸습니다. 정보와 네트워크가 결합해야 복잡계에 대한 모형화가 가능하고 그것을 통해서 우리가 여태껏 손도 대지 못했던 복잡계를 예측하고 조절까지 할 수 있습니다. 사회나 생명 현상, 인터넷 같은 복잡한 시스템을 우리 마음대로 할 수 있다면 뭔가 엄청나게 좋은 세상을 만들 수도 있을 것 같습니다. 모든 사람이 싸우지 않고 서로를 위하는 행복한 사회, 아무도 아프지 않고 무병장수하는 건강한 삶, 모든 정보를 모두가 공유하고 누구나 손쉽게 이용하는 평등한 세상이 올지도 모르겠습니다. 마지막에 너무 뜬구름 잡는 이야기를 한 것 같은데, 다시 지상으로 내려와서 마지막 숙제를 전달해 드리겠습니다. "Think Data and Networks!" 정보와 네트워크를 곰곰이 생각해 보시기 바랍니다! 정보와 네트워크가 여러분 앞에 놓인 복잡한 미래의 길을 환히 밝혀 드릴 겁니다.

아, 마지막으로 국회 의원 네트워크를 만들려고 구글 신께 4만 5000번의 질문을 던졌던 그 엄청난 작업은 대학원생이 직접 컴퓨터 앞에 앉아서 일일이 한 것이 아니라, 컴퓨터가 한 겁니다(물론 프로그램은 대학원생이 짰습니다.). 혹시나 제가 대학원생을 괴롭히고 혹사시켰다고 오해하실까 봐 말씀드립니다. 이밖에도 지금까지 강의에서 말씀드린 모든 연구 결과는 저 혼자 한 것이 아니라 뭐든지 잘하는 KAIST 물리학과 복잡계 및 통계물리 연구실의 유능한 대학원생들이 열심히 함께 뛰어 준 결과입니다. 이 모든 것들을 가능케 한 저희 대학원생들에게 격려의 박수를 쳐 주시면 감사드리겠습니다. 강의를 끝까지 경청해 주셔서 감사합니다.

이휘소

Q & A

Q_ 네트워크가 대부분 항공망 형태라고 하셨는데, 그렇다면 나머지 소수가 고속 도로 같은 형태로 생겨나는 이유는 뭘까요?

A_ 한 가지 이유는 2차원이라는 물리적 한계 때문입니다. 아무리 시카고가 중요한 도시라고 해서 고속 도로가 100개가 지나간다면 그건 이미 도시가 아니죠. 고속 도로 교차점일 뿐이죠. 공간적 제약으로 인해 지표면에 아무리 구겨 넣어도 100개가 연결될 수는 없거든요. 그러나 항공망은 3차원으로 생각할 수 있기 때문에 다르죠.

Q_ 고속 도로와 항공망 외에 다른 형태의 네트워크는 정말 없는 건가요? 둘 사이에서 중간 형태라는 게 있을 수 있는지 궁금합니다.

A_ 좋은 지적입니다. 사실 고속 도로와 항공망을 칼로 베듯이 둘로 딱 나눌 수는 없습니다. 어떤 네트워크는 고속 도로에서 차츰 항공망으로 변하는 중간 단계에 있는 것일 수도 있거든요. 진화해 나가면서 어떤 것은 조금 더 항공망에 가깝고 어떤 것은 고속 도로에 가까운 변화들이 있을 수 있기 때문에, 주어진 네트워크를 명확하게 어떨 때는 고속 도로이고 어떨 때는 항공망이라고 생각하면 안 됩니다. 뭔가 연속적인 것이라고 생각하는 게 맞습니다. 제가 두 분류의 양 끝단을 말씀드린 것으로 이해하시면 됩니다.

한 가지 더 덧붙이자면, 세상의 네트워크는 실제로 훨씬 더 복잡합니다. 지금까지 두 점 간에 연결선이 있다/없다만 말씀드렸는데 이것은 대상을 아주 간략화한 것입니다. 실제로는 어떤 길은 두껍고 어떤 길은 얇기 때문에 연결선의 두께, 즉 가중치를 고려해야 합니다. 이런 걸 가중치 네트워크(weighted network)라고 합니다.

제가 지금까지 말씀드린 네트워크는 거의 대부분이 모든 가중치를 1 또는 0으로 제한한 간단한 바이너리 네트워크(binary network)였습니다. 이게 끝이 아닙니다. 어떤 네트워크의 경우는 연결선에 방향성이 있습니다. 일방통행 도로처럼 A에서 B로는 갈 수 있어도 B에서 A로는 갈 수 없는 경우도 있죠. 이런 방향성을 고려한 네트워크를 디렉티드 네트워크(directed network)라고 합니다. 또한 사회 네트워크의 경우, 두 사람의 연결선이 친한 친구라서일 수도 있지만 철천지원수라서 서로 아는 사이일 수도 있습니다. 이런 경우에는 연결선에 파란색, 빨간색을 칠해서 구분해야겠지요. 가중치를 플러스와 마이너스로 구분하는 방법을 사용하기도 합니다. 이렇듯 실제로 네트워크를 연구하기 위해서는 다양한 특징을 함께 고려해야 합니다. 간단하게 바이너리 네트워크만 소개해 드렸지만 실제로는 다양한 특성을 지닌 많은 네트워크가 있다는 점을 염두에 두시고, 실제로는 이러한 모든 특징을 고려한 복잡한 연구가 현장에서 진행 중이라는 점을 말씀드립니다.

Q_ 교통 PoA 문제에서 다리를 지웠다고 하셨는데 그럼 원래 그 다리를 이용하는 사람들이 다른 길을 선택했을 테죠? 그 선택을 어떻게 계산하는지 궁금합니다. 그 사람들이 어디로 갈지는 예상할 수 없지 않나요?

A_ 제가 점쟁이가 아닌 이상, 사람들이 어디로 갈지를 알 수는 없겠지요. 제가 하는 것은 사람들 개개인이 어디로 갈지를 예상하는 게 아니라 사람들이 갈 수 있는 모든 가능성을 다 시도해서, 어떻게 가는 것이 비용이 최소가 되는가를 찾는 것입니다. 무식하게 하나하나 다 시도해 본다고 생각하시면 됩니다. 물론 실제로는 최솟값을 찾는 여러 가지 효율적인 알고리듬이 있습니다. 최적화(optimization) 알고리듬 프로그램에 값을 입력하고 계산한다고 생각하시면 됩니다.

Q_ 데이트 허브를 지웠을 때 네트워크가 더 많이 망가진다고 하셨는데, 전체를 봐서 그런 건가요? 데이트 허브가 파티 허브보다 더 중요하다고 말하는 게 오해의 소지가 있지 않나요? 상황에 따라서 허브가 아닐 수도 있는데 빼면 치명적이라고 하니까요. 제 생각에는 오히려 파티 허브를 빼면 생명 현상 전체가 망가지는 게 아닐까 합니다만.

A_ 얼핏 보기에는 왕창 연결된 파티 허브를 빼는 것이 훨씬 치명적으로 보일 수 있습니다. 하지만 데이트 허브를 뺀다고 하는 것이 사실은 전체를 겹쳐 놓은 그림에서 허브인 점을 빼는 것이라 의미가 조금 다릅니다. 다시 말씀드려서 파티 허브는 비슷한 시간, 비슷한 공간에서 끼리끼리 연결되어 있기 때문에, 한 덩어리가 빠져나가서 피해가 큰 것처럼 느껴지지만, 예를 들어 데이트 허브는 부산에서 빼고, 서울에서도 빼고, 대전에서, 대구에서도 뺍니다. 그다음에 1월에 빼고, 2월에도 빼고, 3월에도 빼고, 4월에도 빼고 모두 빼는 겁니다. 그러니까 여러 시간에 곳곳에서 말썽이 날 테니 당연히 훨씬 더 치명적일 수밖에 없는 거죠.

Q_ 혹시 신경망이라던가 뇌도 결국 다 일종의 네트워크 아닐까요? 뭔가 중요한 허브 역할을 하는 것들이 있는…….

A_ 첫 시간에 설명드린 바와 같이 뇌는 뉴런이 연결되어 있는 네트워크입니다. 그런데 뇌나 신경 회로가 항공망처럼 생겼느냐? 인간의 뇌의 경우는 아직 정확하게 알려진 것이 없기 때문에 대답하기 참 힘든 질문입니다. 하지만 몇 가지 간접적인 증거는 있습니다. 여러분이 보통 상상하는 큰 허브까지는 힘들지만, 연결선들이 아주 균일하게 연결된 것 같지는 않고 많고 적은 차이가 있다는 정도는 밝혀졌습니다. 왜냐하면 이게 하나의 신경 세포가 100만 개의 뉴런과 연결될 순 없거든요. 아무리 3차

원이라 하더라도 공간적 제약 때문에 어느 정도의 뭉침 현상은 있으며, 점 간의 평균 연결 거리가 무작위일 때보다 상대적으로 짧다는 '좁은 세상 효과'가 있다는 건 밝혀졌습니다. 최근 뉴런들이 실제로 어떻게 연결되어 있는지를 보고자 전체 뇌의 연결 구조를 밝히려는 브레인 맵핑 프로젝트 등 많은 연구가 진행되고 있습니다.

Q_ 복잡계와 복합계라는 말이 있던데 그 차이가 무엇인가요? 그리고 우리 삶은 복잡계일까요, 복합계일까요?

A_ 복잡계, 복합계를 구분하고 정의하는 일에 아직 정해진 답이 있는 것은 아니라서 조심스럽지만, 제 개인적인 의견을 말씀드리면 복잡계는 복합계보다 좀 더 어려운 것이라고 생각합니다. 복합은 그냥 더한다는 뜻이기 때문에 '하나하나를 더해 보았다.'입니다. 그냥 뭉쳐 놓은 것이라고 생각하시면 이해하기 쉽습니다. 그런데 이 뭉쳐 놓은 복합계가 뭔가 더 재미나고 신기한 창발 현상을 일으킨다면 이것을 복잡계라고 보는 게 가장 단순한 설명입니다.

물 분자를 하나 생각해 보세요. 물 분자는 H_2O고 이걸 따로따로 많이 모아 놓은 것이 물 분자들의 복합계입니다. 그런데 실제로 물 분자를 모아 놓으면 온도가 낮을 때는 얼음이 됩니다. 온도가 올라가면 물이 되고, 어떨 때는 수증기가 되거든요. 이게 구성 성분만 보면 똑같은 집합입니다. 똑같은 물 분자 1000만 개인데 온도에 따라서 얼음, 물, 수증기가 되어서 전혀 다른 성질을 보여 줍니다. 이런 신기한 현상을 나타낼 때 복잡계라고 말합니다. 여기서 가장 중요한 키워드가 네트워크입니다. 물 분자들이 상호 작용을 통해서 연결이 되는 겁니다. 따로따로 존재하는 것이 아닌 거죠.

유튜브에 메트로놈 동기화(synchronization)라는 동영상(goo.gl/mrWum)이 있습니다. 메트로놈을 각각 다른 박자로 맞추어 놓고 흔들어 줍니다. 그러면 각자 자기 박자에 맞추어 추가 왔다 갔다 하겠지요. 그런데 이 메트로놈들을 널빤지 위에 나란히 올려놓고, 그 널빤지를 다시 나란히 눕혀 놓은 콜라 캔 2개 위에 올려놓습니다. 조금 기다리면 신기하게도 각자 따로 움직이던 메트로놈들이 조금씩 박자가 변하면서 최종적으로는 모두 한꺼번에 같은 박자로 왔다 갔다 하는 신기한 현상을 보여 줍니다. 이걸 동기화되었다고 합니다. 널빤지를 통해서 서로 흔들림이 조정되면서 메트로놈들이 서로 똑같이 움직이는 겁니다.

여기서 메트로놈이 땅바닥에 있을 때는 복합계입니다. 5개가 다 따로따로 움직이거든요. 그런데 그것을 널빤지 위에 얹어 놓는 순간 복잡계가 됩니다. 상호 작용을 통해서 원래는 안 일어나는 동기화 현상이 일어납니다. 널빤지를 다시 내려놓으면 언제 그랬냐는 듯이 메트로놈은 각자 자기 박자로 돌아가 따로따로 움직입니다. 이런 상황을 상상하면 이해가 쉽습니다. 복합계와 복잡계를 '땅바닥에 있는 메트로놈'과 '올라가 연결되어 있는 메트로놈'이라고 생각하면 되는 거죠. 마찬가지로 물 분자도 단순히 상호 작용 없이 물 분자만 모아 놓는다면 아무런 일도 일어나지 않는 복합계지만, 실제로는 상호 작용을 하며 끌어당기기 때문에 온도에 따라 고체, 액체, 기체가 되는 다양한 현상을 보여 주는 복잡계가 되는 겁니다.

Q_ 시간 상에서의 폭발성에 대한 이야기를 들려주셨으면 합니다.

A_ 아, 최근의 연구 경향을 잘 알고 계시는군요. 최근 나온 『버스트(*Burst*)』라고 하는 책에 잘 소개된 개념인데요. 저랑 같이 네트워크를 연구했던 노스이스턴 대학교(Northeastern University)의 바라바시 교수가 최근 관심을 두는 게 휴먼 다이내믹스(human dynamics), 사람들의 움직임입니다. 사람들이 어떤 일을 하는 데 있어서의 시간 간격이라고 하는 것을 살펴보니, 예를 들어 첫 이메일과 다음 이메일을 쓰는 사이의 시간 간격 등을 살펴보았더니 신기하게도 이 시간 간격이 등간격이 아니라더라는 겁니다. 실제로 사람들이 일을 할 때 몰아서 한다는 것이거든요. 한참

쉬었다가, 확 몰아서 했다가, 또 한참 쉬었다가, 또 확 해서 그 시간 간격으로 히스토그램을 만들었더니 스케일 프리가 나옵니다. 네트워크가 아니라 시간 축에서 나타나는 척도 없음을 나타내는 말이 버스트입니다. 더 자세한 내용은 책을 참조하시기를 바랍니다.

Q_ 구글로 선거 예측, 실제로 얼마나 믿을 만한가요?

A_ 구글에 아예 구글 트렌드라고 하는 웹 사이트(trends.google.com)가 있습니다. 단어 2개를 넣으면 각각의 단어의 검색 횟수에 대한 상대적인 경향을 보여 줍니다. 두 가지로 결과를 보여 주는데 하나는 사람들이 그 단어를 몇 번이나 검색했냐를 나타내는 수치고요, 또 하나는 뉴스에 얼마나 등장했느냐를 나타내는 것입니다. 그런데 조심해야 할 부분이 있습니다. 구글이 저 숫자를 정확하게 세는 게 아닙니다. 웹 페이지는 너무나 많아서, 웹 전체를 조사해 숫자를 정확하게 셀 수가 없으므로 자체 알고리듬으로 추정을 합니다. 따라서 저 숫자를 맹신하지는 말라고 말씀드립니다. 웹 페이지 숫자가 많은 경우에는 오차가 꽤 클 수 있기 때문에 결과가 왔다 갔다 할 수도 있습니다. 저 숫자가 언제나 맞는 건 아니니까 저걸로 도박을 하시면 절대로 안 됩니다. 요즘 검색 엔진들은 검색 결과를 분류해 주죠. 뉴스, 블로그, 이미지, 동영상 등 다양한 종류가 있거든요? 각각의 항목은 개수가 많지 않기 때문에 대체로 검색마다 비슷하게 나옵니다. 나경원 의원이 블로그에 등장한 횟수는 33만 2000입니다. 그다음에 박원순 후보를 보면 47만 6000으로 블로그에서 더 많이 언급되었습니다. 이것은 어느 정도 믿을 수 있는 숫자입니다. 좀 더 정확한 숫자는 뉴스인데 숫자를 보면 4,300개 대 5,400개로 박원순 후보가 훨씬 많았습니다. 물론 뉴스에 많이 나오는 게 좋은지 나쁜지, 좋다면 어떻게 좋은지는 모르죠. 트윗은《중앙일보》에서 분석했는데 언급된 트윗의 수는 나경원 의원 쪽이 더 많은 듯 보입니

다. 그런데 트윗에서 나오는 이야기가 모두 좋은 이야기는 아니거든요. 많다고 좋은 것은 아닙니다. 그러니까 조심해야 하는 겁니다. 함정이 있습니다. 제가 이걸 이렇게 조심스럽게 말씀드리는 이유는 오세훈 씨하고 한명숙 전 총리 때에도 똑같은 조사를 했습니다. 그때도 박빙으로 나오긴 했는데 워낙 숫자들이 왔다 갔다 했기 때문에 정확하게 맞추지를 못했거든요. 언제나 맞는 것이 아닙니다.

요즘은 인터넷에 등장하는 정보가 너무나 많습니다. 너무나 많아서 확대 재생산이 되기도 합니다. 트윗도 다 SNS 검색에 들어가거든요. 그런데 아시다시피 리트윗으로 똑같은 내용을 중복해서 퍼 나르기도 하기 때문에, 같은 내용이 여러 번 집계되는 문제가 있습니다. 인터넷에 유입되는 정보가 많아지면서 이렇듯 종류별로 그 성격이 다른 점이 많아서 아까 보여 드린 것처럼 각각의 정보들을 세부 항목으로 나누어야 합니다. 뉴스에 많이 등장하는 것도 조금은 색안경을 끼고 보아야 합니다. 왜냐하면 스스로 보도 자료를 만들어서 언론사에 뿌리거든요. 그에 비해 개인 블로그에 나오는 의견들은 자신이 직접 작성하거나, 다른 곳에서 읽고 재미있다고 판단한 것들을 골라서 내용을 복사하는 것이라서 버튼만 누르면 되는 리트윗보다는 조금 더 노력이 필요합니다. 뉴스하고 블로그에서 숫자가 나타내는 의미가 다른 겁니다.

득표수 = A×(뉴스 개수) + B×(블로그 글 개수) + C×(이미지, 동영상 개수) + D×(트윗 개수) + …

따라서 엄밀하게는 이런 공식을 만들어야 합니다. 뉴스, 블로그, 이미지, 동영상 등등을 나눠서 생각해야 하고, 이제는 트윗 개수도 있겠네요. 이런 것들을 바탕으로 각각의 개수에 어떤 계수를 곱하고 가중치를 더해서 득표수 예측 공식을 복합적으로 만들어야 하죠. 옛날에는 전체 웹 페이지의 개수만 세면 간단하게 끝이었지만,

요즘은 시시각각 변합니다. 각각의 기여도가 다르고 각각의 항목도 워낙 자주 바뀌니까 저걸 정말로 하고 싶은 분이라면 정기적으로 가중치를 갱신해야 합니다. 이슈가 있을 때마다 지금 블로그 글과 트윗의 개수를 어떻게 조정해서 넣어야지만 정확하게 예측할 수 있겠다고 분석해야 하는 것이죠. 이왕 할 거면 저렇게 자세하게 정보를 이용하면 좋지 않을까 생각해 봅니다.

Q_ 최근에는 복잡계에서 어떤 연구가 진행되고 있는지 궁금합니다. 실제로 연구실에서 하시는 연구를 소개해 주세요.

A_ 개별적으로 자세히 소개는 못 드리지만, 재미있는 주제 몇 가지를 말씀드리겠습니다. 예를 들어 저희가 2008년에 손승우, 엄재곤 학생의 주도로 성균관대학교 김범준 교수님과 함께 한 인구 밀도와 시설들의 분포 관계 연구가 있습니다. 인구 밀도에 따라서 여러 시설, 예를 들면 공항을 어디에 배치해야 하는가? 이게 잘 생각해 보면 교통 네트워크하고 연결되는 문제이기도 합니다. 공항뿐만 아니라 스타벅스 같은 카페, 보건소 등의 공공시설을 어디에 배치해야 가장 효율적인가를 분석하는 것이지요. 이런 연구를 할 때 필요한 자료가 지역별 인구 밀도와 각종 시설의 밀도 분포입니다. 이게 사실은 통계, 정보의 힘입니다. 인구 밀도 데이터는 요즘은 세부 구역별로 어떤 곳에 몇 명이 사는지 센서스 조사를 통해 자세한 데이터가 나와 있습니다. 지역마다, 도시마다 공공 보건소가 몇 개 있고 소방서가 몇 개 있는지 데이터가 다 존재합니다. 그것을 분석하면 수학적 답과 현실이 얼마나 잘 일치하는지 알 수가 있습니다. 정답과 실제를 비교해 보면 우리가 더 잘 배치했어야 하는 시설들이 엉뚱한 도시 계획에 따라 잘못 배치되어 얼마나 비용이 낭비되었는지를 계산해 볼 수 있습니다. 시설들을 잘 배치해 놓았더라면 많은 사람이 훨씬 더 빨리 손쉽게 접근할 수 있었던 것을 그냥 주먹구구식으로 지어서 알게 모르게 사회적 비용이 낭비

되는 것이거든요.

저희가 분석해 봤더니 이익을 추구하는 스타벅스 같은 기업들은 상권을 분석하여 인구 밀도에 정확히 비례하게 점포를 배치합니다. 사람이 많이 사는 곳에 새 점포를 여는 거죠. 그런데 강원도 산골에 사람이 조금 산다고 보건소가 없으면 안 되거든요. 물론 스타벅스는 거기다 안 만들겠죠. 이처럼 공공시설과 이익 추구 시설은 배치하는 기준이 달라야 하기에 이런 것을 종합적으로 고려해야 합니다. 실제로 조사를 해 보면, 공공시설을 무분별하게 설치하면 사회적 비용이 50퍼센트 이상 낭비될 수 있다는 결과가 나옵니다. 제가 두 번째 강의에서 말씀드렸던 PoA와도 같습니다. 결국 이런 연구를 열심히 하면 사회적 비용의 낭비를 줄일 수도 있겠지요. 이런 것들도 결국은 데이터, 정보를 바탕으로 한 복잡계 연구의 일환입니다.

그다음에 요즘 뜨고 있는 휴먼 다이내믹스가 있습니다. 요즘은 사람들이 휴대 전화를 다 하나씩 갖고 다니기 때문에 휴대 전화 위치가 곧 사람의 위치입니다. 이게 사실은 다 기록되고 있거든요. 제가 오늘 어디를 다녀왔는지를 추적만 하면 알 수 있습니다. 프라이버시 때문에 공개가 힘든 부분인데 신기하게도 유럽의 한 나라에서 이름을 가리고 누가 누구에게 어디서 몇 분 동안 전화를 했는지 몇백만 명의 자료를 내놓았습니다. 이 데이터를 이용하면 엄청나게 재미있는 걸 많이 알 수 있습니다. 사람들이 어떻게 움직이는지, 어디에 모여드는지도 알 수 있고, 어떤 사람과 어떤 사람이 통화를 많이 하고 사회적 관계가 어떻게 이루어지는지도 알 수 있기 때문에 매우 요긴한 데이터입니다. 이런 것들을 통해 사람의 동역학을 연구하려는 분야가 휴먼 다이내믹스입니다. 다수의 행동을 관측하여, 사회 전체의 예측을 넘어서 개개인의 미래 행동까지 예측하려고 하는 시도입니다. 물론 아직은 SF 같은 이야기입니다. 이 사람이 내일 무엇을 할지를 맞춘다는 게 말이 안 되어 보이지만, 최근 연구 결과에 따르면 위치에 관한 예측은 80퍼센트 정도 가능하다고 합니다. 사람들이 대부분 규칙적인 패턴을 따르기 때문에 '금요일 3시쯤에 이 사람은 보통 스타벅스에서 친구랑 커피 한잔을 마신다.' 아니면 '목요일 3시 쯤에 이 사람은 어느 세미나실에서 업무 미팅을 하고 있다.' 이런 식으로 맞춘다는 주장입니다.

또 다른 연구 분야는 구글과 관련이 있는데, 구글에서 최근에 전자 도서관을 만들기 위해서 옛날부터 나온 책들을 모두 스캔하는 작업을 하고 있습니다. 스캔된 책들은 저작권 문제 때문에 공개를 못 하지만 책에 있는 단어들의 빈도, 즉 어떤 단어가 몇 번 나왔는지는 공개를 했습니다. 그게 N그램(Ngram)이라고 하는 데이터입니다. 각 단어가 해당 년도에 몇 번이나 책에 등장을 했는지를 알려 주죠. 그래서 1968년도에 어떤 단어가 많이 쓰였는지 알 수 있고, 두 단어를 비교해 볼 수도 있습니다. 예를 들어서 나(me)와 너(you)라는 단어가 연도별로 얼마나 많이 쓰였냐에 따라서 시대별로 이기주의가 얼마나 팽배했는지를 알 수도 있고, 남성 대 여성 같은 두 단어로 여권 신장 운동이 얼마나 활발히 이루어지는지를 살펴볼 수 있습니다. 구글 트렌드처럼 보기 좋게 그래프로도 그려 줍니다. 옛날에는 검색 엔진이 없었으니 불가능했던, 단어의 사용 빈도를 통해 어떤 이슈가 우위를 가지는지를 보여 주는 재미난 데이터인데요, 이러한 데이터를 이용해서 사회 현상을 분석하고 어떤 문화가 어떻게 발전하는지에 대해 연구하는 분야를 컬처로믹스(culturomics)라고 합니다. 저희 연구실에서도 과학 기술 관련 단어들의 흥망성쇠 패턴을 통해 어떤 과학과 기술들이 발전하고 흥행에 성공하는지를 예측하고 분석하는 연구를 수행하고 있습니다. 이렇듯 정보, 즉 빅 데이터를 이용해서 지금까지 알지 못했던 새로운 것들을 찾아내려는 시도를 끊임없이 하고 있습니다. 이러한 과정에서 당연히 정보를 서로 연결 짓는 네트워크 과학이 중요한 역할을 차지하고 있고요.

2

김동섭
KAIST 바이오및뇌공학과 교수

생명의 본질, 나는 정보다

생물 정보학의 최전선

김동섭 KAIST 바이오및뇌공학과 교수

서울대학교 화학과를 졸업하고 미국 브라운 대학교(Brown University) 화학과에서 박사 학위를 받았다. 펜실베이니아 주립 대학교(Pennsylvania State University)와 오크리지 국립 연구소(Oak Ridge national laboratory)에서 박사 후 연구원을 지내고, 2003년부터 현재까지 KAIST 바이오및뇌공학과 교수로 재직 중이다. 분자들이 어떻게 움직이고 반응하는지를 연구하는 계산 화학으로 시작해서 생명 정보를 읽고 해석하는 일에 매료되어 2001년 오크리지 연구소로 자리를 옮긴 이후로는 계속 생물 정보학(bioinformatics)을 연구하고 있다. 단백질 구조와 기능을 예측하고, 단백질-단백질 상호 작용, 단백질-리간드(ligand) 상호 작용의 기제를 규명하는 등 생물학적 현상을 분자 수준에서 이해하기 위해 노력하는 한편, 단백질의 구조와 기능을 결정하는 진화적 원리를 파악하고 이를 이용해 새로운 기능을 갖는 단백질을 설계하는 연구를 계속하고 있다. 최근에는 개인 유전체 정보를 분석하여 어떤 유전자 변이가 질병을 일으키는지를 예측하는 연구로 분야를 확대하고 있다. 2008년에 한국 생물 정보 시스템 생물학회에서 주는 학술상인 OnBIT(온빛)상을 수상했다.

1강

정보 처리 기관으로서의 생명

안녕하세요? 저는 KAIST 바이오및뇌공학과의 김동섭입니다. 정하웅 교수님에 이어서 「KAIST 명강」 두 번째 강의를 맡았습니다. 정하웅 교수님께서 물리학 자랑과 홍보를 많이 하셨다고 들었습니다. 물리학과가 뭐 하는 학과인지는 이제 아시겠죠?

저는 바이오및뇌공학과 소속입니다. 바이오는 바이올로지(biology), 그러니까 생물학이죠, 생명을 연구하는 학문입니다. 공학은 아시다시피 전기, 전산, 기계, 화학에다 수학까지 여러 분야를 아우르는 학문이고요. 바이오및뇌공학과는 특히 뇌를 포함하여 생명의 구조와 원리를 공학으로 이해하고자 만든 학과입니다. 때문에 학과 교수님들을 보면 굉장히 다양한 분야에서 다양한 연구들을 하고 오셨습니다. 정하웅 교수님처럼 물리학과를 졸업하신 분도 두 분 계시고, 그 외에도 의학, 전산학, 산업 공학, 전자 공학, 기계 공학, 생물학을 전공하신 분들이 계십니다. 저는 화학과를 나왔습니다.

혹시 정문술 선생님이라고 들어 보신 분 계신지요? 미래 산업이라는 우리나라 1세대 벤처 회사의 회장님이셨는데 이분이 2001년도에 "이 돈을 앞으로 대한민국이 먹고사는 데 보탬이 될 인재 양성에 쓰시오."라고 하시면서 300억을 KAIST에 기증하셨습니다. 그래서 생겨난 것이 우리 학과입니다. 그때 여러 교수님이 '대한민국이 과연 앞으로 뭘 먹고살까?'를 고민하셨는데 2000년대에도 그랬고 지금도 정보 기술 산업이 우리나라에서 제일 강하잖아요? 그런데 바이오 산업은 하나도 없었죠. 지금도 없습니다. 그래서 '바이오와 정보 기술 산업, 더 넓게는 공학을 접목하면 우리가 잘할 수 있으면서 미래 전망도 좋은 분야가 될 것이다.'라고 생각해서 생물학과 정보 기술의 융합 분야 인력 양성을 위해서 만든 학과입니다. 그야말로 이공계 전부를 포괄하는 학과라고 말할 수 있습니다.

유전자의 정체

제가 속한 학과에 대한 설명은 이것으로 마치고 이제 본격적으로 강의를 시작하겠습니다. 강의 전체에 걸쳐 제가 강조하려는 부분은 이것입니다.

생명의 본질은 바로 정보다.

강의 중간중간에 한번씩 잊어버릴 만하면, 이 이야기를 들려 드릴 예정입니다.

다음 페이지 사진은 세계 각국에서 태어난 아기들의 모습입니다. 지구에 사는 사람이 어느덧 70억이 되었습니다. 피부 색깔이며 얼굴 생김새며

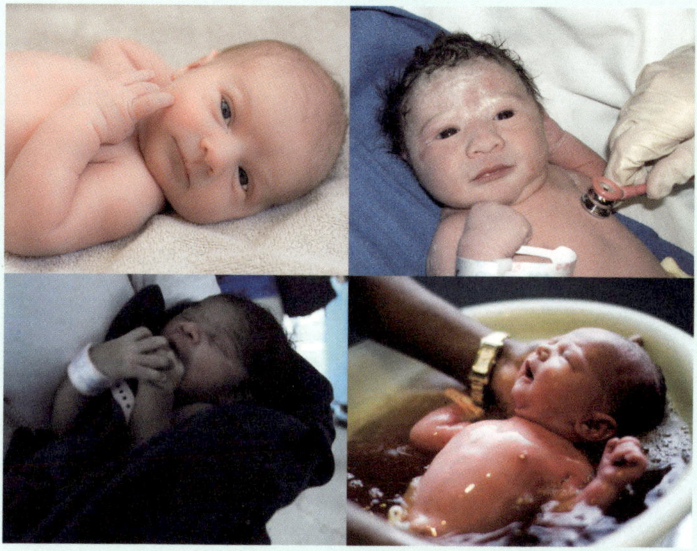

세계 각국의 아기들

전부 다르죠? 생명체는 이렇게 서로 다릅니다. 하지만 한편으로는 또 비슷해서 사람의 아기라는 걸 다 알 수 있습니다. 이 차이는 아이들이 가지고 있는, 즉 우리 몸속에 있는 정보의 차이에서 비롯된 것입니다.

그렇다면 생명체란 무엇일까요? 우리 몸을 예로 들자면, 생명체란 몸을 이루는 여러 요소가 정보를 교환하면서 일을 하는 시스템이라고 생각할 수 있습니다. 정하웅 교수님 강의에서 들으셨겠지만 우리가 정보를 연결하는 고리를 네트워크라고 하잖아요. 그래서 네트워크와 제가 말씀드릴 생명 정보는 일치하는 부분이 많습니다.

생명을 바라보는 관점에는 여러 가지가 있습니다. 웃음이 나오고 즐거운 감정, 살아 있음, 이런 것을 생명이라고 생각할 수 있습니다. 혹은 우리가 먹고 자는 생리적인 현상이 생명의 본질일 수도 있습니다. 조금

민망하지만 번식이 생명의 본질일 수도 있습니다. 동물한테는 교미라는 단어를 씁니다. 어쨌든 생명을 이어 가는 데 가장 필요하고 중요한 요소니까요. 혹은 '이런 과정을 통해 가족을 이루고 행복하게 사는 게 우리가 살아가는 이유고 생명의 본질이다.' 이렇게 생각할 수도 있습니다. 하지만 이 강의에서 저는 우리 몸속에 저장된 유전체, 즉 ATGC — 아데닌(adenine, A), 티민(thymine, T), 구아닌(guanine, G), 시토신(cytosine, C) — 로 쓰여진 정보가 우리 생명의 본질이라는 것을 말씀드리겠습니다.

DNA에 저장된 유전 정보가 발현되어 단백질을 만들고, 단백질이 모여서 다시 특정 역할을 수행하는 단백질을 만드는 등 우리 몸은 굉장히 복잡한 네트워크로 연결되어 정보를 주고받으면서 여러 가지 일을 합니다. 이것이 바로 생명입니다. 이 과정을 이해하기 위해서는 여기에 담겨 있는 생명 정보, 즉 ATGC로 구성된 염기(nucleotide) 서열이 무얼 의미하는지를 반드시 알아야 하겠죠. 우리 몸에는 46개의 염색체(chromosome)가 있고, 각각의 염색체는 네 가지 종류의 핵산(DNA)인 ATGC로 이루어져 있습니다. 그중 일부분이 유전자이고 그것들이 단백질을 만들어 내서 모든 일을 합니다. 이 내용은 지금 초등학교 3학년인 제 딸이 읽는 책에도 나올 정도로 너무나도 당연한 상식인데 1950년대나 1960년대만 해도 이게 상식이 아니었습니다. 아무도 알지 못한 미스터리였지요. 유전자의 정체가 무엇이고, 유전자로부터 단백질이 어떠한 과정을 거쳐 나오는지를 밝히기까지는 오랜 세월 수많은 천재들의 고민과 피와 땀이 서린 연구가 있었습니다. 지금부터 핵심이 되는 개념들을 중심으로 그 흐름을 되짚어 보도록 하겠습니다.

모든 정보는 DNA 이중 나선 속에 있다

"생명의 본질은 정보다."라는 말의 의미를 더 자세히 알기 위해, 숯이 타서 열을 내는 과정을 한번 살펴봅시다. 이 과정은 물질과 에너지의 변환을 나타내는 다음 두 방정식으로 표현할 수 있습니다.

1) $C+O_2=CO_2$

2) 화학적 에너지 → 물리적 에너지

먼저 첫 번째 방정식은 물질의 변환을 표현하는 것으로서 탄소(C)라는 물질에 산소(O_2)를 더하면 이산화탄소(CO_2)가 됨을 나타냅니다. 화학적인 반응 방정식입니다. 모든 방정식이 그렇듯이 우변과 좌변은 똑같아야 합니다. 반응 전이나 반응 후나 탄소 원자 1개와 산소 원자 2개로 물질이 보존됩니다. 이산화탄소가 만들어지지만 원자는 변하지 않습니다. 전혀 놀라운 현상이 아니죠. 두 번째 방정식이 나타내는 에너지도 마찬가지입니다. 이 과정에서 화학 에너지가 펑 하고 터지면서 물리 에너지로 바뀝니다. 배나 자동차가 움직이는 과정도 본질적으로는 이와 같습니다. 이때 에너지는 정확히 보존됩니다. 형태만 바뀌지 그 양은 절대적으로 같습니다. 1 더하기 1은 2라는 사실과 똑같지요.

그런데 이번에는 생명 현상을 생각해 봅시다. 앞에서 이야기했듯이 생명 현상은 다음 '방정식'으로 흔히 요약됩니다.

DNA → RNA → 단백질

DNA가 RNA가 되고, RNA가 단백질이 됩니다. 여기서도 모든 방정식이 만족해야만 하는 보존 법칙이 성립하나요? DNA와 RNA는 굉장히 다른 화학 물질입니다. RNA와 단백질도 마찬가지입니다. RNA와 단백질은 정말로 말도 안 되게 다르거든요. 이것은 앞서 말했던 물질과 에너지의 흐름하고는 전혀 다른 정보의 흐름을 나타냅니다. DNA에 담겨 있던 생명 정보가 RNA라는 형태로 변한 다음에 그 RNA가 다시 단백질이라는 형태로 변하는 과정입니다. 본질은 생명 현상이 곧 정보의 흐름이며, 이 정보는 흐르면서 형태를 바꾼다는 것입니다. DNA에 속한 정보가 이 과정을 통해 우리 몸 구석구석까지 흘러 들어가 일을 합니다. 생명이 곧 정보임을 다시 한번 강조하겠습니다. 그리고 모든 정보는 유전자, DNA 이중나선에 들어 있습니다.

우리 생명이 곧 정보이니 이제 이 정보를 어떻게 끄집어내서 읽고 해석하고 이용할지를 연구해야겠지요. 생물 정보학이 바로 그런 연구를 하고 있습니다. DNA에 담겨 있는 정보를 가지고 새로운 생명체를 만드는 일은 어떨까요? 여기 있는 팔을 잘라다 다른 사람에게 붙인다고 새로운 생명체가 되지는 않습니다. DNA 정보를 바꾸면, 즉 다시 쓰면 됩니다. 이러한 DNA 재편성(reprogramming)을 다루는 학문이 바로 합성 생물학(synthetic biology)입니다.

생명의 본질이 정보라면, 생명 현상은 정보를 연결하는 고리, 네트워크를 통해서 정보가 흐르는 것입니다. 이것이 네트워크 생물학의 주제입니다. 정하웅 교수님께서 예를 몇 가지 말씀해 주셨을 텐데 그것에 대해서도 조금 언급하겠습니다. 여기서 더 나아가서 네트워크 수준에서 머무르는 게 아니라 이것에 공학적인 기법을 가미한 생물학을 시스템 생물학(system biology)이라 합니다. 시스템 생물학은 우리 몸 전체를 시스템, 즉 필요한 기능을 수행하는 집합체라고 생각합니다. 시스템을 이해하려면 하나의 부분만이 아니라 전체 구성 요소의 모든 상관관계까지 이해해야 합니다.

3강에 가서는 이런 학문을 현실에 적용하는 이야기를 하겠습니다. 앞에서 보여 드렸던 아기들은 서로 다른 유전 정보를 갖고 있죠. 따라서 서로 다른 사람이 됩니다. 개인마다 가지고 있는 유전 정보를 모두 읽고 모으고 해석을 해서 그 사람 몸이 어떨지, 어떤 병에 잘 걸릴지, 혹은 뭘 하면 되고 무엇은 안 되는지를 연구하는 분야인 개인 유전체학(personal genomics), 개인 맞춤형 의학에 대해 공부하도록 하겠습니다. 지금은 유전자 이야기를 계속합시다.

중심 학설: 생명 정보는 한 방향으로만 흐른다

분자 생물학에는 중심 학설이라는 이론이 있습니다. 영어로는 'Central dogma'라고 하는데 그 내용은 'DNA가 있고, DNA가 RNA로 만들어지고, RNA가 단백질을 만든다.'입니다. 이제는 우리에게도 상식이 된 이것을 프랜시스 크릭이라는 사람이 1958년에 처음으로 사용했고 체계적으로 정리한 논문을 1970년에 《네이처》에 발표했습니다. 이 논문을 보면 제가 강의 도중에 한번씩 말씀드린다고 했던 **'생명의 본질은 정보다.'**라는 말을 이 사람도 다섯 문단마다 한번씩 계속합니다. '생명은 정보다. 그렇다면 생명 정보는 어떻게 흐를까?' 뒤이어 떠오른 이 물음 앞에서 크릭은 'DNA의 정보가 RNA로 가고 RNA 정보가 단백질로 간다.'는 가설을 먼저 만들고 그때까지 실험으로 밝혀져 있던 모든 사실을 이용해서 이 가설을 증명했습니다. DNA가 바뀌면 그에 따라서 RNA도 바뀌고 단백질도 바뀝니다. 그러나 단백질이 뭔가 잘못되어서 바뀌어도 DNA는 절대로 바뀌지 않습니다. 정보는 DNA에서 한 방향으로만 흘러갑니다. 우리가 간직한 DNA의 정보는 우리 몸이 잘못되더라도 보존되는 것이죠. 이것이 중심 학설의 핵심입니다. 그 가설이 어떻게 세상에 나왔는지 지금부터 알아보겠습니다. 초등학교 3학년짜리가 읽는 책에 나오는 내용이니 그리 어려울 것도 없습니다.

유전 개념의 태동

우선 크릭 이전의 사람들이 품었던 생각을 살짝 알아보겠습니다. 오른쪽에 있는 그림이 무엇인지 혹시 아시는지요? 남성의 정자입니다. 우리나라에 예전에 「씨받이」라는 영화가 있었죠. '생명에 필요한 것은 다 아빠한테 있고 엄마는 그냥 밭이다.' 이런 생각을 오래전 서양에서도 했었습니다. 정자 속에 조그마한 아기가 들어 있을 것이라고 믿었지요. 그래서 1590년대 들어 현미경이 처음 만들어지자 사람들의 가장 큰 관심사가 정자 속에 실제로 사람이 있나 없나를 확인하는 것이었답니다. 지금 생각하면 우습

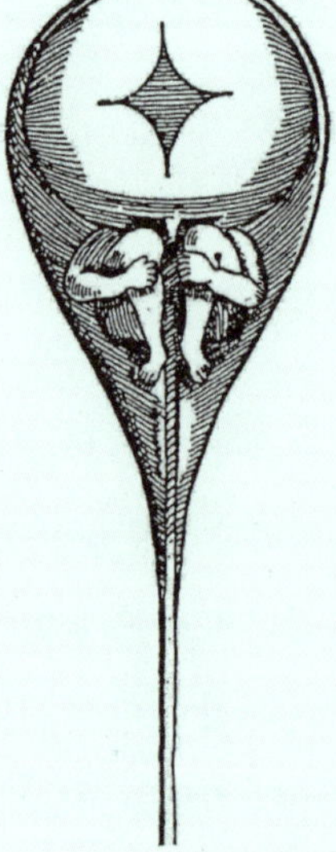

16세기 사람들이 생각했던 정자의 모습

죠. 명백한 남녀 차별적 발상이기도 하고요. 사실은 어머니가 더 중요할지도 모르는데 당시에는 모든 것이 씨에 있다는 생각을 했습니다. 그때 널리 퍼진 또 하나의 생각이, **후천적으로 얻은 형질이 유전된다**는 믿음이었습니다. 이게 지금은 우습지만, 옛날에는 전혀 우스운 이야기가 아니었습니다. 수없이 많은 반례가 있는데도 말이죠. 팔이 부러진 사람이라고 팔이 없는 아기를 낳지는 않잖아요? 그런데도 그런 생각이 계속 반복되고 나름의 설명도 있었습니다. 사실 설명이라기보단 변명에 가깝습니다. 어떤 사건으로 인해 몸에 생긴 변화, 즉 후천적으로 얻은 형질이 후손에게 전해지는 일은 없습니다. **유전자가 갖는 본질 때문**입니다.

DNA인가 단백질인가?

유전자와 형질의 관계를 잠시 살펴보면, 먼저 형질이란 생명체가 갖고 있는 모양이나 속성을 말합니다. 파란색 눈을 예로 들 수 있겠네요. 유전자는 그 사람이 파란색 눈을 가지고 태어나게 하는 몸속의 그 무엇입니다. 유전자가 무엇인지 몰랐을 때에는, 그러니까 1950년 이전까지는 유전자를 '정체는 모르겠지만 앞서 말한 형질을 결정하는 원소'라고 생각했습니다. 화학에서 원소(element)와 원자(atom)의 차이를 혹시 아시는지요? 같은 뜻으로 보일지 몰라도 원소는 추상적인 개념입니다. 예를 들어 수소를 쪼개고 쪼갰더니 더는 쪼갤 수 없는 무언가가 남았습니다. 뭔지는 몰라요. 그게 원소죠. 그에 비해 물리적·화학적으로 눈으로 볼 수 있고 무게도, 크기도 있는 게 원자입니다. 유전자의 정체는 단백질일 것이라고 많이들 믿었습니다. 왜냐하면 단백질이 모든 일을 하니까요.

하지만 결국 잘못된 믿음임이 밝혀졌지요. 이제 유전자를 어떻게 발견했는지 그 과정을 따라가 보겠습니다. 고등학교 생물 책에도 나오는 얘기인데요, 1865년에 그레고어 멘델(Gregor Mendel)이란 사람이 완두콩으로 실험을 합니다. 키가 크거나 작거나, 둥그스름하거나 주름지거나 하는 등의 형질을 가지고 서로 다른 형질의 완두콩을 교배 실험한 끝에 자손대에서 이 형질들이 정해진 비율로 나타나더라는 사실을 발견했습니다. 유전자의 본질이 뭔지는 몰랐고 일정 비율로 형질을 후대에 전해 주는 무언가라는 사실만 알았습니다. 그러다가 1910년 미국의 유전학자 토머스 헌트 모건(Thomas Hunt Morgan)이 초파리를 연구해서 유전자는 염색체에 직렬로 존재할 것이라는 이론을 세웠습니다. 1909년에는 덴마크의 빌헬름 요한센(Wilhelm Johannsen)이 유전자라는 말을 처음 씁니다. 여러 실험을 통해 실제로 우리 몸속에 어떤 물질이 있으며 그 물질의 정보는 긴 사슬로 존재할 것이라고 결론을 내립니다.

하지만 그게 어떻게 보존되어 후대에 전달되고 생명 현상을 일으키는지는 40년이 넘도록 전혀 알 수가 없었습니다. 이때 등장한 사람이 제임스 왓슨과 프랜시스 크릭입니다. 1953년에 왓슨과 크릭이 DNA의 이중 나선 구조를 제안합니다. 제안했다기보다는 밝혔다고 이야기하는 편이 낫겠죠. 그럼으로써 이 모든 궁금증이 그야말로 투명하게 밝혀집니다. 여기에는 많은 뒷이야기가 있습니다. 얼마나 믿을 만한지는 모르겠지만 개중에는 이런 이야기도 있습니다. "연구소에서 같이 근무하던 소심한 여성 과학자 로잘린드 프랭클린(Rosalind Franklin)이 찍은 엑스선 사진을 왓슨과 크릭이 도용해서 만들었다." 하지만 이 사람들이 이렇게 이중 나선 구조를 모형으로 만들었다는 것은 굉장히 놀라운 사실이고 큰 업적입니다. 이런 구조를 머릿속에 떠올리기란 정말 어렵습니다.

이중 나선 구조

1953년 《네이처》에 왓슨과 크릭의 역사적인 논문[1]이 실립니다. 한 페이지 넘기면 뒤에는 달랑 문단 몇 개만 있는, A4 용지로 2페이지가 채 안 되는 짧은 길이의 논문이지만 세상에서 가장 유명한 연구 논문 중 하나입니다. 이 논문에서는 복제 메커니즘을 구체적으로 알려 주고 있지는 않습니다. 대신 다음과 같은 고색창연한 표현이 등장합니다. "우리는 우리가 상정한 특정한(specific) 짝(pairing)이 유전 물질 복제 메커니즘의 존재 가능성을 암시한다는 점을 알아차렸다." 몇 년 후에 내놓은 DNA 구조에 관한 두 번째 논문에서 이 아이디어를 보다 심층적으로 기술하고 있습니다. 교과서에 일반적으로 등장하는 DNA 구조와 복제 과정 등이 거의 정확하게 기술되어 있지요. 이러한 연구 업적을 인정받아 두 사람은 1962년에 노벨상을 받았습니다. 이미 알고 계신 대로 DNA는 아데닌(A), 티민(T), 구아닌(G), 시토신(C), 네 가지 종류의 염기로 만들어집니다. A인 아데닌은 T인 티민하고 결합하고 G인 구아닌은 C인 시토신하고만 결합합니다. 그 이유는 A와 T는 2개의 수소 결합, G와 C는 3개의 수소 결합으로 결합하기 때문입니다. 그래서 아주 특이적인 쌍을 만들고 평소에는 이중 나선으로 꼬여서 안정된 구조를 하고 있습니다.

이제 그들이 생각한 메커니즘에서 DNA가 복제되는 과정을 봅시다. 이중 나선이 풀리며 주위에 돌아다니는 DNA 단분자들이 달라붙어서 다시 똑같은 걸 만듭니다. 아까처럼 C에는 G가 결합해 CG가 되고 T에는 A가 결합해 TA가 되면서 복제가 일어나죠. 이중 나선을 풀어서 똑같은 것을 2개로 복제하는 겁니다. DNA에서 RNA로 되는 과정도 비슷합니다. DNA가 풀리면서 DNA 한 가닥을 주형(template)처럼 사용해 ATGC가

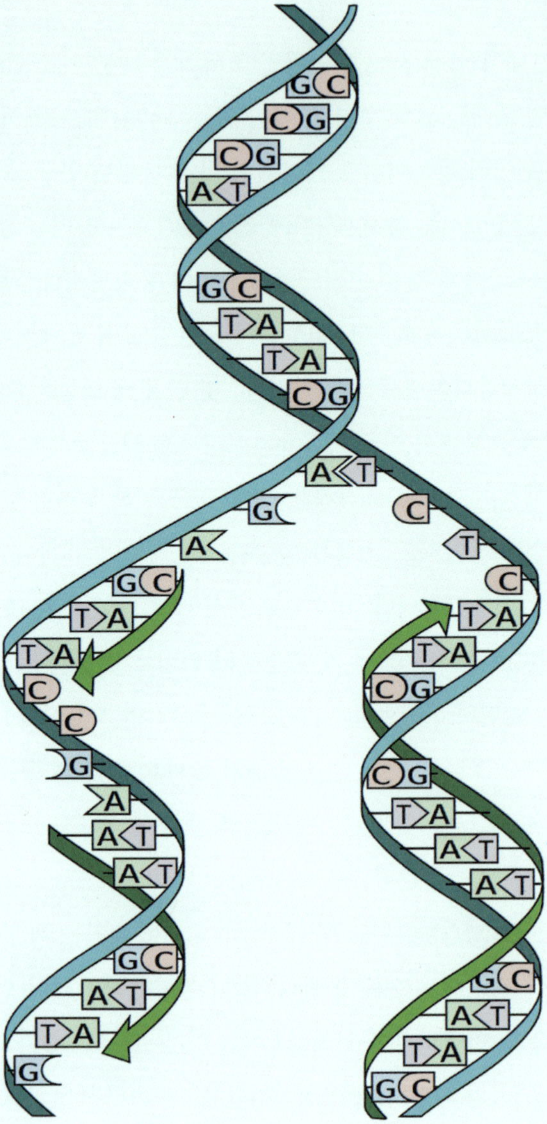
GC
CG
CG
AT
GC
TA
TA
CG
AT
G C
A T
GC C
TA TA
TA TA
C CG
C
G CG
A TA
AT AT
AT AT
GC GC
AT AT
TA TA
G GC

DNA 복제 과정

붙는데 여기서는 다만 티민(T) 대신에 우라실(uracil, U)이 붙어 AUGC로 구성된다는 점만이 다릅니다. RNA 분자들이 이렇게 붙어서 나오는 게 바로 mRNA(messenger RNA)입니다. 상보적인 결합만 생각하면 여기까지는 아주 명확합니다. 에너지가 보존되듯이 정보가 보존되고 DNA에서 RNA가 만들어져서 복제됩니다.

문제는 RNA가 아미노산을 가지고 단백질을 합성하는 방법입니다. mRNA의 구성 요소는 AUGC로 4개입니다. 단백질은 기본적으로 스무가지 아미노산으로 구성되어 있지요. 그러니까 4개와 20개를 연결해야 합니다. 만약 기본 구성 요소 넷이 아미노산 16개를 결정한다면 2개의 서로 다른 mRNA 짝이 있으면 되죠. 4×4는 16이니까요. 그런데 16개가 아니라 20개입니다. 4×4×4는 64죠. 16도 64도 20하고는 거리가 멉니다. "이 미스터리를 어떻게 풀 것인가?" 이것이 이중 나선 논문이 나온 이후로 사람들이 풀어야 할 가장 중요한 목표이자 숙제였습니다. 모든 것이 해결되었는데 그다음 핵심 단계인 '유전 정보가 어떻게 단백질로 되는가.'를 몰랐던 겁니다.

조지 가모브

이때 조지 가모브(Georgy Gamov)란 사람이 등장합니다. 원래 물리학자였던 가모브는 태초의 폭발에서 우주가 시작되었다는 대폭발 이론(Big Bang theory)으로 유명했습니다. 1954년에 《네이처》 논문을 본 후 가모브는 왓슨과 크릭에게 편지를 씁니다.

"나는 생물학자가 아닌 일개 물리학자입니다. 그런데 나는 여러분이 쓴 논문을 보고 굉장히 흥분했습니다. 만약 당신들의 관점이 맞다면 각각의 생명체는 네 가지 숫자로 쓰여진 아주 긴 서열로 표현될 수 있을 것입니다. 예를 들어, 만약에 아데닌이 언제나 시토신 다음으로 온다면 어떤 동물은 고양이가 되는 식으로 말입니다."[2]

물리학자였던 가모브에게는 아데닌이나 구아닌 분자가 어떻게 생겼는지는 중요하지 않았습니다. 이 사람한테 중요했던 것은 생명체가 AUGC로 이루어진 암호(code)라는 사실이었습니다. 가모브에게 RNA와 단백질의 관계는 그냥 암호 해독에 불과했던 것이지요. '생명은 우리 몸속에 있는 DNA의 네 가지 기본 요소로 이루어진 정보다. 이걸 기반으로 암호를 풀자.'라는 목표를 세우고 당시에 똑똑하다고 이름난 사람들을 다 모아서 RNA 타이 클럽(RNA Tie Club)이란 걸 만들었습니다. 일종의 스터디 그룹을 조직해서 RNA가 어떻게 단백질이 되는지를 풀고자 달려들었습니다.

잠깐 정리를 해 보면 우리가 해결해야 하는 문제는 "ATGC 네 가지 기호로 쓰여 있는 DNA 서열이 스무 가지 종류의 아미노산으로 연결된 단백질로 어떻게 '번역'되는가."입니다. 해결의 실마리를 위해 DNA와 단백질의 특징을 생각해 봅시다. 우선 DNA 서열은 길이가 굉장히 길어서 사람의 경우 30억 개가량의 염기 서열로 구성되어 있는 반면, 단백질의 길이는 매우 짧아서 기껏해야 1,000개 정도의 아미노산으로 이루어져 있습니다. 이 아미노산들은 펩티드 결합(peptide bond)이라 불리는 화학 결합을 통해 서로 연결되어 있고요. 이 차이를 감안해 볼 때 긴 DNA 서열 중에 특정 부분만 단백질로 변환된다고 추정할 수 있습니다. 그리고 그 특정한 부분이 유전자가 아닐까 하고 사람들은 생각했습니다.

단백질을 이루는 각각의 아미노산 종류는 DNA 서열로 결정됩니다. 그렇다면 염기가 최소한 몇 개 필요할까요? DNA 2개로 하면 4×4=16개의 조합이 나옵니다. 아미노산이 20개니까 DNA가 반드시 3개 이상은 필요하겠네요. DNA 3개로 하면 4×4×4=64개입니다. 4개도 안 되란 법은 없습니다. 4^4은 256개니까 어떻게든 될 수는 있지만 가장 타당한 숫자는 3일 것 같아요.

마지막으로는 염기 서열이 겹치지 않는(non-overlapping) 상태에서 아미노산을 결정하는지, 겹치는(overlapping) 상태에서 아미노산을 결정하는지를 고려해야 했습니다. 겹치는 염기 서열을 가정하면 앞에 오는 아미노산이 바로 뒤에 따라오는 아미노산의 가능한 종류를 결정하게 됩니다. 예를 들어 AUGC에서 첫 번째 AUG로부터 아미노산이 하나 결정되면 두 번째는 UGC가 되어야겠죠. 가정대로라면 첫 번째 아미노산이 AUG로부터 나오는 것으로 결정된 순간 뒤를 이은 아미노산은 반드시 UG로 시작되어야 합니다. 그런데 실제 단백질 서열에 관한 실험 결과에서 그렇지 않다는 것이 밝혀졌습니다. 아래 서열을 보시면 UG가 네 번 나오지만, 결정된 아미노산들에선 반복이나 제한이 보이지 않습니다. 서로 겹치지 않으면서 아미노산을 결정하는 것으로 나왔습니다.

···AUGUCAUGCAUGCUAGCCCAGUCACUG···

···Met-Ala-Tyr-Cis-Arg-Typ-Phe-Pro-Leu···

완벽성에 대한 집착

결국 문제는 '왜 4×4×4 해서 나오는 예순네 가지가 아니라 스무 가지 종류의 아미노산이 있는가.'입니다. 이럴 때 문제를 어렵게 만드는 것이 우리 인간이 자연계, 특히 생명을 바라보는 시각입니다. 이런 믿음이 있어요. '신은 생명을 완벽하게 창조했다. 그러니까 우리는 남을 것도 모자랄 것도 없는 완벽하고 굉장히 특별한 존재다.' 이렇게 많이 생각하잖아요? 이 사람들에게 '염기 서열 3개가 아미노산 종류 하나를 결정하는데 염기 서열 AAA가 알라닌(alanine)을 결정하고 AAU도 역시 알라닌을 결정하는 식으로 중복성(redundancy)이 있다.'라는 주장은 '신이 정말로 그렇게 했을까? 우리는 아주 완벽한 존재인데, 불필요한 군더더기가 있으면 안 되는 것 아닌가.'라는 반발만을 불러일으켰어요.

이렇게 완벽성에 집착하다가 몇몇 똑똑한 사람들이 결국은 4에서 20을 만들어 냅니다. 그중 한 명이 다름 아닌 프랜시스 크릭입니다. 1956년에 RNA 타이 클럽의 크릭과 J. S. 그리피스(J. S. Griffith), 레슬리 오겔(Leslie Orgel)이 함께 논문[3]을 썼습니다. 그들은 소위 콤마가 없는 코드(comma-less code)를 생각해 내서 4에서 20을 만드는 데 성공했지만, 결국은 틀린 것으로 판명되었습니다. 그래서 이 이론은 '생물학에서 가장 우아한 틀린 이론(the most elegant theory in biology that was wrong)'이라 불리기도 합니다. 내용을 보면 이들은 "어떤 염기 서열(예를 들어 AAA)은 아미노산을 결정하여 의미가 있지만(make sense), 또 다른 어떤 염기 서열은 아미노산을 결정하지 못하는 무의미한 말이다(make nonsense)."라고 하는 두 상황을 가정하여 4에서 20을 만들어 냈습니다. 이 우아한 이론은 비록 틀렸지만, 생물학에 sense(의미 있는 배열), nonsense(무의미한 배열),

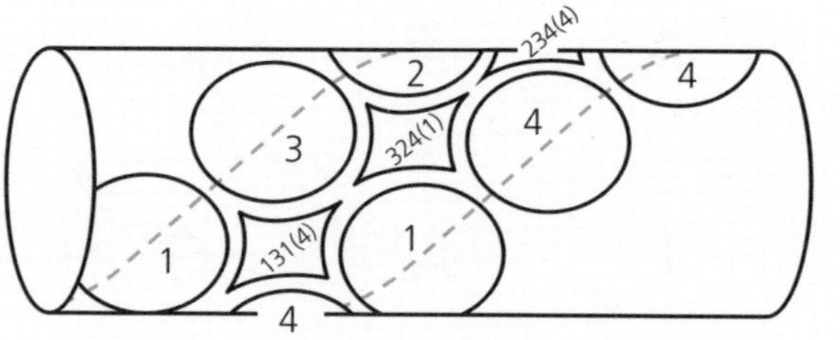

다이아몬드 코드

antisense(상보적인 배열)라는 용어가 만들어져 쓰이는 데 나름 기여를 합니다.

한편, 크릭의 이론이 너무 쉽다고 생각한 가모브는 소위 다이아몬드 코드(diamond code)란 것을 만들었습니다. 굉장히 머리가 좋은 사람들이 범하기 쉬운 잘못을 지지른 거예요. 온갖 시도를 다 하다가 좋은 머리를 너무 굴려서 3차원 퍼즐하고 비슷한 것을 만들어 냈습니다. "성냥개비 6개로 정삼각형을 넷 만드시오."와 같이 3차원을 생각하지 않으면 풀 수 없는 그런 문제였지요. 3차원에 AUGC가 죽 감겨 있는데 여기서도 A는 U랑 상보적으로 결합하고 G는 C랑 상보적으로 결합합니다.

DNA 이중 나선 구조를 생각해 보면 위 그림처럼 원통으로 꼬여 올라가는 모양을 상상할 수 있겠죠. 1번은 3번에 상보적이고 2번은 4번에 상보적으로 결합하고 있습니다. 3차원에 염기가 죽 있고 그 중앙에 4개의 염기가 만들어 내는 다이아몬드처럼 생긴 공간이 생기게 됩니다. 4개의 염기가 만든 이 공간에서 결국 아미노산이 어떻게든 합성되어(1314) 다음 칸 다이아몬드 공간에서 만들어진 아미노산(3241)과 연결되고, 이 과정을 거듭하면서 긴 단백질이 합성된다는 식입니다. 주위에 있는 4개의 정보를 읽고서 아미노산을 결정한다고 설명했지요. 위 그림의 예에서는

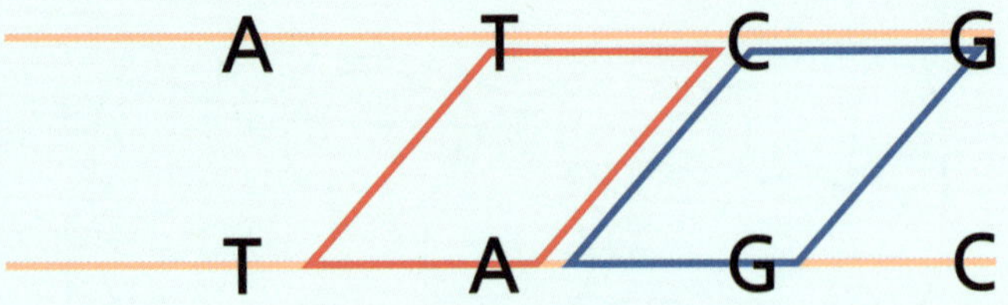

다이아몬드 코드의 문제점

첫 번째 다이아몬드형 공간은 '1314', 두 번째는 '3241', 그리고 세 번째는 '2344'에 해당하는 염기에 의해 아미노산이 결정되는 거죠.

진짜 염기 서열인 ATCG를 예로 들어 나타내면 위 그림과 같이 되는데, 위쪽은 ATCG이니 아래쪽은 TAGC가 되겠죠. 그러면 첫 번째 다이아몬드를 만드는 염기는 TCAT가 됩니다. 이 중 세 번째 염기인 A는 독립적인 정보가 아니에요. 한쪽에 T가 오면 반대편에는 반드시 A가 와야 하니까 전혀 독립적인 정보가 아니죠. 그러니까 염기 3개가 하나의 아미노산을 결정하는 셈입니다. 이것들로 모든 가능한 조합을 만들어 봤어요. 그러니까 놀랍게도 20개가 딱 나왔습니다. '아! 이게 바로 신이 우리를 만들어 낸 방식이다.' 이것도 역시 《네이처》에 논문[4]이 실렸습니다. 기발하지만 문제는 이게 명확히 틀렸다는 거예요. 자세히 보면 염기 2개가 서로 겹쳐 있습니다. 첫 번째와 두 번째 다이아몬드를 둘러싸고 있는 염기 서열은 TCAT와 CGGA인데, 위쪽 DNA 가닥(ATCG)을 기준으로 생각하면 첫 번째는 ATC 그리고 두 번째는 TCG의 염기 서열이 됩니다. 이 중 TC가 겹쳐 있습니다. 앞에서 이야기했듯이 겹치는 염기 서열은 명확히 틀린 것입니다. 이때 크릭과 시드니 브레너(Sydney Brenner)란 과학자가 놀라운 실험을 하기 시작합니다. 모든 논란을 잠재울 수 있는 아주 명확한 실험이었죠.

크릭과 브레너의 실험

정상적인 DNA를 하나 생각해 봅시다. 그리고 맨 끝에 있는 EAT라는 서열이 유전자라고 합시다.

간단한 실험 조작을 통해 한 곳에 염기 하나를 끼워 넣을 수 있습니다. B라는 염기를 끼워 넣어 봤어요. 그러면 어떻게 될까요?

아까는 EAT, EAT, EAT…… 였는데 한 곳에 염기 하나가 끼어 들어가면서 지금은 EAT, BEA, TEA, TEA…… 이렇게 바뀌었습니다. EAT로 되어야만 제대로 된 유전자인데 TEA로 바뀌었으니 제대로 작동하지 않는 단백질이 만들어지겠죠? 생명체가 죽어 버리는 걸 볼 수 있습니다.

이번에는 B를 세 곳에 넣어 보았습니다. 다시 정상적으로 마지막에

EAT가 나옵니다. 이 이야기는 뭘까요? '유전자 3개가 하나의 단백질을 결정한다.'라는 사실을 입증하고 있습니다. 크릭과 브레너는 이 실험으로 3개의 염기가 하나의 유전자를 결정함을 정확하게 밝혔습니다. 이 단위를 코돈(codon)이라 합니다. 이것은 겹치는 것도 아닙니다. 181쪽에서 확인했듯이 보통의 단백질 서열을 보면 앞에 무언가 왔다고 해서 뒤를 제약하지 않습니다. 겹친다고 생각하면 염기 하나에 변형이 일어났을 때 영향을 받는 아미노산이 2개가 되어야 하는데 달라진 아미노산이 1개뿐이었거든요. 이 실험 결과를 보고 유전자는 3개 단위로 이루어지고, 겹치지 않고, 중간에 빈 곳이 없다고 생각하게 되었습니다. 하지만 '어떠한 문법을 써서 DNA에서 단백질이 되는가?'라는 물음이 아직 남아 있었습니다.

니런버그의 실험

그때 등장한 사람이 바로 나중에 아프리카 모잠비크 공화국의 우표에까지 실린 과학자 마셜 니런버그(Marshall Nirenberg)입니다. 그가 무엇을 밝혀냈는지 지금부터 알아보겠습니다. 먼저 U로만 이루어져 있는 인공 mRNA를 시험관에 넣습니다. 그다음에 대장균을 갈아서 함께 집어넣습니다. RNA로 단백질을 만드는 데 필요한 리보솜(ribosome), 효소, 그 밖의 다른 요소들이 대장균 세포 속에 다 있거든요. 그리고 방사선을 쬐어서 특수 촬영을 하면 구분할 수 있도록 한 20종의 아미노산도 집어넣습니다. 인공 mRNA가 아미노산을 번역해서 만든 단백질을 대장균을 갈아 넣을 때 함께 들어간 기존 단백질하고 구별하기 위해서입니다. 이렇게 해서 무엇이 생기는지 봤더니 페닐알라닌(phenylalanine)이라는 아미노산만으로 이루어진 폴리펩티드(polypeptide, 아미노산들이 펩티드 결합으로 이어진 단백질보다 작은 크기의 중합체)가 나왔습니다. 앞서 얘기한 실험에 의하면 코돈이라 불리는 3개의 DNA 분자가 하나의 아미노산을 결정합니다. 그런데 여기서는 UUU란 코돈만이 가능합니다. 그러니까 UUU가 페닐알라닌을 결정한다는 사실을 처음으로 밝힌 것입니다.

니런버그가 이 실험을 1961년에 발표했는데 이때 그는 NIH에서 일하는 30대 초반의 무명 과학자였습니다. 조수 한 명하고 이걸 다 했다고 해요. 모스크바에서 열리는 학회까지 가서 발표를 했는데 아무도 이 사람이 누군지 몰랐고 발표회장에는 한두 사람만이 참석했습니다. 그런데 우연히 이 소식을 들은 크릭이 실험의 중요성을 알아채고는 마지막 날에 청중을 모아 놓고 다시 발표해 보라고 니런버그에게 조언했습니다. 결국 큰 파문이 일었죠. 실제로 어떤 코돈이 어떤 아미노산을 결정한다는 걸 처음으로 밝힌 것이었으니까요. 유전 암호 해독의 실마리를 푼 셈입니다. 니런버그는 그 후에도 실험을 보완하여 많은 아미노산 코드의 배열을 밝혔습니다. CCC는 프롤린(proline), AAA는 리신(lysine), GGG는 글리신(glycine)을 결정하는 것으로 나왔습니다. UC의 반복(UCUCUCUCU)에서는 UCU와 CUC가 세린(serine)과 류신(leucine) 두 가지 아미노산을 결정합니다. UAC의 반복(UACUACUAC)은 어디에서 시작하느냐에 따라 UAC도 되고 ACU나 CUA도 되죠? 각각 티로신(tyrosine)과 트레오닌(threonine), 류신만으로 이루어진 결합이 3개 나왔습니다. 이렇게 온갖 조합을 이용해서 해당 코돈이 무엇을 결정하는지를 보아 암호를 해독합니다. 이렇게 해서 나온 유전 암호표가 다음 페이지에 있는 것입니다. 니런버그는 이러한 공로를 인정받아 1968년에 노벨상을 받았습니다.

아미노산의 이름	약자	분자식	아미노산을 결정하는 코돈
알라닌(Alanine)	Ala	$HO_2CCH(NH_2)CH_3$	GCU, GCC, GCA, GCG
시스테인(Cysteine)	Cys	$C_3H_7NO_2S$	UGU, UGC
아스파르트산 (Aspartic acid)	Asp	$C_4H_7NO_4$	GAU, GAC
글루탐산(Glutamic acid)	Glu	$C_5H_9NO_4$	GAA, GAG
페닐알라닌 (Phenylalanine)	Phe	$C_9H_{11}NO_2$	UUU, UUC
글리신(Glycine)	Gly	$C_2H_5NO_2$	GGU, GGC, GGA, GGG
히스티딘(Histidine)	His	$C_6H_9N_3O_2$	CAU, CAC
아이소류신(Isoleucine)	Ile	$C_6H_{13}NO_2$	AUU, AUC, AUA
리신(Lysine)	Lys	$C_6H_{14}N_2O_2$	AAA, AAG
류신(Leucine)	Leu	$C_6H_{13}NO_2$	CUU, CUC, CUA, CUG, UUA, UUG
메티오닌(Methionine)	Met	$C_5H_{11}NO_2S$	AUG
아스파라긴 (Asparagine)	Asn	$C_4H_8N_2O_3$	AAU, AAC
프롤린(Proline)	Pro	$C_5H_9NO_2$	CCU, CCC, CCA, CCG
글루타민(Glutamine)	Gln	$C_5H_{10}N_2O_3$	CAA, CAG
아르기닌(Arginine)	Arg	$C_6H_{14}N_4O_2$	CGU, CGC, CGA, CGG, AGA, AGG
세린(Serine)	Ser	$C_3H_7NO_3$	UCU, UCC, UCA, UCG, AGU, AGC
트레오닌(Threonine)	Thr	$C_4H_9NO_3$	ACU, ACC, ACA, ACG
발린(Valine)	Val	$C_5H_{11}NO_2$	GUU, GUC, GUA, GUG
트립토판(Tryptophan)	Trp	$C_{11}H_{12}N_2O_2$	UGG
티로신(Tyrosine)	Tyr	$C_9H_{11}NO_3$	UAU, UAC

아미노산을 결정하는 유전 암호표

유전 정보는 언어다

정리하면 이렇습니다. 생명의 분자는 DNA입니다. 생명체에는 세포가 있고, 세포 속에 핵이, 그리고 그 핵 속에 DNA를 담고 있는 염색체가 있습니다. 인간의 세포 하나에 들어 있는 DNA를 다 펴면 길이가 2미터 정도 되는데, 이 이중 나선 구조 속에는 염기쌍들의 배열이 30억 개, 전체 염색체를 통틀어 3만 개 정도의 유전자가 존재합니다. 앞서 살펴본 중심 학설을 따라 이러한 DNA에서 RNA가, 그리고 RNA에서 단백질이 만들어집니다. 핵심은 이렇습니다. **유전자 정보는 DNA에 담겨 있고 생명 정보는 DNA에서 RNA, RNA에서 단백질로 흘러간다. 그 반대는 절대 있을 수 없다.** 따라서 뭔가를 새롭게 만들어 내고 싶다면 염기 서열을 바꿔야 합니다. 염기 서열을 바꾸지 않으면 아무것도 할 수 없습니다.

그다음으로 언급하고 싶은 중요한 것은 유전 정보의 구조가 언어의 구조와 유사하다는 사실입니다. 언어에는 시작과 끝이 있죠? 유전자에도 시작을 알려 주는 시작 코돈(start codon) AUG와 끝을 알려 주는 종결 코돈(stop codon) UAA, UAG, UGA가 있습니다. 이것은 유전자 서열에서 문장의 시작점과 끝점 역할을 합니다. 유전자라는 게 우리가 쓰는 언어하고 비슷한 거죠. 시작 코돈에서부터 종결 코돈까지의 염기 서열을 전사해석틀(Open Reading Frame, ORF)이라 부릅니다. 비석에 적힌 고대 언어를 읽고 번역하듯이 우리는 DNA에 쓰인 ORF를 읽고 번역(translation)해서 단백질을 만듭니다. 또한, 크릭이 어떤 염기 서열은 make sense, 즉 의미 있는 배열이며 어떤 다른 염기 서열은 make nonsense, 무의미한 배열이라고 한 것 기억하시지요? 여기에 더해서 mis-sense, 그러니까 원래 의미와 다른 배열이라는 말이 있습니다. coding(암호화), decoding(해독),

proofreading(교정)이란 단어도 있고요. 이렇게 언어 기호를 해석하는 것과 동일한 방식으로 나름의 규칙에 따라 유전자 기호를 해석합니다. 생물 정보학을 연구하는 사람들이 이러한 언어와 유전자 서열 사이의 유사성을 이용하여 아주 중요하고 유용한 발견들을 많이 하고 있습니다. 그에 대해서는 다음 강의에서 자세한 이야기를 들려드리도록 하겠습니다. 감사합니다.

2강

어떻게 유전 정보를 해석할까?

첫 강의를 **'생명의 본질은 정보다.'**라는 말씀을 드리면서 시작했습니다. 그리고 생명의 본질인 정보는 우리 몸속 DNA에 담겨 있다고 결론을 내렸습니다. 중간중간에 이 이야기를 강조하긴 했지만, 이걸로 무엇을 할지는 별로 이야기하지 않았습니다. 2강에서는 이 주제를 집중적으로 다루려고 합니다.

'어떻게 생명 정보를 얻고 해석하고 이용하고 만들 것인가?'

"어떻게 정보를 '해석할' 것인가?"를 고민하는 분야가 바로 제 전공인 생물 정보학입니다. 우리 몸속에서 복잡한 생체 네트워크를 거쳐 흘러가는 정보의 흐름을 '이용하려는' 학문은 네트워크 생물학, 시스템 생물학이고요, 또한 정보의 흐름을 이용하는 것에서 한 걸음 더 나아가 새로운 정보를 '만들어 내려는' 분야는 합성 생물학이라고 합니다. 생명이 곧 정보이기에 새로운 정보를 만든다는 것은 곧 생명의 창조와도 같겠지요. 이제부터 제가 말씀드릴 내용은 2010년과 2011년 《사이언스》와 《네이처》에 발표되었던 논문 5개 정도를 간추린 것입니다. 10년 전 이야기가 아닌 최신 연구 결과들을 통해서 **어떻게 생명 정보를 얻고 해석하고 이용하고 만드는지**를 보다 가까이에서 살펴보도록 하겠습니다.

지난 강의에서 배웠던 중심 학설을 잠깐 되짚어 보면, 이중 나선으로 꼬인 DNA가 복제를 위해 나선이 풀리면서 한쪽이 주형처럼 작용해서 똑같은 것을 만든다고 설명드렸습니다. DNA가 발현해서 mRNA를 만드는 과정을 전사(轉寫, transscription)라고 합니다. 이 mRNA가 세포핵을 빠져나와서 단백질이 만들어집니다. "생명 정보는 DNA에 들어 있는데 이 생명 정보의 흐름은 DNA에서 RNA로, 다시 RNA에서 단백질로 간다." 이것이 중심 학설의 핵심입니다. 생명 정보가 반대로는 절대 가지 않는다는 이 사실은 유전자 암호가 발견되기 전인 1958년 당시에 알려진 실험 증거를 바탕으로 프랜시스 크릭이 제안했습니다. 역전사 효소(reverse transcriptase)와 같은 예외가 있음이 밝혀지긴 했지만 중심 학설은 여전히 유효합니다.

2010년 4월 《뉴욕 타임스》에 에드워드 마콧(Edward Marcotte)이라는 시스템 생물학자의 연구를 다룬 기사가 실렸습니다. 이 사람은 우리가 먹는 빵이나 맥주를 만드는 데 쓰이는 효모, 그리고 기생충과 식물 등을 연구해서 인간이 걸리는 질병을 치료할 단서를 얻고자 하고 있습니다. 신기하지요? 우리 몸에 생기는 문제를 해결하려면 우리 몸속에 있는 질병 관련 유전자를 연구해야 할 것 같은데요. 마콧이 연구한 결과들을 보면, 효모의 세포벽을 형성하는 유전자에서 혈관 형성에 관련된, 그래서 사람의 순환계 질병과 관련이 있는 새로운 유전자를 발견했습니다. 그리고 걸리게 되면 귀가 잘 안 들리는, 즉 난청이 되는 희귀 질환인 와덴부르그 증후군(Waardenburg syndrome)과 관련된 유전자를 식물에서 찾았으며, 예쁜꼬마선충(*Caenorhabditis elegans*)을 연구해서 유방암 관련 유전자를 발견하기도 했습니다. 이 논문[1]이 2010년에 《미국 국립 과학원 회보》에 실렸습니다. 혈관이 없는 효모에서, 귀가 없는 식물에서, 유방이 있을 리 만무한 기생충에서 각각의 질병과 관련이 된 유전자를 찾아내었다는 사실이 무척 흥미롭습니다. 어떻게 이것이 가능한 걸까요?

상동성

먼저 상동성(homology)이라는 개념을 이해해야 합니다. 지구 상의 모든 생명의 염기 서열을 비교한 자료를 바탕으로 만든 생명의 계통수(phylo-genetic tree)를 보면 인간은 외따로 떨어져 존재하는 것이 아니라 다른 생물들과 연결되어 있습니다. 몇백만 년 전의 공룡이건, 박쥐건, 새이건 유전자 염기 수준에서는 사람과 일대일로 대응이 됩니다.

아주 쉬운 예로 박쥐와 새, 사람의 팔뼈를 비교하면 상동성이 발견됩니다. 이는 인간의 모든 신체 부위에 적용이 됩니다. 사람의 팔은 물고기 지느러미에서 나왔고, 눈은 어디에서 나왔다는 식으로 모두 연결할 수 있지요. 이 사실을 어떻게 해석해야 할까요? 우리의 전지전능한 창조주께서 나름의 이유가 있으셔서 그리 하셨으리라 생각할 수도 있겠지만, 과학적으로 설명을 해 보면 먼 과거에 조상 격의 생물이 있었는데 그것이 오늘날의 생명체를 설명하는 모든 요소를 다 포함하고 있었다는 겁니다. 여기서 모든 요소라 함은 유전자겠지요. 지금은 죽어 없어져 화석으로만 남은 생물 혹은 어떤 상상의 생물 A가 옛날에 살았는데 거기에 유전자 *a*가 있었습니다. 이 종의 암수가 짝짓기(mating)를 해서 자손을 낳는 것은, 동시에 부모의 유전자가 섞여 재조합됨을 의미합니다. 그 과정에서 어떤 부분이 복제(duplication), 즉 2개가 중복되는 현상이 생깁니다. 복제 과정 중에는, 마치 1강의 실험에서 보았던 것처럼 유전자 서열이 무언가 잘못되어서 제대로 작동하지 않는 단백질이 만들어질 수 있습니다. 그러면 생명체는 죽어 버린다고 말씀드렸습니다. 이 세상에 태어나지도 못합니다. 그런데 어떤 경우에는 별 이상 없이 중복이 일어나기도 하고, 또는 다른 유전자 *a*1이 옛날 *a* 유전자가 하던 일을 하고 쌍둥이 *a*2는 *a*1하고는 약간 다른 일을 하는 식이 되기도 합니다. 중복을 통해서 같은 생명체에서 한 유전자가 다수의 비슷한 유전자로 바뀌는 거죠.

한 예로 침팬지와 사람을 생각해 봅시다. 이 둘은 600만년 전까지는 서로 짝짓기가 가능했습니다. 자손을 낳고 유전자가 섞여서 균일한 DNA를 유지할 수 있었죠. 그런데 어떤 사건이 일어납니다. 땅이 반으로 쭉 갈라져서 서로 만날 기회가 없어졌다거나 하는 사건 말입니다. 자기들끼리 알아서 살면서 이쪽은 이쪽대로 진화하고 또 저쪽은 나름대로 진화를 하겠죠. 그래서 한때는 똑같았던 생명체가 몇백만 년이라는 세월이 흐르면서 전혀 다르게, 하나는 B가 되고 하나는 C가 되었습니다. B가 침팬지고 C가 인간이라고 생각해 봅시다. 이것을 종 분화(speciation)라 합니다. '시간이 지나면서 각각 처한 환경에 적응하고 진화를 거듭하면서 이렇게, 또 저렇게 변했다.' 이것이 생물 종의 차이를 과학적이고 진화적으로 이해하는 방법입니다.

1960년대 이전 DNA가 무엇인지 명확하지 않았던 시절에는 상동성을 화석 같은 것에서 생김새를 보고 기능을 추정해서 연구했습니다. 생물학 책에서 보는 계통수도 화석이 '언제 발생했는지' 연대를 측정해서 만들었습니다. 그런데 우리가 지난 강의에서 보았듯이 이 모두를 결정하는 것은 우리 몸속 유전자입니다. 이것들을 형성하는 데 관여하는 유전자를 찾아서 상관관계를 조사하면 상동성을 유전자 수준에서 연구할 수 있는 것이지요.

유전자 서열 비교하기

상동성을 설명하는 단어에는 호몰로그(homolog) 외에도 오솔로그(ortholog)와 파랄로그(paralog)가 있습니다. 호몰로그는 진화적으로 연관된 모든 유전자를 뜻합니다. 예를 들어서 생물 B와 C가 있는데 이 B와 C는 사람하고 침팬지, 사람하고 개, 혹은 사람이랑 어떤 생물, 뭐든지 관계없습니다. 이들에게 유전자가 있습니다. 생물 B에는 유전자 *b*1과 *b*2, 생물 C에는 *c*1과 *c*2가 있는데 시간을 거꾸로 돌려 보면 조상 A에서 하나였던 유전자가 진화 과정에서 약간씩 달라진 거죠. 한 조상에서 나온 모든 유전자를 호몰로그라고 이야기합니다. 이게 호몰로그인지 아닌지 어떻게 알까요? 서열이 충분히 유사하다면 호몰로그라고 말할 수 있습니다. 호몰로그는 두 가지로 구분되는데 그 하나가 오솔로그입니다. 영어로 orth는 직각을 뜻하죠. 그래서 다른 생물에 있는 호몰로그를 오솔로그라고 합니다. *b*1의 오솔로그는 *c*1이고 *b*2의 오솔로그는 *c*2입니다. 특정 단백질이 생물마다 다른데 따져 보니 서열이 다 유사하다면 이것을 오솔로그라 합니다. 반면에 파랄로그는 평행(parallel), 즉 같은 생물에 있는 호몰로그를 말합니다. *b*1의 호몰로그는 *b*2, *c*1의 파랄로그는 *c*2가 됩니다.

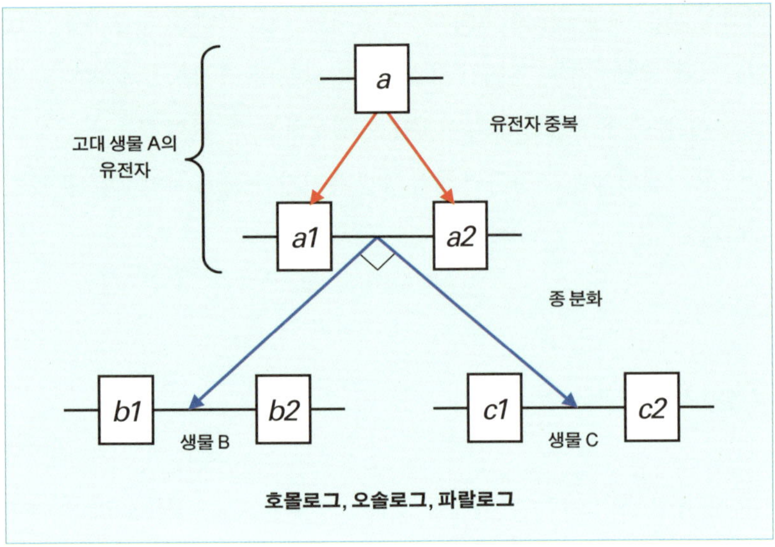

정리하면, 호몰로그는 조상이 같은 유전자입니다. 그것이 같은 종에 있으면 파랄로그이고, 다른 종에 있으면 오솔로그입니다. 이 호몰로그들은 조상이 같기 때문에 하는 일이 아주 비슷한 경우가 많습니다. 일단 유전자들이 호몰로그인지 아닌지를 판단하기 위해서는 염기 서열을 비교해 보면 됩니다. 두 유전자의 서열이 우연이라고 하기에는 너무 닮아 있다면 이 두 유전자는 호몰로그입니다. 또 하나의 방법은 그 생김새를 눈으로 보는 겁니다. 백문이 불여일견이죠. 유전자는 단백질을 만들어 냅니다. 중심 학설이 말하는 대로 DNA에서 RNA, RNA에서 단백질로 변하면서 다양한 형태의 3차원 구조를 가진 단백질을 만들어 냅니다. 그것들을 서로 겹쳐서 보면 호몰로그인지 아닌지를 알 수 있습니다.

오른쪽 페이지에 있는 그림은 세균, 초파리, 사람의 호몰로그를 나란히 놓고 보여 주고 있습니다. 놀랍게도 거의 같습니다. 이런 일이 우연히 일어날 리는 없죠. 동전을 무작위로 던졌더니 어떤 모양을 이루었는데 다시

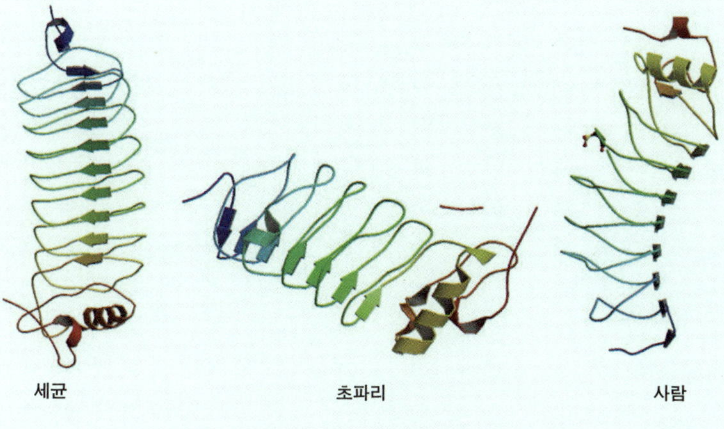

생김새가 유사한 호몰로그

그런 일이 일어날 가능성은 거의 없는 것과 마찬가지입니다. 옛날에는 하나의 유전자였기 때문에 그 생김새가 유사한 것입니다. 이 이야기를 설명할 방법은 이것 하나밖에 없습니다. 셋은 한 조상에서 나온 겁니다.

이제 서열의 유사성으로 호몰로그를 구별하는 방법을 살펴보겠습니다. 정확히 어떤 유전자인지는 모르겠지만 하나는 인간, 하나는 쥐에서 나온 유전자의 서열 한 쌍이 있습니다. 종이 다르니 만약 호몰로그라면 오솔로그에 해당하겠죠? 다음 페이지 그림의 첫 줄을 보면 서열의 앞부분이 CCATCCT로 둘 다 똑같습니다. 이렇게 사람과 쥐에서 완전히 똑같은 서열을 막대(|)로 표시합니다. 막대가 없는 부분은 서열이 다른 부분입니다. 돌연변이가 일어난 부분이죠. 예를 들어 T가 C로 바뀐 것처럼 말입니다. 붙임표(-)로 표시된 부분은 DNA 서열이 없어져 버린 것을 나타냅니다. 사람을 기준으로 보면 사람에게 있는 것이 쥐에서는 없어져 버린 거죠. 쥐 기준으로 보면 사람에게 하나가 더 끼어 들어 간 것이고요. 어쨌든

```
인간 C C A T C C T C A G A T C C G T C T T C A G A A C C A C C T
     | | | | | | | | | | |   | | | | | | | | | | |   | |   | | |
쥐   C C A T C C T C A G A C C C G T C T T C A G A G C C A C C T

인간 T C C C C T C G A T C C A C G G C T C C A T T T T C A T C C
     | |       | | |   | | |   | | | |   | | |   |   | |   | | |
쥐   T C - - - T C G G T C C C C G G C C C C A C T G T C T T C C

인간 A G A G G G G C G G C G A G G T C A G G A G A A C A C G T C
     | | | |   | |   |       | | | | | |   | |   | |   | |   | | |
쥐   A G A G T G G T G C T G A G G T C T G G G G A G C A G G T C

인간 C C C G G C T G C C T C C C G T C C A C A G A C A T G G T G
     | |   | | | | | | | |       |   | | | | | | |   | | | | | | |
쥐   C C A G G C T G C C T T G C A T C C A C A G C C A T G G T G

인간 G G C G A C T C C G C G C C G G C C C T C C G G T C C T T C
     | |   | | |       | |       |   |   | | | | |   | | | | | | |
쥐   G G T G A C A G G G C A T C A G T C C T C C T G T C C T T C
```

두 유전자 서열 간의 유사성 판단

길이가 상당히 긴 유전자 서열인데 대충 보아도 80퍼센트 이상 똑같습니다. 이게 우연히 일어날 가능성은 거의 없습니다. 이렇게 긴 유전자가 우연히 이 정도로 유사성을 가질 확률은 거의 0입니다. 그러니까 당연히 호몰로그인 거죠.

서열의 유사성을 통해 호몰로그인지 아닌지를 판단하는 것, 이것이 생물 정보학에서 언제나 가장 먼저, 가장 많이 하는 일입니다. 여러 생명체에서 얻어진 다양한 유전자의 서열을 보고서 그것들을 비교해서 서로 얼마나 유사한지, 유사하다면 어느 부분이 유사한지와 그것의 생물학적 의미를 연구하는 거죠. 두 서열이 얼마나 유사한지를 알려면 먼저 서열 각각의 위치를 짝지어 주어야 합니다. 이 과정을 서열 정렬(sequence alignment)이라고 합니다. 예를 들어 ATGCCTA(서열 1), ATTCCTA(서열 2), ATTCCA(서열 3), TAGCTGG(서열 4), 이렇게 4개의 서열이 있을 때, 서열1과 2의 서열 정렬은 아래와 같이 세 번째 자리를 제외하고는 위아래 서열이 동일합니다. 이처럼 수없이 많은 정렬 방법들 중 유사성이 최대가 되도록 두 서열을 정렬합니다. 그다음에야 두 유전자 서열이 얼마나 유사한지를 결정할 수가 있겠죠.

ATGCCTA
ATTCCTA

서열 1과 서열 3의 서열 정렬은 다음과 같습니다.

ATGCCTA
ATTCC-A

이것 또한 쉽게 알 수 있습니다. 서열 1과 서열 4의 서열 정렬은 앞의 두 예와 같이 명확하지는 않지만, 정답은 이렇습니다.

ATGCCTA

 TAGCTGG

유전자의 서열을 가지고 이렇게 저렇게 해 보시면 쉽게 확인할 수 있습니다. 정렬을 뜻하는 영어 단어인 alignment는 자동차 바퀴의 회전축을 맞추는 데에도 쓰입니다. 이처럼 최대한 서열을 맞춰서 얼마나 유사한지를 판단한 다음에 이로부터 오솔로그와 파랄로그를 구분합니다.

단백질 네트워크

이런 생명 정보의 유사성이 어떻게 네트워크로 이어지는지 알아보겠습니다. 네트워크에 대해 말씀하셨던 정하웅 교수님의 강의와 앞으로 제가 이야기할 내용이 관련성이 매우 높다는 것을 알 수 있도록 단백질-단백질 상호 작용 네트워크에 대한 이야기부터 하겠습니다.

정하웅 교수님 강의에서 단백질 네트워크(84쪽 참고)를 보셨을 겁니다. 여기서 점은 하나의 유전자죠. 중심 학설에 의하면 유전자가 결국은 단백질이 되는 것이니, 여기서의 점을 유전자라고 보셔도 됩니다. 정하웅 교수님이 2001년 미국에서 박사 후 연구원으로 계실 때 효모를 대상으로 이 단백질 네트워크를 연구하여 논문을 쓰셨습니다.[2] 현재 피인용 횟수가 1만 회에 이르는 굉장히 유명한 논문이지요.

다른 것과 상호 작용을 굉장히 많이 하는 점을 네트워크에서는 허브라고 하죠. 이런 점은 생명 정보에서 중요한 역할을 합니다. 허브가 망가지면 생명 정보의 흐름이 끊어져서 생명체가 죽어 버리고 말죠. 정하웅 교수님은 허브와 연결된 단백질의 개수를 x축에 놓고 허브가 사라졌을 때 생명체가 사멸할 확률을 봤더니만 연결선이 많으면 많을수록 그 중요성이 점점 높아지더라는 이야기를 처음으로 하신 분입니다. 이 논문이 나온 다음에 "생명 현상이 항공망 네트워크라서 그런 게 아니라, 효모의 단백질 중에서 중요한 단백질을 사람들이 많이 연구했고 그만큼 결과가 쌓여서 그렇다."라고 반박하는 사람들이 있었습니다. 《사이언스》의 한 논문에서는 실제로 다시 해 봤더니 다른 결과가 나오더라는 내용도 있었고요. 똑같은 작업을 다른 목적에서, 정하웅 교수님이 옳다는 걸 증명하기 위해서 저와 제 학생들도 했습니다. 결과는 정하웅 교수님의 승리로 나왔습니다.

여기서 두 가지 중요한 점이 있습니다. 우선 각각의 단백질은 네트워크의 어디에 위치하느냐에 따라 그 중요성이 달라집니다. 또 하나는 단백질 상호 작용 네트워크를 포함한 모든 생물학적 네트워크가 갖는 중요한 특성인데 모듈화되었다는 것입니다. 단백질은 어떤 일을 혼자 하는 게 아니라 여럿이 모여서 합니다. DNA 복제 역시 단백질 하나가 관여하는 것이 아니라 단백질 몇십 개가 한꺼번에 서로 정보를 교환하면서 합니다. 우리 몸이 하는 일이 이런 식입니다. 여러 단백질이 모여 한꺼번에 협동해서 일을 수행하고, 수행한 다음 그 결과를 바깥에 주면 그것을 또 여러 개의 정보, 즉 단백질이 모여서 어떤 일을 하고……. 어떨 때는 유전자 몇백 개가 한꺼번에 모듈(module) 하나를 만들고 어떨 때는 두세 개가 만듭니다. 기계는 모듈화가 되어 있어서 한쪽이 망가져도 다른 쪽에 영향이 가질 않죠? 우리 몸도 마찬가지로 특정한 일을 전담하는, 예를 들어 DNA 복제 모듈이 있고 RNA를 전사하는 모듈이 있는 식으로 모듈화되어 있습니다. 하나의 모듈 안에서 단백질들이 서로 정보를 주고받습니다. 어떤 일을 수행하기 위해서 정보를 받고 일이 끝나면 정보를 줍니다.

거듭해서 말씀드리지만, 생명체는 네트워크이고 생명 현상이란 정보가 네트워크의 연결을 따라서 흘러가는 것입니다. 이 네트워크는 무작위가 아니라 모듈화가 된 네트워크입니다. 모든 일이 여기에서 수행되며 각각이 모듈화가 되어 있어 맡은 일을 진행합니다. 예를 들어 손가락 끝 마디가 갑자기 잘못되더라도 생명에는 별로 지장이 없습니다. 어딘가 오류가 나서 유전자가 잘못되더라도 웬만하면 사는 데 지장이 없도록, 한 모듈이 망가지면 그것만 고치면 되게끔 그렇게 네트워크를 만듭니다. 단, 심장 같은 곳에 관여하는 모듈이 잘못되면 네트워크가 깡그리 무너지겠죠. 하지만 그와 같은 문제는 무작위로 일어나므로 생명을 만들려면 이런 식으로 해야 합니다.

유전자 서열 비교를 통한 진화 탐색

앞에서 유전자들이 진화한다고 말씀드렸는데 여기서도 중요한 점은 모듈화입니다. 모듈 내의 유전자들이 정보를 주고받으며 특정 역할을 수행하는 상황에서 이들 중 하나에 돌연변이가 생겨 다른 서열로 진화하면 그 모듈에 있는 다른 유전자 또한 거기에 맞춰 진화를 해야겠지요? 그러지 못하면 서로 정보를 교환하지 못해서 모듈이 제 일을 못하고 결국 생명체는 죽어 버리고 말 것입니다. 이게 모두 하나로 연결되기 때문에 결국 모듈을 살펴보기 위해서는 한 생물의 모듈 하나만 연구하는 것에서 끝나지 않고 또 다른 생명체의 모듈까지 연구해야 하는 거죠.

생명 현상, 즉 네트워크도 마찬가지입니다. 생물의 진화를 모듈화된 네트워크의 진화라고 생각해도 됩니다. 옛날에 한 네트워크가 있었는데 이것이 진화합니다. 그중에 죽어서 없어진 네트워크도 있고, 지금 살아 있는 네트워크도 있습니다. 사람의 모듈은 사람에 필요한 역할을 할 것이고 쥐의 모듈도 어떤 역할을 할 것입니다. 오랜 옛날에는 다 하나였기 때문에 비슷한 일을 했습니다. 공통된 기능이라고 표현해야겠죠. 그런데 희한하게 시간이 지나면서 과거에는 같은 기능을 했던 모듈이 오늘날에는 여기서는 이런 일을, 저기서는 다른 일을 할 수도 있습니다.

한 예로 애기장대풀(*Arabidopsis thaliana*)이란 이름의 한 네트워크가 가지고 있는 모듈들의 오솔로그를 보면 희한한 점이 있습니다. 사람의 지능을 떨어지게 하는 모듈은 애기장대풀에서 떡잎을 만들 때 문제를 일으키는 모듈에 해당합니다. 그다음에 사람의 난청은 식물의 순환계와 연결됩니다. 애기장대풀은 식물이라 피가 없으니까 사람 심장의 비정상적 발달에 관련된 모듈과는 전혀 관계없을 것 같잖아요? 하지만 이 모듈은 애기장대풀에서 적색광에 반응하는 일을 합니다. 이런 호몰로그를 잘 조사하면 심장병에 관련된 새로운 유전자를 발견해 낼 수 있습니다. 호몰로그로 구성된 모듈하고 생명체마다 고유한 모듈을 찾아서 그들 사이를 잘 연결하면 흥미로운 것들을 여러 가지 밝혀낼 수 있고, 질병에 관련된 유전자 역시 발견할 수 있습니다. 이것이 네트워크의 힘입니다.

인류 진화의 역사

2010년 5월《사이언스》에 논문[3]이 하나 실렸습니다. 논문에 참여한 사람이 정말 많았는데, 대부분은 샘플을 채취한 대학원생이고 중요한 역할을 한 사람은 하버드 대학교(Harvard University)와 매사추세츠 공과대학교(Massachusetts Institute of Technology, MIT)가 공동 설립한 브로드 연구소(Broad Institute)의 연구자 데이비드 라이히(David Reich)와 독일 막스플랑크 진화 인류학 연구소(Max Plank Institude for Evolutionary Anthropology)의 스반테 파보(Svante Pääbo) 박사였습니다.

다음 페이지를 보시면 오늘날 과학자들이 추정하고 있는 네안데르탈인의 모습이 나옵니다. 영화「반지의 제왕(The Lord of the Rings)」에 나오는 드워프와 굉장히 닮았죠? 네안데르탈인의 전형적인 특징이 키는 작고 코는 큰 것이라고 합니다. 과학자들이 네안데르탈인의 뼈 화석에서 유전자를 채취하여 사람과 비교해 봤습니다. 네덜란드와 가까운 독일 뒤셀도르프의 네안데르 계곡과 크로아티아의 빈디야라는 동굴에서 네안데르탈인의 뼈가 많이 발견되었습니다. 그리고 그 뼈들에서 DNA를 추출해서 서열을 분석했습니다. 진화의 역사를 추적하는 작업이지요.

사람과 네안데르탈인의 유전자군을 비교해 보았더니 이 둘은 50만 년쯤 전에 갈라져서 진화를 했습니다. 재미있는 사실은 특이하게도 네안데르탈인의 유전자가 사람에게 2퍼센트 정도 있다는 것입니다. 그게 또 유럽하고 아시아를 합친 유라시아 사람에게는 많은데 아프리카 사람에게는 없답니다. 이 사실이 의미하는 바는 무엇일까요?

인류의 조상이 아프리카에서 먼 옛날(6만 년 전)에 이주해 왔다는 것은 다 아실 겁니다. 아프리카에 남아 있던 사람들은 네안데르탈인과 접촉할

네안데르탈인의 상상도

기회가 없었기 때문에 그 유전자가 없고, 유라시아로 이주했던 사람들은 어디선가 네안데르탈인과 짝짓기를 해서 네안데르탈인의 유전자 일부가 인류의 유전자군 안으로 흘러 들어온 것이라 분석할 수 있습니다. 현생 인류(호모 사피엔스)가 어떤 과정을 거쳐 진화해 왔는지를 이런 식으로 대충 알 수 있습니다.

구체적으로 설명하자면, 인간과 네안데르탈인의 유전자 서열을 모두 분석한 다음에 서로 비교합니다. 앞에서 설명한 대로 서열 정렬을 한 후 유사한 것과 유사하지 않은 것을 찾습니다. 그렇게 DNA의 유사성을 바탕으로 계통수를 만듭니다. 가령 이런 유전자 서열이 있다고 합시다.

1. AGGCCATGAATTAAGAATAA

2. AGCCCATGGATAAAGAGTAA

3. AGGACATGAATTAAGAATAA

4. AAGCCAAGAATTACGAATAA

서로 얼마나 유사한지를 토대로 거리를 잽니다. 1번과 2번의 서열에서는 G/C(세 번째), A/G(아홉 번째), T/A(열두 번째), A/G(열일곱 번째)가 다르죠? 이걸 바탕으로 두 서열 사이의 거리를 계산할 수 있습니다. 모든 가능한 짝에 대해서 거리를 계산한 다음에 가까운 것들끼리 잔가지로 묶어서 죽 직선으로 연결하면 계통수가 나옵니다. 예를 들어 이런 식입니다. 다음 페이지에 나오는 표를 보시면 먼저 거리 계수가 0.26으로 가장 가까운 곰과 너구리를 하나로 묶습니다. 그다음으로는 거리가 0.365로 두 번째로 가까운 곰과 물개를 묶고, 마지막에는 족제비를 묶습니다. 처음에 가장 가까운 것들끼리 가지를 묶고 그다음으로 가까운 걸 묶습니다. 이렇게 계통수를 만들면 유사성이 낮은 종은 밑의 큰 가지에서 분화하고, 유사성이 높은 종은 세분화된 잔가지에서 갈리게 되겠죠. 우리 연구실 대학원생들이 저하고 맨날 하는 일입니다.

2010년 5월 《사이언스》에 논문을 발표한 사람들이 그해 《네이처》에도 재미난 논문[4]을 하나 냈습니다. 중앙아시아 근처 시베리아에 있는 데니소바 동굴에서 우리 인류, 그리고 네안데르탈인과도 다른 인류의 유골이 발견되었습니다. 데니소바인이라고 부르는 이 인류에게서 채취한 DNA를 포함해 모든 인종의 DNA 서열을 분석해서 계통수를 만들어 봤습니다. 고대 인류가 얼마나 유사하고 얼마나 다른지, 어디가 유사하고 어디가 다른지를 보려는 것이었죠.

표 1

거리	곰	너구리	족제비	물개
곰	-	0.26	0.34	0.29
너구리		-	0.42	0.44
족제비			-	0.44
물개				-

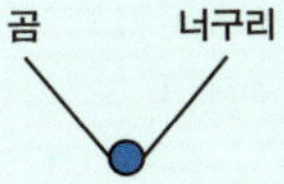

표 2

거리	(곰, 너구리)	족제비	물개
(곰, 너구리)	-	0.38	0.365
족제비		-	0.44
물개			-

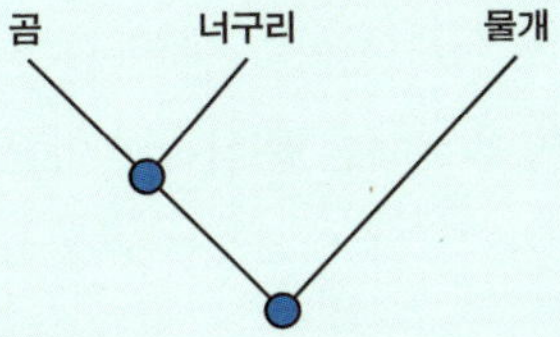

표 3

거리	(곰, 너구리, 물개)	족제비
(곰, 너구리, 물개)	-	0.4
족제비		-

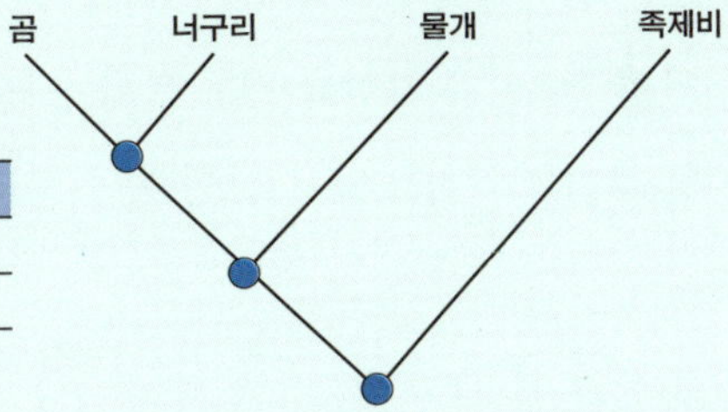

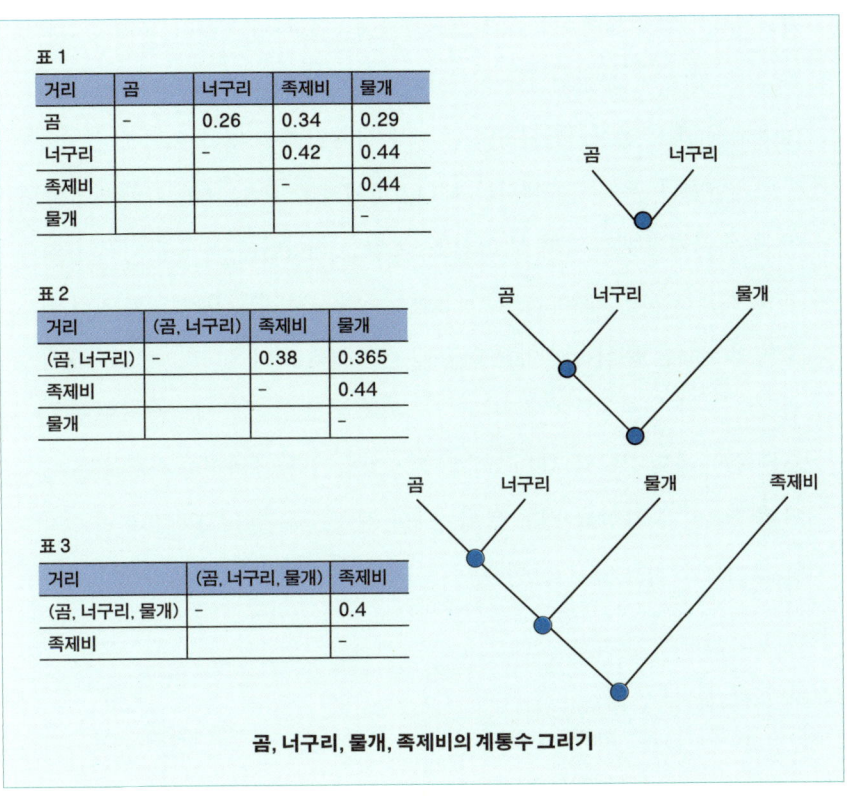

곰, 너구리, 물개, 족제비의 계통수 그리기

그랬더니만 재미있게도 데니소바인의 유골이 발견된 곳은 시베리아 근처인데 이들의 DNA가 파푸아뉴기니에 있는 멜라네시아계 사람에게서 많이 발견이 되었습니다. 아시아 본토에서도 발견되었고요. 데니소바 동굴에 살던 사람들이 멀리 이동했을 리는 없고, 이때도 현생 인류의 조상이 어느 시대엔가는 같은 영역에 살면서 이종 간 짝짓기를 했다가 일련의 집단이 멜라네시아 부근으로 이주했다는 설명이 가능합니다. 이 결과를 바탕으로 계통수를 그릴 수 있고, 인류의 이주 경로에 대한 가설을 만들 수 있습니다.

머나먼 옛날 아프리카에서 인류의 공통 조상이 태어났고, 그 고대 인류가 50만 년 전 유럽으로 이주해 서쪽으로는 네안데르탈인, 동쪽으로는 데니소바인으로 분화했다가 어느 순간 사멸했습니다. 우리 인류는 아프리카에서 계속 진화하다가 6만 년 전에 아프리카를 떠나 유럽에서는 네안데르탈인과, 유라시아에서는 데니소바인과 섞였습니다. 그리고 그 후 전 세계 여기저기로 퍼져 살고 있죠. 복잡한 데이터 분석에 많이 사용하는 PCA(Principle Component Analysis, 주성분 분석)라는 방법으로 여러 인종의 유전체를 분석하면 아래 그림과 같은 결과가 나옵니다. 이 그림에서 왼쪽으로 갈수록 침팬지에 가깝고, 오른쪽 위로 갈수록 네안데르탈인에, 오른쪽 아래로 갈수록 데니소바인에 가깝습니다. 유라시아 사람들은 네안데르탈인과 가깝습니다. 오세아니아 사람들은 데니소바인의 유전자를 많이 포함하고 있고요. 현생 인류가 아프리카를 벗어나 유라시아 대륙

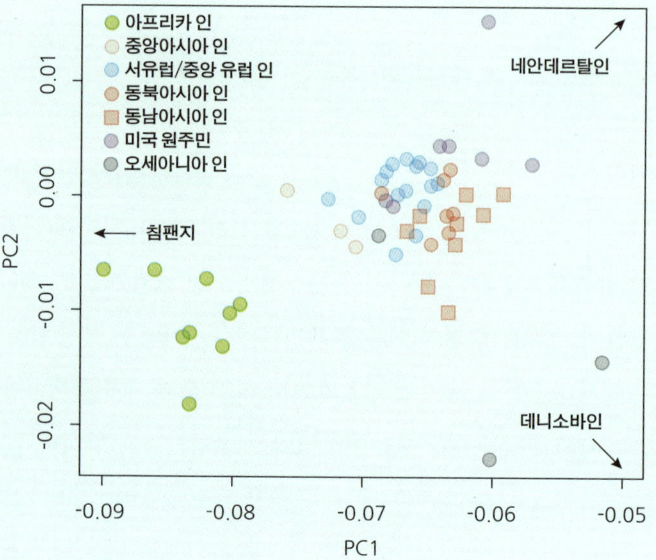

데니소바인을 기준으로 본 관계도

으로 이동하면서 네안데르탈인과 데니소바인의 DNA가 섞여 들어갔다는 것을 이 그림을 통해서도 알 수 있습니다. 유전자들의 서열 유사성을 가지고 이렇게 인류의 진화 역사까지 추적할 수 있습니다.

에일과 라거

이번에는 아주 '시원한' 연구를 하나 보여 드리겠습니다. 옛날에는 맥주가 OB하고 크라운밖에 없었는데 요새는 시중에 참 많은 종류가 나와 있습니다. 맥주는 발효할 때 사용하는 효모에 따라 크게 두 종류로 구분합니다. 바로 에일(ale)과 라거(lager)입니다. 에일은 메소포타미아 시대부터 먹던 전통적인 맥주로 영국에서 많이 먹습니다. 뜨뜻미지근하게 먹곤 합니다. 맥주 하면 어디가 떠오르시나요? 보통 독일을 생각하지요. 라거를 만든 게 바로 독일입니다.

둘 사이의 차이를 보면 에일은 맛부터가 탁합니다. 뭔가 발효가 약간 덜 된 듯한 느낌이 있습니다. 금방 만들 수 있지만 오래가지 못합니다. 그에 비해 라거는 맛이 상큼합니다. 발효가 굉장히 오래 지속되어서 당분이 거의 사라지고 없기에 상큼하고 굉장히 담백한 맛이 납니다. 그중에서도 여러분이 아시는 슈퍼 드라이 맥주는 정말로 단맛이 거의 없을 정도인데요, 이건 일본에서 만든 겁니다. 일본 사람들이 이 맥주를 위해서 발효 능력이 뛰어난 효모를 새로 개발했습니다. 효모가 하는 일이 보리의 당분을 섭취해서 알코올로 만드는 것이잖아요? 맥주가 맛있으려면 완전히 발효시키면 안 됩니다. 완전히 발효시키면 당분이 다 없어지니까요. 그런데 산뜻한 맛에 끌려서 그런 맥주를 좋아하는 사람도 있습니다.

2011년 7월《미국 국립 과학원 회보》에 에일하고 라거를 만들 때 들어가는 효모를 분석한 논문[5]이 실렸습니다. 분석해 봤더니 에일은 전통적으로 빵을 만드는 데 썼던 세레비지에(*Saccharomyces Cerevisiae*) 효모를 쓰는 반면 라거는 아주 듣도 보도 못한 희한한 효모를 쓰고 있었습니다. 에일을 만드는 효모는 높은 온도에서도 잘 살아남아서 맥주를 금방 만들 수 있지만, 대신 온도가 낮아지면 다 죽어 버립니다. 그런데 높은 온도에서는 맥주가 잘 상하죠. 16세기 남부 독일의 바이에른 주에는 희한한 법이 하나 있었습니다. 그 지역 선제후(選帝侯)가 '여름에는 맥주가 잘 상하니 만들지 마라. 9월부터 이듬해 4월 사이에만 만들어라.'라는 내용의 법을 만들었습니다. 겨울에 에일을 만들면 온도가 낮으니 잘 안 만들어지겠죠? 추운 날씨 속에서 이것도 해 보고 저것도 해 보고 하다가 19세기에 갑자기 낮은 온도에서도 맥주를 잘 만드는 효모가 발견되어 라거 맥주를 만들 수 있게 된 겁니다.

이 둘의 DNA 서열을 분석해서 알아낸 뒷이야기는 이렇습니다. 에일의 효모는 맥주통의 윗부분에서 상면 발효를 하고 따뜻한 곳에서 자랍니다. 예전에는 이 효모 외에 다른 대안은 없었다고 해요. 하지만 독일의 한 장

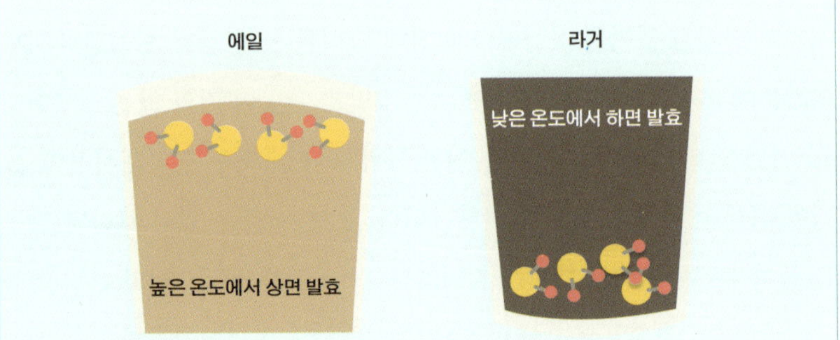

에일과 라거의 차이

인이 에일을 만드는 효모와 남아메리카 파타고니아의 너도밤나무에서 자라는 유바야누스(*Saccharomyces eubayanus*) 효모를 교배해서 잡종(*Saccharomyces pastorianus*)을 만들었습니다. 그랬더니 이 잡종 효모는 추위에도 잘 견디고 아래로 가라앉아서 하면 발효를 하더라는 것이지요. 선제후가 맥주를 못 만들게 하지 않았더라면 어쩌면 우리는 라거 맥주를 영영 맛보지 못했을지도 모르겠습니다.

이렇듯 생명체가 가지고 있는 생명 정보를 분석함으로써 여러 가지 흥미롭고 명쾌한 연구 결과를 얻을 수 있습니다. 이제는 생명 정보를 분석하는 데 그치지 않고 새로운 생명체를 만들려는 시도까지 하고 있습니다. 바로 합성 생물학자들이 하려는 일입니다.

합성 생물학

2010년 미국 시사 잡지 《뉴스위크(*Newsweek*)》에 「신에게 도전하다(Playing God)」라는 제목의 기사가 하나 실렸습니다. 미국의 한 연구소에서 유전자를 합성하여 인공 생명체를 탄생시켰다는 내용을 담은 기사였는데요, 당시 생명 창조 논란이 일며 전 세계의 이목을 집중시켰습니다. 이 기사의 주인공은 인간 유전체 계획과도 깊은 연관이 있는 크레이그 벤터(Craig Venter)라는 합성 생물학자였습니다.

벤터가 한 일은 과정으로만 보면 그리 어렵지 않습니다. 먼저 세균에서 DNA를 다 끄집어냅니다. DNA를 완전히 새로 만드는 게 아니라 기존에 있는 DNA를 끄집어냈다는 사실을 기억해야 합니다. 그다음에 아주 조그마한 DNA 조각을 많이 만듭니다. 크기가 100개, 1,000개짜리 조각을 만들어서 그다음에 이것들을 서로 꿰맵니다. 긴 사슬이 되도록 꿰매서 원래 있던 자리에다 집어넣었습니다.

기존에 농·축산업에서 많이 사용하던 육종 개량은 여러 개체 혹은 종 중에서 좋은 형질을 지닌 것을 선발하여 다른 개체나 종과 교배를 시킴으로써 원하는 결과를 얻는 것이었습니다. 벤터가 한 일은 육종 개량과는 다릅니다. 또한 이 사람은 영화나 소설에 종종 등장하는, 실험실에서 이것저것 해 보다가 프랑켄슈타인 같은 희한한 생명체를 만들어 내는 미친 과학자도 아닙니다. 벤터는 알려져 있는 DNA 유전자 정보를 바탕으로 지능적으로 설계를 한 다음 새로운 생명체를 생산해 내었습니다. 그리고 놀랍게도 이 인공 생명체가 진짜 생명체처럼 살아 움직였습니다. 둘의 차이를 발견할 수 없을 정도로 말입니다. 합성 생물학의 쾌거였습니다.

전통적인 유전 공학의 방식은 DNA를 잘라서 일단 집어넣어 보는 것입니다. '추운 곳에서 잘 사는 식물의 내한성(耐寒性) 유전자를 뽑아다가 과일에다 심어 주면 얘네도 잘 견디겠지.'라는 식입니다. 여기에는 문제가 많습니다. 무엇보다도 너무 비효율적입니다. 이런 식으로 하면 도저히 뾰족한 수가 없으니 여기에 공학 원리를 적용해 보자는 생각을 했습니다. 우리가 반도체나 자동차, 휴대 전화 만들 때 부품을 다 만들어 놓고 조합해서 조립하잖아요. 합성 생물학은 그런 공학 원리를 생물학에 집어넣은 것입니다. 규격화된 부품을 만드는 거예요. 생명체가 모듈로 되어 있다고 앞에서 말씀드렸는데 예를 들어 이건 특정 형질이 발현하는 데 필요한 조각, 이건 유전자를 옮기는 데 필요한 조각, 이런 식으로 규격화된 조각을 직접 만듭니다. 조각을 규격대로 만들어 합치면 조각하고는 전혀 딴판인 무언가를 만들 수 있죠. 기존의 유전 공학에 공학 제조 원리를 접목한 겁니다.

핵심은 **"모든 것을 부품화하자."**입니다. 전자 부품을 보면 저항이 얼마, 입력/출력이 얼마, 다 정해져 있잖아요? 생명체도 그렇게 모든 부분을 부품화하자는 것이 바로 합성 생물학의 핵심 아이디어입니다. 인터넷으로 모든 부품을 딱딱 주문해서 결제창에 옮기면 DNA 서열 분석하는 사람들이 가격을 정해 줍니다. '이 유전자의 가격은 25달러입니다.' 생각보다는 비싼 듯하죠? 물, 탄소, 암모니아, 석회, 인 등등 우리 몸을 이루는 재료들을 원가로 계산하면 몇 달러 되지 않을 겁니다. 하지만 중요한 것은 물질이 아니라 그 물질 속에 담겨 있는 정보입니다. 생명 정보를 구매하는 것이니 실은 비싸지 않은 가격인 거죠. 그다음에는 구입한 부품을 다 끼워 넣어서 자기가 원하는 기능을 지닌 완성품을 만들 수 있습니다. 물론 이때 완성품이라 함은 새로운 생명체를 말하겠죠. 여러분도 이 과정을 다 할 수 있습니다. 우리가 원하는 유전자가 있으면 그걸 부품화해서 다른 유전자에 심는 겁니다.

새로운 생명체 설계하기

정리를 해 보겠습니다. 정보 기술 산업에서 반도체 같은 복잡한 기계를 만들려면 어떻게 합니까? 먼저 조각을, 각각의 부품을 만들고 그것들을 조합해서 장치를 만들고 장치를 조립해서 하나의 시스템을 만들죠. 합성 생물학에서는 똑같은 아이디어를 이용하여 DNA 원재료로 DNA에서 각각의 일을 하는 조각을 만들고 그 부품을 조합해서 특정한 일을 하는 모듈을 만듭니다. 모듈, 그러니까 그 장치를 아까처럼 잘 조립해서 시스템, 즉 오염을 제거하기도 하고 신약을 만들어 내는 등 우리가 필요로 하는 기능을 수행하는 새로운 생명체를 만들려 합니다. 이게 합성 생물학입니다. 아직 갈 길은 멉니다만 성공 사례들이 속속 나오고 있습니다.

DNA 2.0이란 회사가 있습니다. 2000년대 초반에 이름에다 2.0을 붙이는 게 유행이던 시절이 있었어요. 우리 학생들도 이 회사를 이용하는데 DNA를 설계해서 보내면 견본을 만들어 줍니다. 그러면 이것을 대장균이나 효모에 심어서 원하는 결과를 냅니다. 우리나라에도 같은 일을 하는 바이오니아(Bioneer)란 회사가 있습니다. 보통 1주에서 2주 안에 만들어 줍니다. 여기서 제 자랑을 좀 해 보겠습니다. 저하고 제 학생들이 2010년 국내외 여러 연구자들과 공동 연구로 《네이처 생명 공학(*Nature Biotechnology*)》에 논문[6]을 냈습니다. 효모에 여러 종류가 있는데 그중에 분열 효모(fission yeast)라고 있습니다. (싹이 떨어져 나가는) 출아법이 아니라 (몸이 쪼개지는) 분열법으로 증식하는 효모인데 여기에 해당하는 특별한 유전자를 설계해서 심어 놓는 일들을 했습니다. 우리나라 회사에서 합성해서 만들어 준 것이거든요. 이런 유전자 합성이 이제 대학생에게도 가능한 일이 되었습니다. 사실 아이디어만 좋으면 이제 여러분도 할 수 있습니다.

iGEM(international Genetically Engineered Machine)이라고 대학생들이 매년 여는 국제 합성 생물학 경연 대회가 있습니다. 새로운 아이디어가 있으면 그걸 아까 말한 회사들에 주문해서 생명체를 창조합니다. 매년 얼마나 아이디어가 좋은지를 두고 경쟁하고 있습니다. 2003년 매사추세츠 공과 대학교에서 처음 시작되었는데 물론 현재 수준은 아직 기대에는 못 미치지만, 출품작 중에 재미있는 게 엄청나게 많습니다. 전부 학부생이 한 거예요.

한 예로 2005년《네이처》에 실린 논문[7]에서 나온 아이디어인데 빛을 감지해서 따라가는 세균입니다. 빛을 감지하는 모듈을 설계해서 대장균에 집어넣습니다. 실크 스크린을 놓고 빛을 쬐면 빛이 비치는 영역과 안 비치는 영역이 갈리겠죠? 빛이 있는 곳에만 대장균이 모여서 살게 됩니다. 그러면 대장균으로 그림을 그릴 수 있죠. KAIST에서 2011년 출품한 아이디어는 이렇습니다. 피카소가 아니라 e카소라고 이름을 붙였는데, 목표는 한 가지 빛에만 가는 게 아니라 적녹청(RGB)에 따라서 이동하며 자기도 색깔을 내는 세균들을 만들어서 천연색 그림을 그리는 것이었습니다. 아쉽게도 상은 받지 못했습니다만, 이런 일이 일반 생물학하고 생화학만 갓 배운 학부생에게도 가능한 일이 될 정도로 합성 생물학은 발전해 있습니다.

생명 정보로 문제를 해결하라!

사실 사람들이 합성 생물학으로 가장 하려는 일은 에너지 문제 해결입니다. 녹말 작물이나 나무에 있는 포도당, 혹은 크실로오스(xylose)를 분해해서 알코올로 바꾸는 일을 아주 효과적으로 하는 생명체를 만듦으로써 보다 많은 양의 바이오 에너지를 얻고자 하는 것이지요. 지금도 식물을 발효시켜 나오는 알코올을 연료로 쓰고 있긴 합니다. 하지만 자연 상태의 효모는 효율이 상당히 떨어집니다. 효모가 우리에게 알코올을 만들어 주려고 진화한 것은 아니지요. 효모 자신이 먹고살려고 하는 과정에서 나오는 부산물을 이용해서 우리는 맥주와 포도주, 빵, 게다가 이제는 연료까지 만들고 있는 셈입니다. 따라서 충분한 양의 바이오 에너지를 얻기에는 무리가 있기에 많은 합성 생물학자들이 보다 높은 효율성을 지닌 슈퍼 효모를 만들려고 연구에 박차를 가하고 있습니다.

또 한 예로 캘리포니아 대학교 버클리 캠퍼스(University of California, Berkeley)의 제이 키슬링(Jay Keasling)이라는 교수는 말라리아 치료제를 대량으로 생산하는 효모를 만들었습니다.[8] 해마다 전 세계적으로 100만 명 이상이 사망하는 무서운 질병인 말라리아는 열대열원충(*Plasmodium falciparum*)이 혈액 속의 적혈구와 백혈구에 들어와서 문제를 일으키는 것입니다. 이 열대열원충을 죽이는 약인 아테미시닌(artemisinin)은 쑥(*Artemisia annua L.*)을 재배해서 거기에서 채취합니다. 당연히 효율이 낮겠지요. 키슬링은 여러 유전자와 복잡한 요소가 관여하는 전 과정을 합성해 효모에 넣어서 '아테미시닌을 대량으로 생산하는' 효모를 만들었습니다. 세계에서 손꼽히는 부자인 빌 게이츠 부부의 '빌 앤드 멀린다 게이츠 재단(Bill & Melinda Gates Foundation)'에서 이 연구를 지원했다고 해요. 합성 생물학이 과학계를 넘어 인류 전체의 관심사임을 알 수 있게 하는 사례인 것 같습니다.

생명 정보로 변하는 미래

2강의 내용을 정리하겠습니다. 결론은 1강과 같습니다. **생명의 본질은 정보이고, 정보는 DNA에 담겨 있습니다.** 2강에서는 '그렇다면 생명 정보를 어떻게 해석할 것인가?' 하는 질문으로 시작했습니다. 진화적으로 서로 연결되어 있는 호몰로그를 찾아내는 방법인 단백질 네트워크에 대해 이야기했고, 네트워크는 모듈화되어 있어서 모듈 단위로 진화한다는 것, 이 사실을 이용하면 인간의 질병 치료를 위한 많은 정보를 의외의 생명체에서 발견해 낼 수 있다는 연구 사례를 공부해 봤습니다. 그다음에 고대 인류 화석에서 DNA를 추출하고 분석하여 우리가 알고 싶어 하는 인류의 진화와 이동 경로에 관한 질문들에 답할 수 있다는 것도 배웠고요. 거기서 더 나아가 DNA를 기계로 생각해서 새로운 생명체를 만들어 내려고 하는 합성 생물학을 알아보았습니다. 이런 추세라면 어쩌면 100년, 더 빠르면 몇십 년 안에 평범한 사람들도 자기가 원하는 대로 특정한 일을 전담하는 생명체를 주문해서 쉽게 만들 수 있는 날이 올지도 모르겠습니다. 정말 그런 세상이 온다면, 새로운 생명체를 아무나 창조할 수 있는 세상이 온다면, 윤리적인 부분은 어떻게 해야 할까요? 어려운 문제인 것은 확실합니다. 다음 강의에서 이 이야기를 마지막에 해 보도록 하겠습니다. 감사합니다.

3강

나의 유전체, 나의 삶

지금까지 두 번의 강의를 통해 저는 생명의 본질이 바로 정보임을 여러 번 이야기했습니다. 이 사실을 바탕으로 3강에서는 여러분이 가장 재미있어 할 이야기를 해 보겠습니다. 바로 여러분 자신에 관한 이야기입니다.

나의 유전체, 나의 삶

3강의 제목은 2009년 1월 7일자《뉴욕 타임스》기사[1] 제목에서 따왔습니다. 제가 미국에서 공부할 때 한 가지 즐거움이 주말마다 길거리에서《뉴욕 타임스》를 사서 보는 것이었습니다. 이제는 한국에서도 인터넷으로 볼 수 있습니다. 이 기사는 미국의 저명한 심리학자 스티븐 핑커(Steven Pinker)가 2008년도에 '23 앤드 미(23 and me)'라는 회사에서 자신의 유전자를 검사받으면서 겪었던 일을 소개하고 있습니다. 원체 글을 잘 쓰시는 분인지라 기사를 정말 재미있게 읽었습니다. 직접 쓰신 책들도 국내에 많이 번역되어 있으니 시간 나실 때 읽어 보시길 바랍니다.

핑커는 유전자 검사를 받기로 마음을 먹고는 유전자가 자신에 대해서 무엇을 말해 줄지 기대를 굉장히 많이 했다고 합니다. 그런데 가장 놀라운 결과라는 게 겨우 '알츠하이머에 걸릴 확률이 보통 사람은 22퍼센트인데 당신은 28퍼센트다.' 정도였답니다. 그리고 '당신의 눈동자 색깔은 파란색일 확률이 굉장히 높다.' 이렇게 나왔고요. 정작 자신은 까만 눈인데 말이지요. 당시 이게 하나의 트렌드, 큰 화두였습니다. 이 회사는 유전체 서열을 검사해서 우리 자신이 무엇인지를 이야기해 준다는 서비스로 2008년《타임스(*Times*)》선정 올해의 발명품 50선에 1위로 뽑혔습니다.

'23 앤드 미'는 전 세계에서 스물네 번째 부자이자 구글 창업주인 세르게이 브린(Sergey Brin)의 부인, 앤 보이치키(Anne Wojcicki)가 세운 회사입니다. 우리말로는 **23 그리고 나**. 여기서 23이 무얼 의미하는지는 아시겠지요? 바로 우리 몸에 있는 염색체 쌍의 수입니다. 이 회사에서는 고객에게 작은 통으로 된 검사 키트를 나눠 줍니다. 거기다 침을 뱉어서 돌려주면 이 사람들이 DNA 서열을 검사해서 앞으로 어떤 병에 걸릴지 확률을 알려 주는 서비스를 합니다. 이 회사는 2007년에 창업했는데 이듬해부터 유명해지기 시작했습니다. 지금도 우리 유전체, DNA, RNA에 어떤 정보가 있는지 명확하지 않은데 당시에는 더 몰랐겠죠. 하지만 DNA는 변하지 않잖아요? 우리에게 당신의 DNA 정보를 알려 주면 100년 동안 새로운 연구로 서열이 의미하는 바가 밝혀질 때마다 계속 제공하겠다는 조건으로 상품을 판매했습니다. 그때는 가격이 999달러였는데 지금은 299달러로 내려갔더라고요. 물론 그렇게 깎아 주는 데는 다 이유가 있죠. 선택 항목이 따라옵니다.

요즘엔 이 사람들이 유전체 검사 상품을 소셜 네트워크 서비스하고 연결하기 시작했습니다. 특정한 DNA를 가진 사람들이 페이스북 같은 곳에 자신의 근황을 적으면, 예를 들어 '어제 삼겹살을 먹었는데 오늘 설사를 했다.' 이런 걸 적어 놓으면 그 사람의 일상을 DNA와 연결해서 '당신은 지방 분해 능력이 취약한 유전자를 가지고 있으니 육류를 주의하라.' 라고 말해 주는 식입니다. 이런 것까지 통틀어서 건강뿐만 아니라 우리 삶 전부에 관한 데이터를 유전체와 연결해서 서비스하겠다는 게 이 사람들의 목표입니다. 미국에는 이와 유사한 회사가 놈(Knome) 사나 컴플리트 지노믹스(Complete Genomics) 사 등등 다양하게 있습니다. 구글에서도 한다니까 우리나라도 안 할 수 없겠죠? 그래서 어디서 연구를 하냐면 KT에서 합니다. KT에서 하면 당연히 SKT도 하겠죠. 그다음에 삼성 SDS라는 회사에서 이런 걸 하고, 삼성에서 하면 당연히 LG도 하죠. 이런 기업들이 우리나라에도 많습니다. 제가 지금까지 박사 학위자를 5명 배출했는데 이 중 2명이 SKT에 취직해서 관련된 일을 하고 있습니다.

유전 정보를 검사해서 자신의 건강 상태를 알아내는 이런 모습은 어느새 우리에게 낯설지 않은 풍경이 되었습니다. '당신은 당뇨병에 걸릴 확률이 얼마고 또는 특정한 암에 걸릴 확률이 얼마입니다.' '무엇무엇을 조심해야 하고 치매에 걸릴 확률은 이렇습니다.' 심지어는 '당신의 지능이 어떻고 자손 중에 지능이 얼마인 사람이 나올 것입니다. 각자의 유전자에 따라서 개인별 맞춤 약을 먹어야 합니다.'라는 것까지 이야기하는데 과연 어느 정도 의미가 있을까요? 최근 2~3년 동안의 연구 결과를 토대로 이런 얘기들의 허와 실을 밝혀 보도록 하겠습니다. 그 중간에 공부하는 일도 잊으면 안 되겠죠? 사람의 신원을 알고자 DNA 감식을 하지요. 그 원리를 말씀드리고 대표적인 기술인 PCR(Polymerase Chain Reaction,

중합 효소 연쇄 반응)도 공부할 겁니다. 먼저 우리가 배울 대상부터 확실히 알아봅시다.

정크 DNA와 유전자

인간과 침팬지의 유전자 서열은 몇 퍼센트나 다를까요? 대략 2퍼센트, 단지 2퍼센트입니다. 반면에 사람 둘 사이의 유전자 서열은 0.1퍼센트 정도 다르다고 알려져 있습니다. 염기 개수로 보면 몇백만 개 남짓입니다. 굉장히 작은 값입니다. 이것이 의미하는 바는 사람 사이에 차이가 없다는 겁니다. 그런데 이게 옛날 결과예요. 전체 유전자 서열을 검사할 수단이 없던 시절에 일부만 검사해서 나온 게 0.1퍼센트입니다. 유전자는, 우리의 생명 정보는 굉장히 중요하잖아요? 변형이 생기면 살아가는 데 무언가 잘못될 가능성이 굉장히 높으므로, 사람을 결정하는 유전자 지역은 1퍼센트도 안 되는데 대부분 다 잘 보존되어 있습니다. 하지만 최근 전체 유전체를 분석해 보니 사람 둘 사이의 유전자 서열 차이가 0.1퍼센트가 아니라 1퍼센트 이상이며 최대 3퍼센트까지라는 사실이 밝혀졌습니다. 그 이야기는 전체 서열을 검사하게 되면 사람과 침팬지의 차이가 더 벌어진다는 뜻이 됩니다. 여기서 우리는 전체 DNA에서 중요한 지역, 그러니까 사람들끼리 굉장히 비슷한 지역을 제외한 나머지가 궁금해집니다. 사람들 간에 차이가 열 배 정도 더 날 수도 있지만 영향력은 별로 없는 이 지역들에 대해서는 이제야 자료들이 차곡차곡 쌓여 가고 있습니다.

중심 학설에서 유전자, 흔히 말하는 DNA가 RNA가 되고 RNA가 단백질이 되는 지역, 우리에게 중요한 그 지역은 DNA 지도 전체에서 섬처럼 튀어나와 있습니다. 나머지는 왜 있는지 사람들이 잘 모릅니다. 이 나머지를 정크(junk), 쓰레기 DNA라고 합니다. 요새는 이 정크 DNA도 굉장히 중요하다고 많이 이야기합니다. 이것이 무슨 의미를 갖는지 사람들이 이제 파악하기 시작했고, 지금은 정크 DNA에 주로 유전자가 어떤 시점에 발현되는지를 조절하는 인자가 있다고 생각을 합니다. 하지만 중요한 것은 모든 서열을 다 밝히지 않아도 우리를 결정하는 섬 같은 지역의 DNA 서열이 있으면 개인에 관한 많은 판단이 가능하다는 사실입니다.

혹시 1997년에 나온 「가타카(GATTACA)」라는 SF 영화를 보셨는지요? DNA 서열의 차이가 신분을 결정하는 미래 사회를 그린 영화입니다. 영화의 제목인 'GATTACA'는 그냥 임의의 염기 서열을 나열한 것일 뿐 별 의미는 없습니다. 이 영화를 보면 지금으로부터 10여 년 전에 사람들이 뭘 예상했는지 알 수 있습니다. 유전자 서열을 알고 있으면 뭘 할 수 있고 어떤 위험이 있으며 어떤 도덕적인 딜레마가 있는지 등등 인간 유전체 해독과 유전자 조작을 둘러싼 개인적, 사회적 문제들이 등장하고 있습니다. 그런데 10여 년이 지난 지금도 본질적인 사실은 변한 게 없습니다. 여전히 해결해야 할 문제입니다.

어쨌든 SF 영화에서 묘사하는 정도만큼은 아니더라도 개인마다 특이적인 유전자 서열이 존재하므로 이 속에 우리에 관한 정보가 모두 담겨 있다고 생각할 수 있습니다. 너와 나의 차이를 만드는 0.1퍼센트가 곧 개인마다 고유한 DNA 서열인 것입니다. 이처럼 서열 간의 차이를 밝힘으로써 개인별 유전자 서열과 그 사람에 관한 모든 사실을 연결하는 작업이 바로 개인 유전체학입니다. 개인 유전체학을 살펴보기에 앞서, 먼저 DNA를 검사해서 누군지를 알아내는 유전자 감식의 원리를 잠시 말씀드리겠습니다.

유전자 감식

사람의 DNA 서열에는 개인마다 유전자가 굉장히 많이 변하는 지역이 1,000여 곳 있습니다. 이를 초가변 영역(hypervariable region)이라고 합니다. 그중에서도 짧은 직렬 반복 부위(Short Tandem Repeat, STR)라는 지역이 대표적입니다. 이곳은 DNA 분석에서 제일 유용하게 쓰입니다.

…TTAGCAAGCC TAGC TAGC TAGC TAGC TAGC TAGC TAGC TAGC AGGAATCTAAG…

위 서열을 보면 TAGC가 여덟 번 반복해서 나오고 있습니다. 그런데 개인에 따라서 이게 여섯 번이기도 하고 네 번, 다섯 번이 되기도 합니다. 이 서열 주위는 모두 같은데 TAGC만 반복 횟수가 개인마다 다른 거예요. 어떤 사람은 다섯 번이고 또 어떤 사람은 열 번이니 TAGC가 몇 개 들어 있는지 알면 이 사람이 누구인지 알 수 있습니다.

이런 걸 실제로 어떻게 알아낼까요? 중합 효소 연쇄 반응, 보통 PCR이라고 하는 방법을 써서 알아냅니다. 몇 개가 반복되어 있는지 알려면 우선 목표로 하는 서열을 잘라서 분석해야 합니다. 문제는 이런 특정한 지역은 딱 하나밖에 없으니 서열을 검사하려면 우리가 직접 충분한 양을 만들어 내야만 한다는 것입니다. 그때 쓰는 대표적인 기술이 PCR입니다. 병원에서 질병의 감염 유무를 확인하기 위해 바이러스나 세균의 특정한 DNA 서열이 있는지를 검사하는데요, 이때 쓰는 기계가 이 PCR의 원리를 이용한 것입니다.

다음 페이지 그림 제일 왼쪽을 보시면 우리가 대량으로 복제하고 싶은

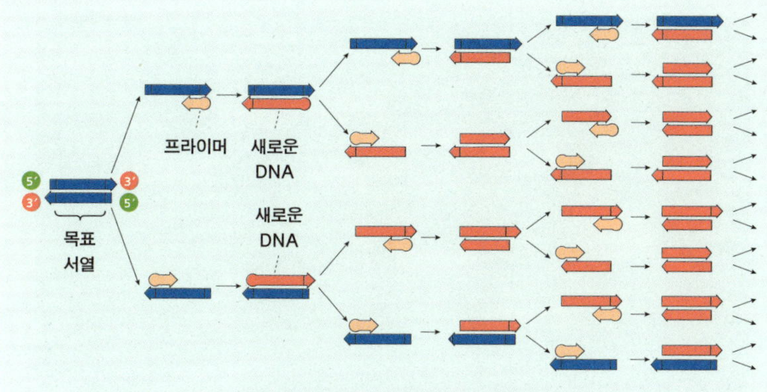

PCR로 유전자 서열을 복제하는 과정

유전자는 두 DNA 가닥이 상보적으로 결합해 있습니다. 이 유전자의 머리와 꼬리 부분의 서열은 당연히 알고 있습니다. 열을 가해 두 DNA 가닥을 분리한 후, 두 지역에 상보적으로 맞는 짧은 DNA 조각을 만들어 넣어 주면 바로 그 지역에만 달라붙게 되겠죠? 이런 걸 프라이머(primer)라 부릅니다. 프라이머는 분리된 두 가닥 중 하나에서는 머리 부분에 붙고 나머지에서는 그 반대쪽인 꼬리 부분에 붙습니다. 프라이머가 붙은 다음에는 DNA 중합 효소(DNA polymerase)를 이용하여 원래 가닥에 상보적인 염기를 계속 복제합니다. 복제를 한 결과는 다시 이중 나선입니다. 이걸 다시 온도를 높여서 두 가닥으로 풀어 냅니다. 그다음에 또다시 프라이머를 넣어 주면 왼쪽에서 네 번째 그림처럼 됩니다. 서열 한 쌍이 2개, 2개가 4개, 4개가 8개 이런 식으로 기하급수적으로 늘어나는 겁니다. 소량의 유전 물질을 많은 양으로 증폭시키는 이 방법을 통해 감염성 질환이나 유전 질환 등을 진단할 수 있으며 유전자 감식에도 쓰이고 있습니다.

PCR을 이용해서 분석할 수 있을 만큼 DNA 조각을 만든 다음, 이 조

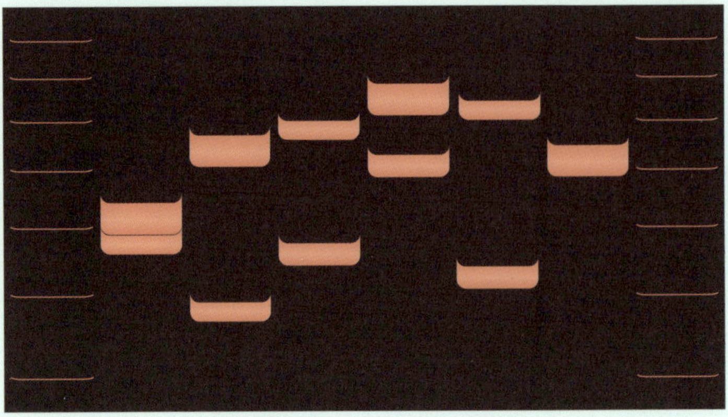

사람마다 다른 STR의 크기와 분포

각의 크기가 얼마나 되는지를 잽니다. 위 사진을 보시면 첫 번째 사람의 염색대(染色帶, band) 길이와 크기가 두 번째 사람과 얼마나 다른지 알 수 있습니다. 그런데 첫 번째 사람에서 하나의 STR에 2개의 염색대가 겹쳐 보이는 이유는 뭘까요? 바로 유전자가 쌍으로 있기 때문입니다. 염색체는 23쌍이지만 한쪽은 엄마에게서 오고 한쪽은 아빠에게서 오니까 서로 약간씩 다릅니다. 수천 개의 지역 중에서 수십 개의 특정 STR의 크기를 측정해 보면 이들의 크기와 분포는 개인마다 제각각입니다. 미국에서는 STR 지역 13개를 재판에서 증거로 사용할 수 있습니다. 13개 지역을 다 조사했을 때 모든 것들의 크기가 우연히 같을 확률은 10^{-9}, 100억분의 1인데 우리 인류가 이제 70억이니 전혀 같을 수가 없습니다. 그래서 이걸로 이 DNA가 누구 것인지를 알 수 있을 뿐만 아니라 부모가 누군지도 찾을 수 있는 겁니다. 이게 유전자 서열 검사이고 이 사람이 누군지를 알아내는 대표적 방법입니다.

크레이그 벤터

프랜시스 콜린스

인간 유전체 계획에 얽힌 비화

위에 등장하는 두 인물은 인간 유전체 계획에서 가장 큰 역할을 했던 사람들입니다. 왼쪽은 지난 강의에 나왔던 크레이그 벤터고요, 다른 한 사람은 현재 미국 국립 보건원의 원장으로 있는 프랜시스 콜린스(Francis Collins)입니다. 콜린스는 공공 기관의 연구비로 인간 유전체 계획을 시작했고 벤터는 개인 자격으로 돈을 지원받아서 시작했습니다. 공공 기관에서 하는 일이 아무래도 좀 늦죠. 벤터는 돈을 벌려고 그랬는지는 모르겠지만 굉장히 빨리했어요. 누가 먼저 끝마치는지를 두고 경쟁이 벌어졌는데 결국에는 둘이 만나서 '더 싸우지 말고 같이 협력해서 한 걸로 칩시다.'라고 합의를 했다고 합니다. 그리고 2001년 2월에 각각《사이언스》와

《네이처》에 인간 유전체 지도를 발표했습니다. 계획이 완성된 것은 그로부터 2년 후인 2003년이었으니 어떻게 보면 정치적 합의였던 거지요.

여기에 숨겨진 뒷이야기가 하나 있습니다. 벤터와 콜린스 모두 인간 유전체를 해독하는 데 누구의 DNA를 썼는지 밝히지 않았습니다. 다만 벤터는 본인의 DNA를 많이 썼다고도 하고 또 건강한 여러 사람에게서 뽑아서 썼다고도 했습니다. 어쨌든 현재 인류를 대표하는, 비교 기준으로 삼을 수 있는 DNA 서열을 알아냈다는 사실 자체가 지닌 중요성이 엄청났기에 누구의 DNA를 시료로 썼는가에 대해서는 사람들이 그다지 관심을 갖지 않았습니다. 다음으로는 개인마다 이것과 얼마나 다른지를 보는 일만 남아 있었던 거죠.

그런데 그로부터 4년 후에 DNA 이중 나선 구조를 발견했던 제임스 왓슨이 타인의 유전자가 섞이지 않은 자신만의 유전체를 분석해서 '인류 최초의 개인 유전체' 해독 결과를 내놓으려 한다는 얘기가 들려오기 시작했습니다. 그 사실을 듣고 누가 나타났겠어요? 짠 하고 벤터가 나타나서는 "그게 무슨 이야기냐? 내가 더 먼저다."라면서 왓슨보다 먼저 자기 DNA 서열을 발표해 버립니다. 승부욕이 정말 대단한 사람임에 틀림없습니다. 자기가 최초가 되지 않고는 못 배기는 것이죠. 그리고《공공 과학 도서관 생물학(*PLOS Biology*)》이라는 학술지에 발표했습니다. 논문이 나간 것이 2007년 10월이고, 데이터를 공개한 건 이보다 훨씬 전인 6월입니다. 현재까지 이 논문[2]은 11만 건이나 조회되었다고 나옵니다. 왓슨이 만든 개인 유전체 정보는 결국 2008년이 되어서야 나왔고, 그렇게 첫 번째 개인 유전체를 해독한 영광 역시 벤터가 가져가 버렸습니다.

차세대 염기 서열 분석

인간 유전체 계획에서 사용했던 전통적인 방법(whole genome shotgun sequencing)은 이렇습니다. 먼저 초음파로 DNA를 마구 자릅니다. 이것도 벤터가 개발한 거예요. 자른 DNA를 세균에 심습니다. 세균이란 놈이 유일하게 잘하는 일이 바로 자기 자신을 복제하는 것이지요. 세균은 계속 분열해서 기하급수적으로 늘어납니다. 그것을 끄집어내서 영국의 프레데릭 생어(Frederick Sanger)가 처음 시작하여 생어 서열 분석법(Sanger's dideoxy method)이라 알려진 방법으로 서열을 분석한 다음 조각을 잘 짜 맞추면 전체 서열이 되는 겁니다. 이 방법은 시간과 돈이 굉장히 많이 듭니다. 그다음으로 나온 게 차세대 서열 분석(next generation sequencing)이라고 하는데 요즘 주목받는 나노 기술과의 융합을 통해 가능해진 기술입니다. 원리는 전통적 방법과 대충 비슷하지만 수를 불리는 일을 세균이 아니라 PCR 같은 방법을 써서 합니다. 그러고는 이걸 뒤에서 설명할 유전자 칩(gene chip)에다가 놓고서 광학적 방법을 써서 DNA 서열을 병렬적으로 분석합니다. 옛날에는 10년 걸릴 일을 이제는 몇 시간 만에 할 수도 있습니다. 여기에 드는 비용 또한 엄청나게 줄었습니다.

옛날에는 인간 유전체 계획에 아주 많은 사람이 참여해서 처음 크레이그 벤터가 할 때는 13년이라는 세월과 27억 달러, 대충 3조 원 정도의 큰 돈이 들었습니다. 그다음에는 4년에 걸쳐서 1000억 원이 들었는데 계속 전통적인 방법을 썼어요. 제임스 왓슨이 한 분석이 최초로 차세대 서열 분석 방법을 쓴 사례인데 이번에는 4개월만 걸리고 돈도 10억 원밖에 안 들었습니다. 이런 사례가 나온 다음부터 사람들이 생각하기 시작합니다. 3조 원에서 10억 원이니 대충 1,000분의 1로 떨어졌어요. 이런 추세라면

1,000달러(100만 원) 정도로 자신의 서열을 분석하는 일이 가능해집니다. 100만 원이면 충분히 사람들이 자신의 지갑을 열고 돈을 지불할 수 있는 금액입니다. 10억 원이면 엄청난 부자라야 가능하겠지만 100만 원 정도면 호기심 넘치는 사람이라면 아마 해 보려고 할 겁니다. 자식들한테는 당연히 해 주겠지요. 이때부터 1,000달러에 서열을 분석하려고 시도했고 지금은 가능한 일이 되었습니다.

1,000달러를 누군가 제안했으니 그다음에는 뭘 제안할까요? 100달러(10만 원)를 제안합니다. 이제 사람들이 100달러짜리를 하려고 합니다. 그리고 데이터가 많이 쌓이니까 사람들이 DNA 정보만 알면 그 사람의 전부를 알 수 있겠다는 생각을 합니다. 23 앤드 미가 생긴 것이 바로 이 무렵입니다. 아까 말씀드렸듯이 구글 창업주의 부인이 이 회사를 세웠습니다. 투자를 많이 해서 그런지 처음 시작할 때는 999달러였는데 지금은 299달러로 떨어졌어요. 그래도 뒤에 선택 사항이 붙는 게 많아서 여전히 실 가격은 999달러인 것 같아요. 여기서 알아두어야 할 점은, 이것은 왓슨처럼 한 개인의 모든 서열을 분석하는 것이 아닙니다. 유전체를 전부 분석하는 게 아니라 중요한 지역만 골라서 하는 것이죠. 그러니까 이 비용으로 가능한 겁니다.

유전체 다양성

중요한 지역만 골라서 했다는 말의 뜻은 이렇습니다. 예를 들어 3명의 염기 서열을 검사했다고 합시다. 첫 번째 사람의 서열은 GCA AGA인데 처음 3개의 코돈이 알라닌이라는 아미노산 하나를 결정합니다. 그래서 정상적인 단백질이 나와요. 두 번째 사람은 GCA가 GCG로 바뀌어서 GCG AGA가 되는데 여전히 알라닌이 만들어져서 전혀 문제가 없고 병에 걸리지 않습니다(188쪽 유전 암호표 참조). 세 번째 사람은 불행히도 AGA가 AAA로 바뀌었는데, 두 번째 아미노산으로 아르기닌이 나와야 할 것이 리신이 생겨 버립니다. 이러면 최종 합성된 단백질이 역할을 하지 못하게 됩니다. 예를 들어 이 아미노산이 산소를 운반하는 역할에 관여한다고 해 봅시다. 산소를 제대로 나르지 못하면 천식에 걸리겠죠. 그래서 이 서열의 정보를 알고 있으면 이 사람은 나중에 천식 등과 같은 질병에 걸리리라는 사실을 이야기할 수 있습니다. 앞서 STR 지역이 어떤 사람은 다섯 번 반복되고 어떤 사람은 열 번 반복되는 식으로 횟수가 다를 수도 있다고 한 걸 기억하시길 바랍니다. 23개여야 할 것이 24개가 되면 질병이라는 결과로 나타날 수도 있겠죠.

그런데 우리 유전체의 다양성은 대부분 어떤 특정한 염기 서열이 하나씩 바뀔 때 나옵니다. 이럴 때 쓰는 말이 단일 염기 변이(Single Nucleotide Polymorphism, SNP)입니다. 하나의 DNA 염기가 바뀜으로써 우리 유전체의 다양성이 나옵니다. 한 강의실에 앉아 있는 수백 명의 특정 지역 DNA 서열을 다 검사하면 이 중에 80퍼센트는 그 지역의 DNA 염기가 T이고 10퍼센트는 G이고 5퍼센트는 A, 나머지 5퍼센트가 C라는 식입니다. 그에 따라서 사람들이 달라집니다. 다행인 것은, 염기 서열이 바뀐다 해도 대부분은 아무 증상이 없어요(혹은 우리가 아직 모르는 것일 수도 있습니다.). 어떤 경우에는 DNA 서열이 바뀌더라도 단백질의 서열이 바뀌지 않아서 정상일 수 있고, 또는 단백질 서열이 바뀌더라도 기능에 전혀 영향을 주지 않기 때문에 문제가 없을 수도 있습니다.

SNP가 어떤 영향을 끼치는지, 특히 질병과 관련된 부분이 현재 많이

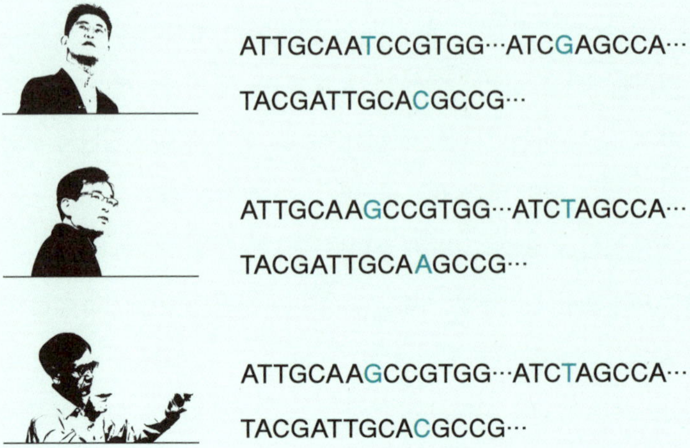

개인마다 다른 SNP

연구되고 있는데 가장 무식한 방법은 전체 서열을 분석하는 것입니다. 그런데 그건 시간과 돈이 너무 많이 드니까 그것보다 간단하게 할 방법을 생각해 봅시다. SNP에서 P는 다형성(polymorphism)을 뜻합니다. 하나의 똑같은 것에서 다양한 결과가 나온다는 이야기입니다. 한 자리에 나올 수 있는 경우의 수는 네 가지가 있습니다. 이 사람이 그 네 가지 중 무엇에 속하는지만 알면 됩니다. 그러면 전체 지형을 볼 필요 없이 이 사람은 이런 SNP가 있고, 요 사람은 이런 게, 저 사람은 저런 게 있다는 사실을 알 수 있죠.

즉 SNP는 개인 특이적 유전자 표지입니다. 우리가 유전체에 대해 너무나도 아는 게 없고 다 알려면 비용이 많이 드니까 대신 대표적인 유전자의 자리들을 보자는 겁니다. 거기에 어떤 유형의 ATGC가 들어 있는지 보기 위해 그 자리만 딱 떼어서 검사합니다. PCR을 써서 서열을 분석하죠. 어떤 유형의 SNP를 가졌는지를 보는 것으로 유전자 검진을 합니다. 전체 서열을 검사하는 게 아니에요. 이런 걸 지노타이핑(genotyping)이라고 합니다. 물론 23 앤드 미 같은 회사들은 이러한 내용을 자세히 밝히지 않습니다.

유전자 칩

요즘은 유전자 칩을 써서 이런 일을 더 쉽게 합니다. 첫 강의에서 DNA의 상보적인 결합을 설명드렸죠? A는 T하고 결합하고, G는 C하고만 결합합니다. 또한 사람마다 특정한 자리에 고유의 SNP, 서열이 있습니다. 이 두 가지를 이용하여 한 사람에게 어떤 서열이 있는지 판별하려 합니다. 먼저 유리나 실리콘으로 만든 작은 판인 유전자 칩 안에 상보적인 서열을 심어 놓습니다. GCAATCCGT가 목표면 CGTTAGGCA를 심죠. 그다음 상보적인 서열은 다른 자리에 심습니다. 그러고 나서 대상자의 DNA를 뽑아 PCR을 하면 증폭이 되겠지요. 거기다가 형광 물질을 넣습니다. 그러면 유전자 칩에서 정확하게 일치하는 자리에 딱 달라붙어서 빛을 냅니다. 자, 이 사람이 어떤 유형의 SNP를 갖고 있는지를 단번에 알게 됩니다. 요즘은 엄지손가락 손톱만 한 칩 안에 100만 개의 DNA 서열이 있어서 여러분이 할 일이라곤 DNA를 끄집어내서 PCR로 증폭한 다음에 칩의 어디서 빛이 나는지 보기만 하면 됩니다. 그러면 내 DNA가 어떤 유형인지 정확히 알 수 있습니다.

희귀 질환과 일반적 질병

지금까지 유전자 사이에 나타나는 차이와 그 의미에 대해 배웠습니다. 이제 유전자의 차이와 질병과의 관계를 이야기해 보겠습니다. 우선 비교적 간단한 문제부터 봅시다. 특정한 유전자 하나가 잘못되면 반드시 걸리는 단일 유전자 질환이 있습니다. 고등학교 때 배웠던 멘델 법칙을 따르는 질환입니다. 부모의 유전자 둘 다에 질병을 갖게 하는 형질이 있다고 하면, 엄마랑 아빠에게서 받은 유전자 쌍 둘이 다 각각 하나씩은 비정상입니다. 그러면 자손의 유전자는 다 정상으로 태어날 수도, 다 비정상으로 태어날 수도 있습니다. 물론 부모처럼 유전자 쌍 중 하나는 정상인데 다른 하나는 비정상인 자손도 있겠죠? 이때 비정상이 하나라도 있으면 걸리는 질병을 우성이라 하고, 둘 다 비정상이어야 발현되는 질병을 열성이라고 합니다. 이런 병은 걸릴지 안 걸릴지 정확하게 알 수 있어요. 단일 유전자 질환은 한번 걸리면 치명적인 게 많고 흔히 걸리는 병이 아닙니다.

단일 유전자 질환의 실제 연구 사례를 보여 드리도록 하겠습니다. 관절 이완 및 협지형 척추 골단 골간단 이형성증(spondyloepimetaphyseal dysplasia with joint laxity)이라는 병이 있습니다. 우리말 이름도 어렵지만 영어 이름도 단번에 읽을 수 있는 사람이 정말로 드물 것 같아요. 키가 작아지고 등이 휘는 증상이 나타나는 희귀 질병인데 최근까지만 해도 이 병의 원인을 몰랐습니다. 어떠한 유전자가 관여하는지 몰랐던 것이죠. 우리나라에 이 병 환자가 다 해서 8명인가 10명인데 서울대학교 희귀 질환 센터에서 이들의 DNA 서열을 모조리 분석했더니 돌연변이가 발생한 지역이 나왔습니다.[3] KIF22라는 유전자의 사백마흔두 번째 혹은 사백마흔세 번째 자리에 있는 C가 T로 바뀌는 돌연변이가 환자들에서 발견되었습

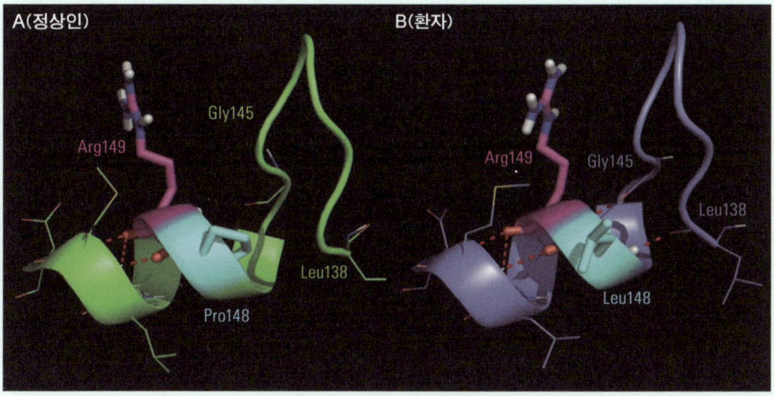

KIF22 유전자의 변형

니다. 이 돌연변이로 KIF22 유전자가 만들어 내는 아미노산 서열에서 프롤린이 세린이나 류신으로 바뀝니다. 위 그림은 컴퓨터 시뮬레이션을 통해서 프롤린이 류신으로 바뀌면 단백질에 어떤 변화가 일어나는지를 보여 줍니다. 단 하나의 아미노산 서열 변화로 단백질이 제 역할을 하지 못하게 된다는 것을 알게 되었습니다.

다음 페이지에 있는 그림은 일본 사람들하고 쓴 다른 논문[4]에서 제가 컴퓨터로 그린 것입니다. 자폐증 관련 유전자가 CD38이라는 단백질인데 이게 뭔가 잘못되면 구조적으로 변형이 생겨서 자폐증에 걸린다는 걸 연구했습니다. 이런 연구가 아주 많이 진행되고 있습니다. 특정 질병과 관련해서 원인을 규명했다는 내용의 기사를 요즘 인터넷이나 언론을 통해 흔히 볼 수 있습니다. 희귀 질환이나 단일 유전자 질환은 대부분 쉽게 알 수 있습니다. 극히 일부만이 걸리는 이런 병은 흔한 SNP 때문이 아니기에 비교적 연구가 쉽습니다.

정말 알고 싶은 건 보다 일반적이면서 복잡한 질병입니다. 예를 들어서

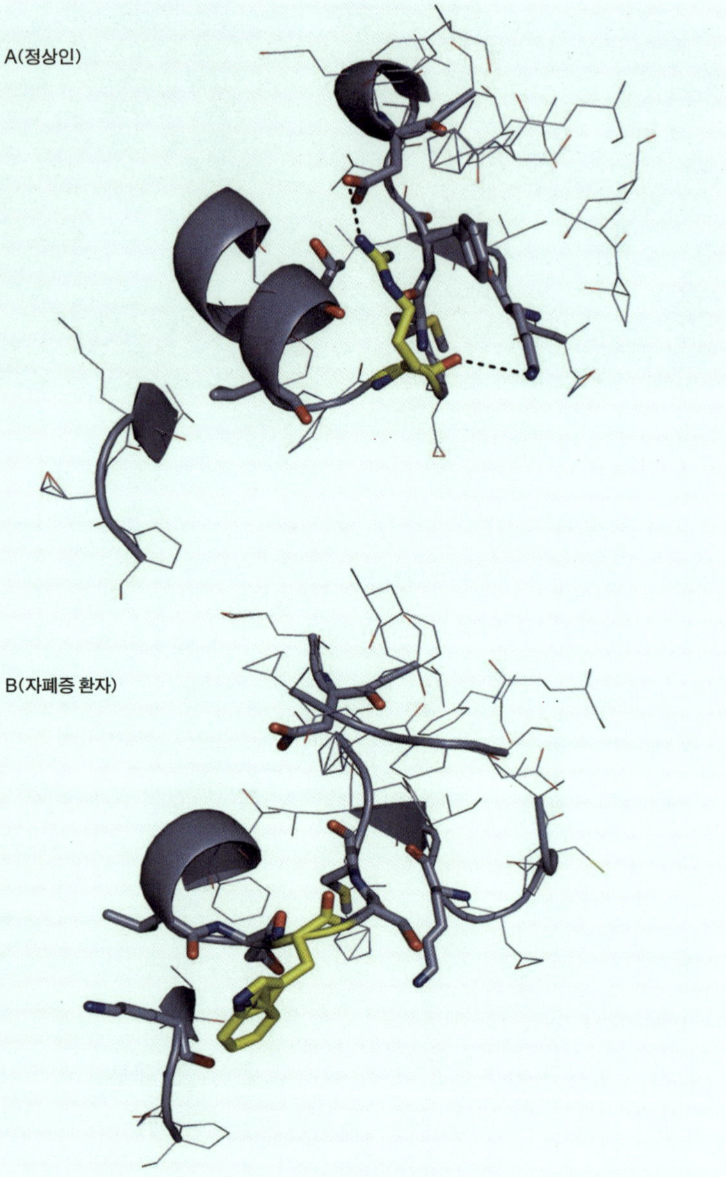

CD38 유전자의 변형

고혈압, 심장병, 고콜레스테롤 혈증, 암, 비만, 치매 같은 것들이죠. 진짜로 사람들이 알고 싶어하는 건 아무래도 이쪽입니다. 누구나가 걸릴 수 있는 질병은 우리에게 흔히 있는 유전자 유형과, 그것도 한두 개가 아니라 많은 수의 유전자 유형과 관련 있을 것입니다. 단일 유전자 변이로 걸리는 병은 하나만 찾으면 됐는데 이제 여러 개를 찾아야 합니다.

이것들을 알아내기 위해서 우리는 유전체 전장 연관성 분석(Genome Wide Association Study, GWAS)이라는 방법을 씁니다. 전체 유전자를 다 보아서 질병과 어떤 지형이 연관이 있는지를 밝혀내는 연구인데, 환자들을 한데 모아서 유전자를 다 분석합니다. 전부 분석할 수 없으니까 유전자 칩을 만들어서 이 사람들에게만 어떤 변형이 있으면 이 질환과 관련 있다고 판단하는 거죠. 예를 들어서 심장병이나 당뇨병에 걸린 사람들을 모아 유전자를 분석해서 정상인과 비교해 봅니다. 특정 유전자가 한쪽은 다 A인데 여기는 T라면 이 SNP 유형이 당뇨병과 연관성이 있다고 판단하겠죠? 이렇게 그 연관성이 명확히 보이는 경우도 있지만, 대부분은 명확하지 않습니다. 보통은 이 SNP 유형을 가진 사람들 중 몇 퍼센트 정도가 병을 가지고 있으니, 이 유형이 이 질병에 몇 퍼센트 정도를 기여하는지를 계산합니다. 전 세계적으로 활발하게 연구가 진행되고 있는 분야지요.

후성 유전체

이렇게 유전자만 연구해서 우리 몸의 비밀을 밝혀낼 수 있다면 참 좋을 텐데, 실제로는 좀 더 복잡합니다. 제 생긴 모습과 건강 상태, 키, 몸무게, 지능 지수, 이런 것들은 생명 정보로, 유전자에서 일어나는 것으로 결정된다고 말씀드렸습니다. 보통 본성(nature)이라고 일컫는 부분들이지요. 그런데 사실은 또 하나의 요소로 자기가 살아온 환경(nurture)하고도 관련이 있습니다. 항상 이런 논쟁이 있죠. '본성과 환경 중 어느 쪽이 우리 모습에 더 기여하는가?' 끝나지 않는 논쟁이에요. 희귀 질환 같은 것은 당연히 유전자가 결정하겠죠. 비만은 생각해 보면 환경이 맞을 것 같아요. 키와 지능도 마찬가지고. 과연 그럴까요?

인간 세포 하나의 DNA를 다 풀면 길이가 2미터가 된다고 1강에서 말씀드렸습니다. DNA가 들어 있는 핵은 크기가 10^{-6}미터 단위입니다. 음악을 들을 때 쓰는 이어폰을 한번 꺼내 보세요. 십중팔구 엉켜 있을 것입니다. 하물며 2미터를 그 좁은 곳에 집어넣는데 엉키지 않겠어요? 이것을 엉키지 않게 하려면 어디에든 둘둘 말아서 정리해 놓아야 합니다. 이런 일이 우리 몸속에서도 일어납니다.

우리 몸속에서 DNA는 히스톤(histon)이라는 단백질에 죽 감겨 있습니다. 더 중요한 것은, 히스톤은 환경과 관련이 있어서 변형이 됩니다. 화학적으로 변형되기도 하고, 안 되기도 합니다. 이때 히스톤뿐만 아니라

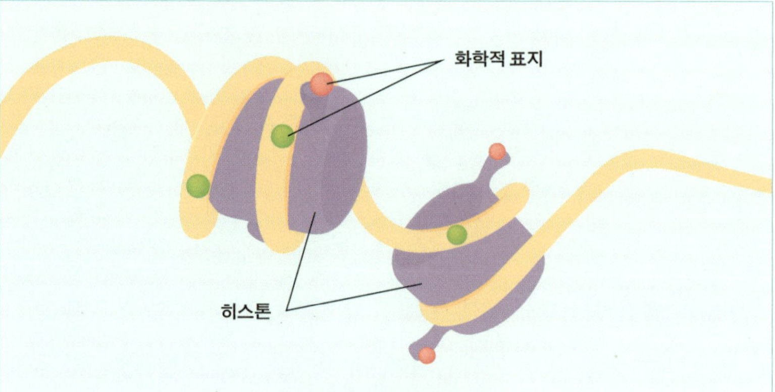

히스톤을 감고 있는 DNA

DNA 자체도 화학적으로 변형됩니다. DNA의 어떤 부분에 화학적으로 메틸기(CH_3)가 붙기도 하고 안 붙기도 합니다. 그러니까 C가 아니라 C′가 되는 거예요. 이런 현상을 DNA 메틸화(DNA methylation)라 합니다. 우리 몸속에 있는 정확히 똑같은 자리의 C가 사람에 따라서 어떤 지역은 변형되어 있고 어떤 지역은 변형이 안 되어 있습니다. DNA 서열은 당연히 변하지 않지만, 처한 환경에 따라 DNA의 상태가 약간 변한 겁니다. 그래서 이것을 후성 유전체(epigenome)라고 합니다. epi라는 단어는 '위'라는 뜻인데, epigenome이라는 말은 유전체(genome) 위에 약간의 변형이 생겼다는 뜻입니다.

우리 몸속에는 뇌세포, 근육 세포, 내장 세포처럼 굉장히 다양한 세포가 있죠. 이것들은 DNA는 똑같지만 감긴 형태가 다 다릅니다. 감긴 형태에 따라서 몇만 개 정도의 유전자 중 어떤 것은 발현되고 어떤 것은 발현되지 않는 차이가 생기고, 여기서 우리 몸속 세포들의 다양성이 나옵니다. DNA가 완전히 감겨 있으면 형질이 발현이 안 되겠죠. 발현이 되려면 어느 정도는 풀려야 합니다. 그 풀림을 조절하는 것은 DNA가 처한 환경에 따라서 후성 유전체에 어떠한 화학적인 변형이 생겼느냐 안 생겼느냐의 여부입니다. 예를 들어 우리 뇌의 환경은 내장이나 근육의 환경과 다릅니다. 세포마다 이 환경을 각자 인식해서 바꾸는 거예요.

또한 이것은 사람이 살아온 환경에 따라서 발현이 안 되기도 하고, 죽 감겨 있던 게 풀려서 발현되기도 합니다. 그것도 평생 똑같은 게 아니라 시간이 지나면서 바뀝니다. 병에 걸렸을 때 메틸화가 발생하는 일이 비정상적으로 많아지고 살이 찜에 따라 메틸화 정도가 변하는 것이 한 예입니다. 앞서 말했던 본성 대 환경 문제를 이렇게 생각해 보니 환경의 비중이 생각보다는 높은 거예요. 유전체가 결정하는 것도 많지만, 어떻게 살아가느냐가 유전 정보마저 바꾸어서 결국 자기 자신이 바뀌는 거죠. 유전자만 안다고 전체를 이야기할 수가 없는 겁니다. 이런 사실들이 밝혀지면서 후성 유전체를 연구하려는 사람들도 늘었습니다. 후성 유전체는 세포마다 다르고, 개인마다 다르고, 개인도 상태마다 다르기 때문에 연구할 것도 무진장이죠.

한 예로 엄마 쥐의 사랑이 자식에게 주는 효과를 실험한 연구 결과가 2004년 《네이처 신경 과학(*Nature Neuroscience*)》에 실렸습니다. 부모의 사랑을 잘 받고 자란 쥐와 보살핌을 별로 못 받은 쥐가 있습니다. 사랑을 받고 자란 쥐의 뇌에서는 발현되면 진정 효과를 주는 것으로 알려진 글루코코티코이드 수용체(Glucocorticoid Receptor, GR) 유전자가 잘 발현이 되었고, 사랑을 못 받은 쥐는 이게 꽁꽁 묶여 있어서 발현이 되질 못했습니다. 양육에 따라서 몸속에 있는 DNA 정보의 상태가 바뀐 거죠.

더 재미있는 것은 이렇게 살아가면서 획득한 성질이 유전된다는 사실입니다. 첫 강의에서 제가 18세기 사람들이 어리석게도 자신이 어떻게 살아왔나에 따라서, 예를 들어 내가 사고가 나서 다리가 부러지면 내 아들도 다리가 부러진 채 나올 수 있다는 걸 믿었다고 말씀드렸잖아요? 장바티스트 라마르크(Jean-Baptiste Lamarck)의 용불용설(用不用說) 같은 것이 정말로 말이 안 된다고 이야기했는데 지금은 그것도 어느 정도는 말이 된다는 사실이 밝혀지고 있습니다.

쥐 2마리가 있는데 한 마리는 운동을 잘하고 엽산, 비타민 B_{12} 등의 영양제도 먹어서 건강하고 날씬한 쥐로 컸어요. 또 한 쥐는 움직이질 않고 사료만 먹어서 뚱뚱한 쥐로 자랐습니다. 이 쥐들이 낳은 자손들의 DNA 돌연변이 정도를 살펴봤더니 건강한 쥐에서 나온 자손들에 비해 뚱뚱한 쥐의 자손들에게는 털의 색깔과 비만에 대한 취약성에 영향을 주는 아구

티(agouti) 유전자가 많이 발현되어 있다는 사실이 밝혀졌습니다. 부모의 유전자뿐만 아니라 상태에 따라서도 자손의 건강이 달라집니다.

2009년 《네이처》에는 「일란성 쌍둥이와 이란성 쌍둥이의 DNA 변형 프로파일(DNA methylation profiles in monozygotic and dizygotic twins)」이라는 논문[5]이 실렸습니다. 쌍둥이에 관해 잠깐 설명드리자면, 일란성 쌍둥이는 아빠의 정자 하나와 엄마의 난자 하나가 붙어서 분열한 것인데 원래 하나여야 할 것이 어쩌다 보니까 둘이 된 것입니다. 이에 비해 이란성 쌍둥이는 서로 다른 정자가 다른 난자에 붙은 것입니다. 일란성은 DNA 서열까지 완벽하게 똑같은데 이란성 쌍둥이는 좀 다릅니다. 이 연구가 밝혀낸 것은 이란성 쌍둥이보다 일란성 쌍둥이가 DNA 서열뿐만 아니라 메틸화 정도까지 유사하다는 사실입니다. 부모의 후성 유전체 정보가 전달되는 거예요. 이런 이야기를 들으면 자식을 위해서라도 건강하게 잘 살아야겠다는 생각이 듭니다.

한국인의 키

본성과 양육의 관계에 관해 더 이야기해 보겠습니다. 우리가 가장 쉽게 측정할 수 있는 게 뭘까요? 바로 우리 키입니다. 생각해 보면 키 큰 부모한테 나온 자식은 키가 크고, 키 작은 부모에게 나온 자식은 작을 것 같아요. 반면에 이런 것도 있습니다. 옛날에는 키가 작았습니다. 1979년의 남성 평균 키는 167센티미터였습니다. 제 키가 또래 평균이었습니다. 2004년에는 한국 남성의 평균 키가 173센티미터로 커졌습니다. 그런데 흥미로운 것은, 2004년에 173센티미터였는데 2010년 12월에 평균 키를 조사한 결과도 173센티미터였습니다. 6년 동안 거의 변화가 없었던 겁니다. 이 두 가지 상반되는 예를 보면 여러 상황이 겹쳐서 키를 결정한다는 것을 알 수 있습니다. 키가 얼마나 유전적이냐를 연구하는 가장 큰 이유는 이게 얼마나 정확한지, 믿을 만한지 검증 가능한 연구이기 때문입니다. 키는 그냥 재면 되니까 틀리고 말고 할 것이 없습니다. 그래서 많은 연구가 이루어졌는데 우리가 지금까지 밝혀낸 사실에 따르면 인간의 키는 매우 유전적이라는 것입니다. 한 80퍼센트 정도가 유전적이라고 보시면 됩니다.

다른 것, 예를 들어 초파리 몸의 크기 같은 것은 유전성이 얼마나 될까요? 초파리의 몸 크기와 길이는 유전성이 그리 높지 않습니다. 30퍼센트 정

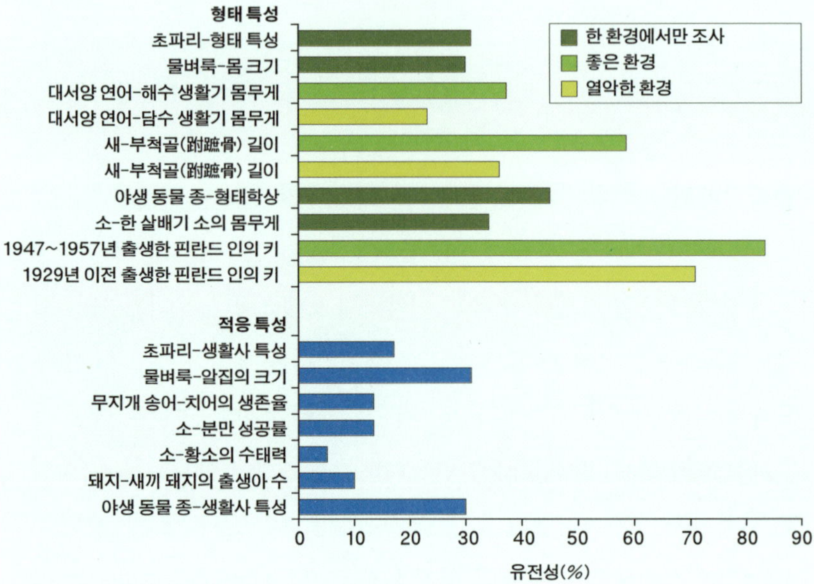

형질과 유전성의 관계

도만 영향을 줍니다. 왼쪽 페이지 그래프에서 나와 있듯이 고등 생물로 갈수록 크기나 몸무게 같은 형질의 유전성이 높아집니다. 반면 환경에 얼마나 잘 적응해서 살아가느냐를 측정하는 특성들(fitness traits)은 유전성이 낮습니다.

유전성이 80퍼센트란 이야기는 이런 뜻입니다. 부모하고 자식들의 키 데이터를 모두 모아서 그래프를 그립니다. 부모의 키를 x축에, 자식들의 키는 y축에 놓고 점을 찍어요. 이게 100퍼센트라면 점들은 기울기가 1인 직선 상에 완벽하게 놓이게 됩니다. 0퍼센트라면 점이 원형으로 펴져 있어서 중심을 가르는 직선의 기울기가 0이 됩니다. 반면 80퍼센트라면 기울기가 0.8인 직선을 중심으로 약간 퍼져 있는 정도가 되겠죠. 이건 부모로부터 물려받은 유전자가 자식의 키를 거의 결정한다는 사실을 의미합니다. 막 태어난 아이의 유전 정보를 조사하면 그 아이의 키를 80퍼센트까지는 정확히 맞출 수가 있다는 뜻입니다. 그래서 많은 사람이 키를 결정하는 유전 정보를 알아내려는 연구를 수행했습니다.

2008년 5월 《네이처 유전학(*Nature Genetics*)》에 키에 관한 3개의 논문이 동시에 실렸습니다. 몇천 명씩 모아서 키에 관한 유전자를 조사했어요. 앞서 말한 GWAS 연구를 통해서 키와 관련이 있는 20개의 유전자를 발견했고, 또 다른 논문에서도 역시 관련 유전자를 발견해서 발표했습니다. 동시에 이렇게 많은 그룹에서 연구를 수행할 수 있었던 데에는 PCR이나 유전자 칩 같은 새로운 기술의 도움이 컸습니다. 키 재는 것까지는 다 할 수 있습니다. 여기에 기술이 발전해서 유전자 칩이라는 것이 생겼습니다. 유전자를 칩에 넣기만 하면 손쉽게 분석할 수 있는 시대가 왔기에 가능한 일입니다.

키에 영향을 주는 모든 유전 요소를 다 알고 있다고 가정했을 때, 80퍼센트가 유전적이라는 결과를 검증하는 방법을 말씀드리겠습니다. 사람의 키에서 상위 5퍼센트에 해당하는 사람과 하위 5퍼센트에 해당하는 사람의 키 차이는 26센티미터, 머리 크기만큼입니다. 만약에 우리가 키에 영향을 주는 유전자를 다 밝혀서 그것으로부터 키를 예측한 다음 상위와 하위를 각각 뽑았다고 합시다. 그래서 둘의 차이가 26센티미터라면, 키에 영향을 주는 모든 유전자를 발견했음을 의미합니다. 그런데 실제 결과를 봤더니 유전자로 예측한 제일 작은 키는 172센티미터이고 제일 큰 키는 178센티미터입니다. 예측한 키로부터 나온 차이가 실제 차이와 다른 겁니다. 결국 유전자를 기초로 그 사람의 키가 얼마일지 예측하는 것이 정확할 수 없다는 뜻입니다. 몇만 명을 대상으로 실험을 했음에도 흔한 SNP로는 이 정도밖에 설명할 수 없다는 한계가 있습니다.

이렇듯 사람의 키와 같이 매우 유전적인 형질조차 유전자 정보로 설명하는 데에는 한계가 있습니다. 그런데 심지어 심장병이나 알츠하이머 같은 병들은 얼마나 유전적인지도 잘 모릅니다. 최신 논문을 보면 황반변성(macular degeneration)이라는 눈병은 연구를 통해서 지금까지 알아낸 관련 유전자가 5개이고 설명도는 50퍼센트입니다. 그 사람이 이 병에 걸릴 확률을 5개 유전자를 조사해서 50퍼센트 정도로 맞출 수 있다는 것입니다. 염증성 장 질환인 크론병(crohn's disease)은 유전자 32개에 20퍼센트이고 전신 홍반성 루프스(systemic lupus erythematosus)는 6개에 15퍼센트입니다. 이런 것들은 굉장히 유전적인 질병이에요. 성인병 중 하나인 당뇨병은 지금까지 밝혀진 관련 유전자가 18개인데 설명도는 6퍼센트 정도밖에 안 되고 콜레스테롤 수치는 대략 5퍼센트, 키는 앞서 말씀드렸듯이 5퍼센트, 심장병에 걸릴 확률은 2.8퍼센트, 혈당 수치의 설명도는 1.5퍼센트입니다. 아직 가야 할 길이 멉니다.

지능도 유전될까?

예리하신 독자라면 방금 전 제가 들었던 예에서 무언가 하나 빠져 있다는 것을 눈치채셨을 텐데, 바로 지능입니다. 사람들이 언제나 가장 궁금해 하는 것, 지능에 관해 얘기해 보겠습니다. 2007년 10월 17일 영국 《인디펜던트(*Independent*)》에 「DNA 선구자의 이론에 분노하다(Fury at DNA pioneer's theory)」라는 제목의 기사[6]가 실렸습니다. 여기서 말하는 DNA 선구자는 바로 제임스 왓슨입니다. 당시 왓슨은 "최신 연구 결과에 따르면 아프리카 인에게는 지능을 높이는 것으로 알려진 유전자가 적다."며 그렇기에 아프리카에 원조 정책을 펴는 것이 비효율적이라는 주장을 했습니다. 이 발언으로 왓슨은 미국 콜드 스프링 하버 연구소(Cold Spring Harbor Laboratory) 총재직을 사임하게 됩니다. 조금만 생각해 보면, 이 발언이 인종 차별적 요소를 넘어서 말이 안 되는 주장임을 알 수 있습니다. 지능과 원조 정책을 연관 짓는 것 자체가 말이 안 되지만 키도 유전자로 설명이 안 되는데 하물며 얼마나 그 사람이 똑똑할지를 유전자 정보로 단정 지을 수 있을 리가 없죠.

그렇다면 지능은 유전적이지 않은 걸까요? 부모의 학력 수준이 높은 아이들이 대부분 좋은 학교엘 가는 것은 환경 때문일까요? 앞에서 말씀드렸듯이 부모들이 잘 키우면, 즉 엄마가 사랑을 잘 주냐 안 주냐에 따라서 유전자의 발현이 달라지기도 하니까요. 이를 검증하기 위해 1997년에 스웨덴에서 일란성 쌍둥이와 이란성 쌍둥이들을 대상으로 IQ와 공간 인식 능력, 인지 능력 등의 다양한 지능 지표를 측정했습니다. 그 결과 이란성 쌍둥이보다 유전적인 일치도가 높으며 심지어 후성 유전체까지 비슷한 일란성 쌍둥이에서는 상관관계가 80퍼센트 정도이고 이란성 쌍둥이들은 50퍼센트 이하인 것으로 나타났습니다. 이는 키의 유전성에서 설명한 것처럼 일란성 쌍둥이 중 한 명의 지능 지표로 다른 한 명의 지능 지표를 80퍼센트까지 맞출 수 있다는 뜻입니다. 지능이 매우 유전적이라는 것을 명확히 보여 주는 연구 사례입니다. 심지어 다른 연구에서는 태어나자마자 다른 가정으로 입양되어서 완전히 다른 환경에서 길러진 일란성 쌍둥이라도 지능의 상관관계는 이란성 쌍둥이보다 높다는 사실이 밝혀졌습니다. 그러니까 지능은 굉장히 유전적인 것이지요. 우리 몸속 어딘가에 지능을 관장하는 유전자가 있는 것은 사실입니다. 한 사람의 지능이 얼마나 높은지는 유전자가 절반 이상을 결정하고, 어떤 환경에서 자랐는지가 나머지를 좌우하겠죠. 하지만 그런 사실만 가지고 왓슨처럼 "이러이러한 유전자가 지능을 높이는 데 관련이 있다."라는 말을 할 수는 없습니다. 그 사실을 착각하면 안 됩니다.

또 하나 흥미로운 최신 연구 사례를 말씀드리면, 2000년에 얼굴 인식 능력 또한 유전된다는 사실이 밝혀졌습니다. 서로 다른 10명의 얼굴 사진을 보여 주고 30초 동안 기억시킵니다. 그다음 그것을 낯선 사람의 사진들과 섞은 뒤 골라내게 했습니다. 그랬더니만 역시 지능 연구와 유사하게 일란성 쌍둥이는 상관관계가 70퍼센트인데 이란성은 30퍼센트 정도밖에 안 되는 것으로 나왔습니다. 사람을 얼마나 잘 인식하는지를 결정하는 유전자 역시 몸속 어딘가에 존재하는 겁니다. 2009년에 출간된 「인간 지능의 유전적 근거(Genetic foundations of human intelligence)」라는 리뷰 논문[7]에서는 지능에 관련된 유전자에 관한 연구들을 종합 정리했습니다. 지능에 대한 사람들의 큰 관심을 반영하듯, 수없이 많은 연구가 있었고 지능과 관련이 있다는 유전자에 관해 수많은 보고가 있었습니다. 보통은 논문 하나에 표가 한두 개 들어가는 정도인데, 이 논문에서는 표의 개수가 문제가 아니라 표 하나가 4페이지를 차지할 만큼 컸습니다. 대부분이 '이런 유전자를 발견했다/발견하지 못했다. 관련이 있는 줄 알았는데 연구 결과를 보니 없었다.'라는 이야기들이었습니다. 어쨌든 관련이 있다고 주장하는 논문이 더 많았습니다. 왓슨도 결국 이런 논문들을 보고서 "이런 유전자가 백인에게는 많은데 흑인은 없다더라. 그래서 백인보다 흑인은 IQ 지수가 낮다."라는 주장을 펼쳤던 것입니다. 그렇지만 지금까지의 연구 결과를 종합해 보면 지능을 설명하는 유전적 요인을 아직은 찾지 못했다는 게 이 논문의 결론입니다. 지능은 굉장히 유전적이지만, 지금까지 알려진 사실, 그리고 앞으로도 당분간은 변하지 않을 사실은 '지능과 관련된 유전 정보가 무엇인지는 미지수'라는 것입니다.

개인 맞춤 의학: 나만을 위한 진단, 예방, 의약 및 치료

이처럼 생명 정보만으로 우리의 모습을 전부 밝혀낸다는 것은 아직 요원한 일이지만, 너무 실망할 필요는 없습니다. 지금까지 알려진 생명 정보를 기반으로 의학 분야에 혁명적인 변화가 진행되고 있습니다. 그것은 바로 개인 맞춤 의학(personalized medicine)입니다. 신문이나 텔레비전에서 사상 체질이라는 말을 들어 보셨을 겁니다. 사상 체질은 한의학에서 인간을 나누는 네 가지 유형입니다. '태양인은 가슴 윗부분이 발달했고 기운이 위로 받는 모양이다.' '소양인은 가슴과 어깨가 충실하고 민첩하다. 엉덩이가 상체에 비해 약해 보여 앉아 있는 모습도 편치 않다. 눈매가 날카롭고 살결이 희다.' 등등 체질에 따라 태양인, 태음인, 소양인, 소음인으로 나누고 의료적 처치를 달리 합니다. DNA를 모르던 시절에 나온 방법이지요.

근본적인 면에서는 개인 맞춤 의학도 이와 비슷합니다. 대신 사람의 체질이라는 것을 좀 더 과학적으로 접근하여 DNA 유형에 따라 구분하고 처방을 달리 하는 것입니다. 저의 경우 혈압이 높은 편입니다. 한번은 의사한테 약을 처방받았는데 그걸 먹으니 몸이 이상하게 반응해서 다시 다른 약으로 처방을 받은 적이 있습니다. 동일한 혈압 약이지만 누구에게는 잘 맞고 누구에게는 잘 맞지 않을 수가 있습니다. 보통은 경험하기 전까지는 그 사실을 알 수가 없지요. 하지만 DNA 서열을 기반으로 개인에게 맞는 약을 처방할 수 있다면 부작용으로 인한 고통이나 시간적 낭비 없이 효과적으로 병을 치유할 수가 있겠지요. 그것이 개인 맞춤 의학입니다. 사실 지금도 어느 정도는 실현이 되고 있습니다.

예를 들어 여성 유방암의 발생 원인에서 20에서 30퍼센트를 차지하는 것은 HER2라고 하는 유전자의 과다 발현입니다. 이때는 HER2를 표적으로 하는 항암제인 허셉틴(herceptin)을 써서 암을 치료합니다. 다만 이 약에는 심장에 영향을 주는 부작용이 있을 수 있으므로 쓰기 전에 유전자 검사를 반드시 해야겠죠. 그리고 BRCA1/2라는 유전자에 변형이 생기면 유방암과 난소암에 걸릴 가능성이 굉장히 올라가는데, 이 돌연변이는 후손에게도 유전되는 성질을 갖고 있습니다. 이때는 선택적 에스트로겐 수용체 조절제(Selective Estrogen Receptor Modulator, SERM)인 타목시펜(tamoxifen)이나 랄록시펜(raloxifene)이라는 약을 미리 복용해서 암을 예방합니다.

이런 개인 맞춤 의학의 적용 사례는 암 이외에도 많습니다. CYP2D6과 CYP2C19라는 약물 대사 효소 유전자는 정상적으로 발현되면 간에서 특정 약물을 분해해서 몸 밖으로 배출하는 역할을 합니다. 그런데 이 유전자에 변형이 생긴 경우 약물이 배출되지 못하고 체내에 쌓이게 되므로, 이런 환자에게는 이들이 잘 대사시키지 못하는 약을 줄 때 보통 용량의 4분의 1만 투여해야 합니다. 이렇듯 환자의 개인 특이적 유전 정보를 이용해서 치료와 예방을 모두 할 수 있습니다.

한 걸음 더 나아가서 최근 이런 식으로 신약의 허가를 받는 일이 많이 늘어났습니다. '이 세툭시맙(cetuximab)이라는 직장 결장암 약은 KRAS라는 특정 유전자에 돌연변이가 없는 사람에게는 쓸 수 있다.' 사람에게 임상 시험을 했을 때 KRAS 유전자에 이상이 있는 사람에겐 약효 대신 부작용이 났던 약인 겁니다. 이때는 당연히 시판 금지가 되었겠죠. 이렇게 개인 맞춤을 하지 않아서 허가를 못 받은 약이 많습니다. 우리나라를 포함해 많은 제약 회사에서 이게 유행입니다. 다국적 제약 회사에서 개발하다가 실패한 약의 임상 시험군에 지노타이핑 결과를 대조해서 허가를 받는 겁니다. 우리가 할 일은 이 약이 듣는 사람과 부작용이 있는 사람, 이것만 골라내면 됩니다.

P4 의학과 우리의 미래

Predictive(예측)

Personalized(개인화)

Preventive(예방)

Participatory(참여)

이것은 미국 시스템 생물학 연구소(Institute for Systems Biology) 소장인 르로이 후드(Leroy Hood)가 제창한 P4 의학(P4 medicine)이라는 새로운 개념입니다. P4 의학은 개인화된(Personalized) 맞춤 유전 정보로 질병을 치료하기 전에 예측하고(Predictive) 예방하는(Preventive) 의학입니다. 개인의 유전자를 분석해서 질병의 위험 요소가 있는지 확인한 다음, 예를 들어 "당신의 유전 정보에 따르면 심혈관 질병에 걸릴 위험이 있으니 운동을 해라." 그리고 "어떤 약을 복용해라." 혹은 "어떤 음식은 삼가라." 등등의 얘기를 하는 것이죠. 이 과정에서 환자 자신의 건강 정보를 공유하고 스스로의 건강에 능동적으로 참여하게(Participatory) 합니다. 개개인의 생명 정보를 바탕으로 질병의 치료뿐만 아니라 예측과 예방을 가능하게 하는 것, 이것이 바로 미래 의학의 모습이 아닐까 합니다.

그렇다면 여기서, 더 나아가 아예 질병이 발생할 요소 자체를 없애 버린, 좋은 형질들만을 타고나는 맞춤형 아기를 생각해 보지 않을 수 없습니다. 정말 그런 세상이 올까요? 그러기 위해서는 먼저 모든 가능한 유전 정보를 우리가 다 알아야 합니다. 유전자 하나하나에 대해 아는 것만으로는 부족합니다. 유전자들은 서로 매우 복잡하게 얽혀 있기 때문에 모두 합쳐 놓았을 때 전혀 예상하지 못한 결과가 나올 수 있습니다. 즉 시스템 수준에서 우리 몸을 이해할 수 있어야만 합니다. 또한 그것을 잘 조작해서 우리가 원하는 유전자를 합성할 수 있어야 합니다. 제 강의를 주욱 들으신 분들은 이제 아실 겁니다. 그런 세상이 오려면 시간이 꽤 걸리리라는 것을요. 그런데 이 모든 것이 기술적으로 가능해진다면 언제가 되었든 그 순간 맞춤형 아기는 당연히 세상에 나올 것 같습니다. 부모가 원하는 색깔의 눈이라든가 체격이라든가 피부색 등을 갖게 해 주는 회사가 속속 생기겠지요. 사람은 굉장히 간사합니다. 자신에게 뭔가 도움이 된다고 생각하면 비록 윤리적 논란이 있다 하더라도 결국 받아들입니다. 체외 수정도 한때 논란이 있었지만 지금은 아무도 문제 삼지 않습니다. 그런 식으로 줄기세포 역시 언젠가는 논란이 사그라질 것 같습니다. 새로운 기술이 충분히 신뢰할 수 있을 정도로 발전되고 확실한 이점만 있다면 우리는 결국 받아들이게 될 겁니다. 자기 자식을 아프지 않고 건강하게 자랄 수 있게 만들어 준다는 데 어느 부모가 마다하겠습니까? 좋든 싫든 생물 정보학, 합성 생물학, 시스템 생물학, 그리고 개인 유전체학의 눈부신 발달로 이런 세상은 올 겁니다. 어쩌면 예상보다 빨리 올지도 모릅니다. 우리의 미래가 올더스 헉슬리(Aldous Huxley)가 그린 그런 "멋진 신세계(brave new world)"가 되느냐 마느냐는 지금부터 우리가 어떻게 고민하고 토론하고 준비하느냐에 달려 있습니다. 그리고 그런 준비를 하기 위해서는 생명 정보를 둘러싼 과학의 빠른 행보를 주시할 필요가 있습니다. 이것으로 제 강의를 마치도록 하겠습니다. 감사합니다.

testing
1. learning – building
2. testing
3. application

Q & A

Q_ 왜 ATGC라는 네 가지 염기로만 DNA가 존재해야 하는지 궁금합니다.

A_ 그건 모릅니다. 사실 반드시 네 가지일 필요는 없다고 생각합니다. 중요한 것은 결국 정보니까 두 가지 종류의 DNA로도 사실상 모든 정보를 표현할 수 있습니다. 8개로도 역시 가능합니다. 그냥 우연일지도 모르고 혹은 네 가지 염기로 이루어진 시스템이 다른 숫자보다 더 효율적인 것인지도 모르죠.

Q_ ATGC에 각각 다른 특성이나 차이가 있는 건가요?

A_ 각각의 화학적, 물리적인 특성이 다르지만, 그 차이보다 중요한 것은 결합할 수 있는 짝이 다르다는 것입니다. 수소 결합을 할 수 있는 개수가 다르죠. 수소 결합을 몇 개로 할 수 있는가, 그것만이 중요한 차이가 되겠습니다.

Q_ 이중 나선 결합이 유전 정보의 보존에 왜 유리한가요?

A_ 4개의 염기가 3차원에서 서로 도와주면서 안정적인 결합을 이룰 수 있는 형태가 이중 나선입니다. 결합이 이중 나선 안에서 잘 보호되죠. '어떤 특별한 일이 일어나 결합이 깨져서 A가 T로 바뀌었다.'라고 한다면 보존이 안 되고 변형이 일어났다는 거잖아요? 돌연변이가 일어난 거죠. 이중 나선은 그런 일이 쉽게 안 일어나는 안정적인 화학적 구조입니다.

Q_ DNA에서 RNA로 가는 것이 네트워크로 연결되는 정보의 흐름이라고 하셨는

데 정보의 양이 유지되는지가 궁금합니다.

A_ 정보량이 유지는 안 되죠. 줄어듭니다.

Q_ 그러면 줄어들었다는 것 자체를 알려면 줄어든 양을 측정할 어떤 기준, 정보량을 셀 수 있거나 통계적으로 파악하는 기준이 필요할 것 같은데 무엇을 보고 정보량이 줄었다고 이야기하는지요?

A_ 정보의 양이 줄었다는 사실은 자명합니다. 퇴보되었다고 이야기하는데, 서열 하나만 다른 UUU, UUC라는 코돈은 둘 다 하나의 아미노산, 페닐알라닌을 결정합니다. 이처럼 코돈에서 맨 마지막 서열이 아미노산 결정에 영향을 주지 못하는 경우가 있습니다. 정보량이 줄어든 것이지요. 정보량은 엔트로피(entropy) 같은 것으로 계산을 합니다. 섀넌 엔트로피(shannon entropy)라고 하는데 그것으로 정보의 양을 잽니다.

Q_ 실질적으로 그렇게 재는 일에 의미가 있는지, 아니면 단순히 측정을 위한 방편인지 궁금합니다.

A_ 정보적인 측면으로 보면 정보가 많은 지역이 있고, 굉장히 균일하게 되어 있어서 정보가 적은 지역도 있습니다. 그런 걸 재서 '아, 이게 이렇게 되어 있으니까 별로 써먹을 곳이 없는 지역이구나. 그러니 중요하지 않다.' 이렇게 판단하기도 하고요. 여러 가지 현실적인 면에서 정보량을 재는데 주로 섀넌 엔트로피, 앞서 이야기했던 정보 이론에서 나오는 것들을 이용해서 그런 일을 합니다.

Q_ 2강에서 라거 이야기를 하실 때 너도밤나무 효모랑 에일 효모랑 결합해서 새로운 유전자가 만들어졌다고 말씀하셨는데요. 단백질에서 DNA로 역으로는 변형이 안 된다고 하셨는데 그게 어떻게 가능한지요?

A_ DNA 2개가 합쳐지는 거죠. 효모1, 효모2가 짝을 이루어서 짝짓기를 하거든요. 두 DNA가 서로 재조합을 합니다. DNA가 섞여서 한 생명체 안에 있던 DNA가 다른 효모의 DNA 안으로 쏙 들어갑니다.

Q_ 맞춤형 아기가 얼마나 시간이 지나야 가능해지리라고 예측하시나요?

A_ 희귀 질환 유전자 한두 개를 미리 고치는 수준은 지금도 할 수 있습니다. 중요한 것은 많은 사람들이 관심을 보이고 있는 똑똑한 아이나 키 큰 아이를 어떻게 만들 것이냐인데, 하나의 유전자가 한 가지 역할만 하는 게 아니에요. 키를 크게 하는 유전자가 심장병에 관련이 있을지도 모르고 뭐가 될지 아직 모릅니다. 유전자의 역할들을 다 밝히는 일은 몇십 년이 지나기 전에는 일어나지 않을 것 같아요.

Q_ 합성 생물이 많이 생기면 혹시 생태계에 문제를 가져오지 않을까요?

A_ 새로운 생명체를 만든다는 측면에서는 결국 속도의 문제일 뿐 육종학하고 하는 일은 같습니다. 다만 더 빠르게, 아주 과감하게 한다는 차이가 있는데 합성 생물학이 정말로 발전하면 그런 시기가 오겠죠. 뭔가 유용한 일을 하도록 생명체를 만들 수 있다는 이야기는 유용하지 않은 걸 만들 수 있다는 말하고 같으니까요. 그때가 되면 생명 윤리를 바라보는 새로운 시각이 형성될 것 같습니다.

Q_ 개인 과학자에게 윤리를 지키게 하기란 불가능하다고 생각합니다. 지금도 좋은 의도로 한 일이 거시적으로 보면 생태계에 우리가 예측할 수 없는 무언가를 불러오고 있지 않습니까.

A_ 제약 없이 생태계에 퍼트리면 안 된다든지 특정한 테스트를 반드시 거쳐야 하는 식의 규약(protocol)을 만들어야겠죠. 사실 유기 화학이 처음 태어났을 때에도 합성 생물학과 유사한 과정을 겪었습니다. 옛날에는 어떤 화합물을 만들려면 자연에서 추출하는 방법밖에 없었는데 18세기와 19세기 독일에서 유기 화학이 발전되면서 이것저것 막 섞어서 새로운 생화합물을 만들었거든요. 그때도 '유기 화학은 염료를 만들지만 동시에 독도 만들 수 있다.' 이런 비난이 있었습니다. 그렇지만 그런 이유로 우리가 합성 화학을 못 하게 하지는 않았잖아요. 규약을 만들어서 안전하게 쓰게 되었습니다. 앞으로 과학 기술이 더 발전하면서 그에 대한 규약들도 상세하게 마련되지 않을까 생각합니다.

3

이해웅
KAIST 물리학과 교수

퀀텀 시티 속에 정보를 감춰라

양 자 암 호 와 양 자 정 보 학

이해웅 KAIST 물리학과 교수

서울대학교 물리학과에서 학부를 마치고 미국 피츠버그 대학교(University of Pittsburgh)에서 양자 광학(quantum optics)을 주제로 박사 학위를 받았다. 그 후 미국의 로체스터 대학교(University of Rochester), 애리조나 대학교(University of Arizona), 뉴멕시코 대학교(University of New Mexico)에서 박사 후 연구원을 지냈으며 오클랜드 대학교(Oakland University) 물리학과 부교수와 KAIST 물리학과 교수를 거쳐 현재 KAIST 물리학과 명예 교수 및 울산과학기술대학교(UNIST) 석좌 교수로 재직 중이다. 양자 얽힘(quantum entanglement)과 양자 정보(quantum information)를 주제로 양자 정보학(quantum information science), 양자 광학, 원자 물리학(atomic physics) 분야에서 《피지컬 리뷰 레터스》, 《피지컬 리뷰 A(*Physical Review A*)》 등의 학술지에 100여 편의 논문을 발표했다. 국내에서 양자 정보학 연구를 최초로 시작했으며, 여러 편의 우수한 논문을 발표하면서 한국 양자 정보학의 국제적 인지도 상승에 기여했다. 양자 정보학 연구를 주도하고 그 발전에 기여한 공로를 인정받아 2006년에는 삼일문화상 학술상(자연 과학 부문)을, 2008년에는 KAIST 우수 강의상을 받았다. 저서로는 『빛의 양자 이론』이 있다.

1강

암호의 세계

안녕하십니까. KAIST 물리학과의 이해웅이라고 합니다. 반갑습니다. 제가 KAIST에서 교수 생활을 한 지 20년이 넘었습니다. 그간 수도 없이 강단에 섰지만 학생이 아닌 분들에게 강의하는 것은 이번이 처음입니다. 강의에 임하는 제 느낌부터가 다르고, 뭔가 좋은 일이 일어날 것만 같은 예감도 들고 그렇습니다.

사실 처음에 이 「KAIST 명강」 시리즈를 부탁 받고는 좀 망설였습니다. 명강이란 자고로 세상에 널리 알려진 유명한 강의, 이름난 강의 아니겠습니까. '아, 이거 내 이야기는 아니겠구나.' 생각했는데 가만히 보니까 제 강의도 학생들 사이에서 유명하기는 하더라고요. 다만 졸리는 것으로 유명한 것이긴 하지만 말입니다. 어쨌든 이름 그대로 명강인 셈이라서 요청을 받아들이게 되었습니다.

양자 정보학이란?

제 전체적인 강의 주제는 바로 양자 정보학입니다. 양자 정보학은 무엇을 연구하는 학문일까요? 우선 정보학은 정보 처리의 원리와 방법을 연구하는 학문이라고 할 수 있겠지요. 전화, 컴퓨터, 텔레비전 등이 모두 이런 연구의 산물입니다. 그런데 기존의 정보 처리 원리와 방법은 모두 고전 이론(뉴턴 역학, 고전 전자기학 및 광학)에 기반을 두고 있습니다. 양자 정보학이 기존의 정보학과 다른 것은 고전 이론이 아니라 양자 역학(quantum mechanics) 법칙에 기반을 두고 정보 처리의 원리와 방법을 연구하는 학문이라는 것입니다. 양자 역학의 원리와 법칙을 적절하게 이용하면 고전 정보 처리에서는 가능하지 않았던, 또는 상상조차 할 수 없었던 방법들이 가능해집니다. 이것이 바로 양자 정보학이 재미있고 또 중요한 이유입니다. 제가 양자 정보학 연구를 시작한 것이 1999년쯤이었는데, 바로 이런 재미 때문에 양자 정보학의 세계에 깊숙이 빠져들게 되었습니다. 앞으로 세 번의 강의에 걸쳐 양자 정보학에서 어떤 재미있는 일들이 벌어지는지를 간단히 살펴보려고 합니다.

양자 정보학의 분야 중에서도 가장 빠른 발전을 보인 과제는 양자 암호(quantum cryptography)입니다. 암호를 전달하는 방법에 양자 역학의 원리를 도입하면 기존과는 전혀 다른 새로운 암호 전달 방법들이 나오게 됩니다. 암호라는 것은 국가의 기밀을 지키는 매우 중요한 기술이지요. 양자 암호 기술을 먼저 습득하는 나라가 미래를 지배하리라는 인식 하에서 미국이나 유럽, 일본이 국가적 차원에서 엄청난 투자를 했고, 이것이 양자 암호가 빠르게 발전하는 원동력이 되었습니다. 이런 상황을 고려해서 저의 양자 정보학 강의는 우선 암호학으로 시작하겠습니다. 첫 강의의 제목은 '암호의 세계'로 현재 사용되고 있는 암호 전달 방법들을 살펴보는 시간입니다. 이 강의는 두 번째 강의, '양자 암호의 세계'를 이해하기 위한 준비 과정입니다. 두 번째 강의에서는 양자 역학 법칙을 암호 전달에 적용하면 어떤 방법들이 가능해지는지를 알아보겠습니다. 마지막 세 번째 강의, '양자 정보의 세계'에서는 양자 정보학에서 다루는 중요한 주제들, 그중에서도 특히 양자 공간 이동과 양자 컴퓨터에 대해서 알아보려 합니다.

이번 강의의 주제는 암호입니다. 좀 더 정확하게는 양자 암호가 아닌 고전 암호입니다. 과거에 사용했던, 또 현재 사용하고 있는 암호 전달 방법들을 살펴보겠습니다. 적어도 이번 강의는 양자 역학이 없으니 큰 부담 없이 들으실 수 있을 것입니다. 먼저 암호문을 하나 보여 드리겠습니다.

ㅁㅛㅁㄴㅁㅁㅕㄷㄹㄹㅛ

이 한글 암호문은 과연 무얼 말하고 있는 것일까요? 힌트를 드리자면 강의 시간에 어떤 남학생이 여학생에게 건네준 쪽지입니다. 조금 있다 다시 물어볼 때까지 한번 곰곰이 생각해 보시기 바랍니다.

왜 양자인가?

다음 페이지에 있는 사진은 1970년대에 세계에서 제일 빠르다고 일컬어졌던 슈퍼컴퓨터입니다. 제작한 회사 이름을 따서 크레이 1(CRAY-1)이라고 부릅니다. 제 기억에 제 키의 두 배 정도 되는 높이에 넓이도 꽤 되는 큰 컴퓨터였습니다. 그런데 불과 한 20여 년에서 25년 정도 지난 다음에

크레이 1 슈퍼컴퓨터: 1976년 크레이 리서치(Cray Research) 사에서 판매했다. 최대 연산 속도는 140메가플롭스(1메가플롭스(MFLOPS)는 1초에 부동 소수점 연산을 100만 번 실행하는 속도)이다.

보니까 A4 크기의 노트북 컴퓨터로 모든 작업을 다 하게 되더라고요. 더 놀라운 것은, 노트북 컴퓨터가 나온 지 한 10년이 되자 스마트폰이 등장하여 온갖 전자 기기의 기능을 다 하는 것입니다. 20년, 50년 후에 어떻게 될지 상상이 안 갈 정도로 발전 속도가 어마어마하게 빠릅니다. 그 이유는 바로 컴퓨터 속에서 정보를 처리하는 마이크로 칩의 용량이 무지하게 빠른 속도로 커지고 그 크기는 빠른 속도로 작아지고 있기 때문입니다.

마이크로 칩 기술의 발전 속도를 대표하는 무어의 법칙(Moore's law)이라는 것이 있습니다. 인텔(Intel) 사의 창업자 중 한 명인 고든 무어(Gordon Moore)가 1965년 발표한 논문[1]을 시작으로 정립된 법칙인데, "마이크로 칩에 저장할 수 있는 데이터의 양이 18개월마다 두 배씩 증가한다."라는 것입니다. 여기 얽힌 뒷이야기가 있는데 처음에는 1년이라고 예언했답니다. 그런데 1년은 너무 빠른 것 같아서 2년을 생각했는데 또 그것보다는 빠를 것 같아서 최후에는 18개월로 정착했다고 하더라고요.

우리나라에는 삼성 전자 황창규 사장의 '황의 법칙'이 있습니다. 황의 법칙에서는 증가 주기가 18개월이 아니고 1년입니다. 실제로 삼성은 2002년부터 2006년까지 황의 법칙에 맞게 발전을 시켰어요. 이게 삼성이 세계 반도체 시장을 지배할 수 있었던 원동력이 되었습니다. 하지만 황의 법칙 역시 2008년인가에 깨졌습니다. 발전이 이대로 지속될 수는 없습니다. 언젠가는 한계가 오고 끝이 나지요. 왜냐하면 마이크로 칩이 점점 작아지면(벌써 무지하게 작아졌죠.) 결국은 원자 크기가 될 텐데 원자는 더 쪼갤 수가 없으니까 거기서 끝이 나는 겁니다. 최근 나노 과학이 각광받고 있는데 사실 나노미터(nm)는 10^{-9}미터, 바로 원자의 크기입니다. 그러니까 이제 한계에 도달했다고 해도 틀린 말은 아니죠.

우리가 살아가는 세상, 고전 물리학이 지배하는 거시 세계를 넘어 우리가 보지 못하는 원자나 광자 같은 미시 세계로 가면 고전 물리학 대신에 양자 물리학이 나타납니다. 들어 보신 분도 있겠지만 양자 물리는 고전 물리하고 다릅니다. 양자 물리의 세계에서는 우리 상식과는 다른 일도 많이 일어납니다. 그래서 이렇게 작은 원자 크기의 마이크로 칩들이 정보를 처리하게 되면 기존에는 불가능했던, 또는 상상조차 할 수 없었던 것이 가능해집니다.

SF 소설과 영화를 보면, 간혹 순간 이동이라는 게 나옵니다. 영어로는 텔레포테이션(teleportation)이라고 하죠. 여기서 주문을 외면 저기서 펑 하고 나타나는 식입니다. 그런데 실제로 양자 정보학에서 이와 비슷한 일이 가능해졌습니다. 양자 공간 이동이라고 하는데요, 사람까지는 아직 아니지만 작은 입자 상태는 순간 이동이 됩니다. 사실은 제가 이 순간 이동 때문에 처음에 양자 정보학에 관심을 갖게 되었습니다. 3강에서 이 부분은 좀 더 자세히 설명을 드리도록 하겠습니다.

양자 정보학은 강대국들에서 앞으로 이와 관련한 기술들이 국가 경쟁력을 주도하리라 믿고 추진한 덕분에 크게 발전할 수 있었습니다. 그중에서도 제일 빠르게 발전한 건 양자 암호이고요. 양자 암호 기술을 먼저 습득하는 나라가 미래를 지배하리라는 인식 하에 미국이나 유럽, 일본에서 엄청난 투자를 했습니다. 7~8년 전부터는 양자 암호를 실제로 수행하는 장비들이 상용으로 판매되고 있지요.

젊은이들만의 암호

10여 년도 더 된 것 같은데 HOT라는 그룹이 무지하게 인기를 끌던 때가 있었습니다. 저는 사실 1990년대 노래는 하나도 모르는데 오로지 이 그룹만은 알고 있습니다. 당시 중학생이던 제 막내딸이 정말 좋아했거든요. 하도 HOT 얘기를 하니까 저까지 이 그룹 멤버들의 이름을 줄줄 외우고 다녔습니다. 어느 날인가는 신문을 보는데 기사가 하나 났더라고요. 딸에게 얘길 해 주려고 불렀습니다. "여기 네가 좋아하는 그룹에 관한 기사가 난 것 같은데? 핫 말이야." 그랬더니 제 딸이 기겁을 하는 겁니다. 촌스럽게 핫이 뭐냐, 에쵸티다, 그러는 거예요. 뭔가의 약자라면서 말이지요. 제 상식으로는 이해가 안 가서 딸에게 다시 물어보았습니다. "레이저(Laser) 알지? 이게 light amplification by stimulated emission of radiation(복사선의 유도 방출에 의한 빛의 증폭)이라는 영어의 머리글자만을 따서 만든 말이야. 그런데 이걸 누가 엘에이에스이알이라고 읽더냐. 레이저라고 읽지. 에이치오우티라고 읽는 것도 이상한데, 그것도 아니고. 도대체 에쵸티는 어디서 나온 말이냐?" 제 딸아이는 이유가 뭐가 됐든 곧 죽어도 에쵸티래요. 다른 건 몰라도 이 일을 계기로 딸아이의 한국 생활 적응 문제에 대해서는 걱정을 놓게 되었습니다. 미국에서 태어나 6살에 한국으로 건너왔기 때문에 어떻게 잘 지낼 수 있을까 걱정을 했는데 한국어 약어를 잘 쓰는 걸 보니 안심이 되더라고요. 에쵸티는 단지 한 예일 뿐이고요, 요새 젊은 사람들 사이에서는 약어를 참 많이 씁니다. "야, 개콘(「개그 콘서트」) 봤냐?", "슈스케(「슈퍼스타 K」) 재밌더라." 이런 대화는 잘 알지 못하는 기성세대에게는 거의 암호라고 볼 수 있습니다.

젊은 사람들이 하는 암호와 말장난 중에 크게 재미있었던 것을 꼽자면 이런 것이 있습니다. 질문: 냉면 사리가 죽으면 무엇이 되는가? 답: 고(故)사리. 질문: 컴퓨터가 고장 나서 죽으면? 답: 다이하드. 정말 기발한 아이디어라고 감탄했어요. 저런 사람들이 KAIST 물리학과에 와야 하는데 하는 생각도 했지요. **물리에서는 기발한 아이디어가 굉장히 중요하거든요**. 이건 모르는 분이 계실지도 모르니까 퀴즈로 내겠습니다. 아이폰과 아이패드 등으로 한창 주가를 올린 미국 애플(Apple) 사의 로고는 다음 중 어느 모양일까요? 보기는 (1) 사과 (2) 파인애플 (3) 바나나 이렇게 세 가지입니다. 1번이 답일까요? 그럼 너무 뻔해서 퀴즈랄 것도 없겠지요. 애플사의 로고를 가만히 보시면 사과의 오른쪽 일부분이 한입 베어 먹은 것처럼 움푹 패어 있습니다. 사과는 사과인데 파인 사과라고 해서 파인애플이 답입니다. 기발하지요? 영어와 한글을 조화시킨 것도 기막히고요. 늦은 밤, 파인애플이 먹고 싶은데 시어머님이 계셔서 남편한테 시키기가 좀 그렇다. 그럴 때 이 암호를 한번 써 보십시오. "흠, 애플 사의 로고가 어디 있더라? 지금 꼭 필요한데." 물론 남편은 알고 시어머님은 모르는 경우에만 암호가 성립하겠지요.

너와 나만의 암호: 시저 암호

ㅁㅛㅁㄴㅁㅁㅕㄷㄹㄹㅛ

다시 제일 처음에 보여 드린 암호로 돌아가 보겠습니다. 가장 간단한 암호 체계의 하나로 시저 암호(caesar cipher)라는 방법이 있습니다. 로마의 황제 율리우스 카이사르(Julius Caesar, 영어식으로는 줄리어스 시저)가 신하들에게 비밀 메시지를 보낼 때 썼던 암호 방법입니다. 암호의 메시지라는 게 영어는 알파벳이고 한글은 자음과 모음인데, 예를 들어 각 자음과 모음을 오른쪽으로 세 자리씩 옮겨서 쓰는 겁니다. 'ㄱ'이 나왔으면 'ㄹ'을 쓰고, 'ㅎ'이 나왔다면 'ㅓ'를, 'ㅡ'가 나왔다면 한 바퀴 돌아서 'ㄴ'을 대입합니다.

메시지:ㄱㄴㄷㄹㅁㅂㅅㅇㅈㅊㅋㅌㅍㅎㅏㅑㅓㅕㅗㅛㅜㅠㅡㅣ

암호:ㄹㅁㅂㅅㅇㅈㅊㅋㅌㅍㅎㅏㅑㅓㅕㅗㅛㅜㅠㅡㅣㄱㄴㄷ

해독하려면 거꾸로 왼쪽으로 세 자리씩 이동해서 나오는 글자를 적어 주면 됩니다. 앞서 암호문의 처음 두 글자를 보면 'ㅁ'이니까 'ㄴ'이 되고, 'ㅛ'면 'ㅓ'가 됩니다. 그러면 'ㄴㅓ'가 되겠네요. 이런 식으로 부호를 해독해 보면 아래와 같습니다.

ㅁㅛㅁㄴㅁㅁㅕㄷㄹㄹㅛ

ㄴㅓㄴㅡㄴㄴㅏㅣㄱㄱㅓ

너는 내꺼. 남학생이 어느 여학생한테 건네준 것이라는 제 말에 힌트를 얻어서 "당신을 사랑합니다." 이런 걸 생각하신 분이 계실지도 모르겠네요. 그렇다면 구세대입니다. 요즘은 좀 더 대담하고 적극적인 표현을 쓰지요. "너는 내꺼."처럼 말입니다.

이 암호를 준 사람이 받은 사람으로 하여금 쉽게 암호를 해독하게 하려면 힌트를 하나 주면 됩니다. 이것을 키(key)라고 합니다. 여기서는 3이에요. 그러면 세 자리 움직였다는 사실을 금방 알 수가 있죠. 사실은 키를 안 주더라도 간단하기 때문에 시간만 주면 대개 풀 수 있습니다. 여러분도 만약 제가 시간을 10분 드리고 100만 원의 상금을 걸었다면 다 풀었을 겁니다. 그만큼 쉬워요. 그러니까 암호로는 별로입니다. 암호로 사용하려면 더 복잡하게 만들어야 해요.

다음 페이지 그림을 보시면 알베르티 암호 원판(alberti cipher disk)이라고 영어 암호를 만드는 방법 중 하나입니다. ABCD가 바깥쪽에는 시계방향으로, 안쪽에는 반대 방향으로 배열되어 있습니다. 바깥 원판은 고정되어 있는 데 반해 안쪽 원판은 회전이 가능하게 되어 있습니다. 암호를 만들 때 원판의 바깥쪽에서 안쪽으로 들어가면서 예를 들어 A면 *g*로, B면 *k*로 그렇게 암호를 만들고 해독할 때는 반대 방향으로 읽으면 메시지가 되지요. 원리는 아주 간단합니다. 영어의 알파벳이나 한글의 자음과 모음을 어떤 법칙을 써서 다른 알파벳이나 자음과 모음으로 대치시키는 거예요. 대치시키는 그 방법을 다른 사람이 알아내기 어렵게 할수록 좋은 암호인 거죠. 이것이 중요합니다. **대치**. 그리고 **대치를 힘들게 한다**.

레온 바티스타 알베르티(Leon Battista Alberti)가 고안한 알베르티 암호 원판. 바깥의 원판은 고정되어 있고 안의 원판은 회전하기 때문에 문자의 다양한 대치가 가능하다.

우리 편만의 암호: 에니그마

암호의 대치를 아주 힘들게 한 대표적인 예가 이것입니다. 에니그마(enigma machine)라는 암호 기계인데 제2차 세계 대전 때 독일군이 썼던 것이지요. 암호는 너와 나 이외에 다른 사람이 알아서는 안 되는데 그 제삼자가 적군인 순간 굉장히 심각해집니다. 그래서 메시지의 대치를 매우 복잡하게 합니다. 에니그마는 겉보기에는 일반적인 타자기처럼 생겼습니다. 하지만 그 속은 매우 복잡한 기계 장치들로 되어 있어서 우리가 타자로 치는 것을 곧이 곧대로 받아적질 않고 뭔가 다른 걸 내놓습니다. 예를 들어서 "내일 12시에 파리 어디를 폭격하라."라는 내용의 영어 메시지, "bomb paris……."를 타자기로 치면 bomb니까 알파벳 b를 치면 b가 나오고 o를 치면 알파벳 o가 그대로 나옵니다. 그런데 에니그마에서는 b가 아니라 다른 글자가 나오죠. o를 치면 또 복잡한 과정이 일어나서 다른 글자가 나오고, 그래서 결과적으로는 bomb paris와는 전혀 다른 글자들로 구성된 암호문이 됩니다. 그렇게 만든 암호를 보냅니다. 그러면 암호문을 받은 쪽에서는 해독 모드로 해서 이 암호문을 다시 에니그마에 쳐서 넣으면 원래의 메시지 bomb paris를 얻을 수 있습니다.

대전 초기에는 독일군이 이것으로 굉장히 재미를 봤다고 해요. 그런데 나중에 가서 연합군이 에니그마의 암호 생성 원리를 알아냈습니다. 연합군이 오로지 이 덕분에 이겼다고 말할 수는 없지만, 확실히 중요한 원인 중의 하나라고 사람들이 파악하고 있습니다. 에니그마를 소재로 영화도 많이 나왔고요. 2001년에 나온 「U571」이라는 영화를 혹시 보셨는지 모르겠습니다. 독일 잠수함 U보트가 폭격을 당해서 표류하는데 연합군 병사들이 그 배에 밤에 몰래 침투를 합니다. 그래서 이 에니그마를 탈취해 작동 원리를 알아내고 암호를 푸는 그런 이야기입니다.

한번은 청와대 근처에서 약속이 있어서 택시를 타고 가는데 목적지에 거의 다다랐을 때 나이 지긋한 택시 기사분께서 "옛날에 김신조가 여기까지 왔었죠." 하시더라고요. '김신조 사건'이라고 1968년 당시 온 국민을 정말 깜짝 놀라게 한 일이 있었습니다. 대통령 등 정부 요인 암살 임무를 띤 북한의 무장간첩 31명이 휴전선을 넘어 청와대 코앞까지 진출한 일대 사건이었습니다. 청운동 세검정 고개의 창의문을 통과하려다 비상근무 중이던 경찰의 불심 검문으로 정체가 드러났지요. 수류탄을 던지고 기관 단총을 무차별 난사해서 종로 경찰서장이 순직하고 많은 시민이 목숨을 잃었습니다. 군경이 비상 태세를 확립하고 현장으로 출동해서 대낮에 서울 시내에서 작은 전쟁이 일어났습니다. 결국 31명의 무장간첩 중 28명이 사살되고 2명은 도주, 1명을 생포했는데, 그가 김신조였습니다. 이때 김신조 일당의 암호가 611이었다고 합니다. 옛날 암호임을 감안해도 너무 간단합니다. 어떻게 이런 암호로 서울 시내까지 진입할 수 있었는지 정말 놀라울 따름입니다.

이처럼 암호는 우리끼리만 알고 있을 때 암호로서 제 역할을 할 수 있습니다. "애플 사의 로고는?" "파인애플." 한글과 영어가 조화된 암호는 약속된 사람들끼리만 알 수 있는 좋은 암호입니다. 비슷한 예로 '언덕'이 있습니다. 오리가 얼면 뭐가 될까요? '언 오리'겠지요. 오리가 영어로 'duck'이니까, '언 duck'입니다. 기발한 암호 하나를 더 말씀드리면, 「애국가」를 이용한 게 있습니다. 「애국가」는 우리나라 사람이 아니면 모르겠지요. "「애국가」 1절에 나오는 군인의 이름과 계급은?"이라는 질문에 한번 답을 찾아보십시오. "…… 하느님이 보우하사 우리나라 만세."라는 구절 기억나시나요? '하사'는 군인의 계급이지요. 질문에 대한 답은 '이 보우 하사'입니다. 이 암호는 정말 우리 군밖에 알 수 없는 기발하고도 좋은 암호입니다.

암호의 숫자화

지금까지는 메시지를 전달하는 암호문이 문자로 구성된 경우를 살펴봤는데 사실 암호에서는 문자 대신에 숫자를 많이 씁니다. 어떻게 하느냐? 간단해요. 각각의 자음과 모음을 다른 숫자에 대응시키면 됩니다. 한글을 생각하면 제일 간단한 방법은 자음 14개에 모음 10개이니까 24개잖아요? 24개의 자음과 모음을 0에서 23까지의 숫자에 다음과 같이 대응시키면 됩니다.

ㄱ	ㄴ	ㄷ	ㄹ	ㅁ	ㅂ	ㅅ	ㅇ	ㅈ	ㅊ
00	01	02	03	04	05	06	07	08	09
ㅋ	ㅌ	ㅍ	ㅎ	ㅏ	ㅑ	ㅓ	ㅕ	ㅗ	ㅛ
10	11	12	13	14	15	16	17	18	19
ㅜ	ㅠ	ㅡ	ㅣ						
20	21	22	23						

메시지가 "너는 내꺼."라면 'ㄴ'이 01, 'ㅓ'가 16, 이런 식으로 만든 수열 '01 16 01 22 01 01 14 23 00 00 16'이 "너는 내꺼."라는 메시지를 말하는 숫자가 되는 겁니다. 이렇게 정보를 숫자로 만들면 그다음에는 암호를 만들고 해독하는 일이 완전히 숫자 게임이 됩니다. 여기서 시저 암호 방법을 써서 암호문을 만들면 'ㄱ'이 'ㄹ', 즉 00이 03이 됩니다. 'ㄴ'은 'ㅁ'이니까 01이 04가 되고요. 그러니 암호를 만드는 과정은 각각의 숫자에 3을 더하는 것입니다. 여기서 주의할 것은 22입니다. 22는 세 자리 움직이면 25가 되는데 25는 여기 없는 숫자잖아요? 그러면 다시 처음으로 넘어가서 1이 되면 됩니다. 다시 말해 3을 더한 결과가 25가 되면 거기서 24를 빼야 해요. 24 이상의 숫자는 없기 때문입니다. 그러면 1이 되죠. 이렇게 24 이상의 숫자가 나오면 24를 빼고 나머지 숫자를 쓰는 일을 계산학에서 모듈러 연산(modular arithmetic)이라고 합니다. 그래서 이 암호화는 '3을 더하는 모듈러 24 덧셈'이 됩니다.

이런 과정을 거쳐 '04 19 04 01 04 04 17 02 03 03 19'라는 암호문을 만들었습니다. 이 암호문 수열을 받은 사람이 암호문을 해독하려면 마찬가지로 모듈러 뺄셈을 해야 합니다. 3을 빼야죠. 4에서 3을 빼면 1이 되고, 19에서 3을 빼면 16이 되는 식입니다. 여기에서는 1이 문제가 됩니다. 1에서 3을 빼면 -2가 나오니까 음수죠. 이때는 24를 더해서 22를 만듭니다. 이게 모듈러 24 뺄셈을 하는 방법입니다. 이런 과정을 거치면 원래의 메시지와 같은 수열 '01 16 01 22 01 01 14 23 00 00 16'을 얻게 되고, 이것을 문자로 바꾸면 "너는 내꺼."가 나옵니다. 그래서 암호화는 모듈러 덧셈을 하고 암호 해독은 모듈러 뺄셈을 하면 시저 암호 체계의 암호화/해독 과정이 완성됩니다. 일률적으로 3이라는 수를 더하는 시저 암호의 이런 방법은 사실 제삼자가 알아채기 아주 쉽습니다. 그래서 어떻게 이것을 알아내기 어렵게 하느냐가 관건인데 정말 힘들게 하는 대표적인 방법이 있습니다.

1회용 패드

1회용 패드(one-time pad)라는 방법이 있습니다. 2강에도 나오는 중요한 내용이니 유심히 들어 주시길 바랍니다. 시저 암호는 3을 일괄적으로 다 더했지만 이 방법은 메시지의 숫자마다 무작위로 다른 수를 더합니다. 암호화 과정은 수식으로 간단히 $C=M+K$ (mod 24)로 표시됩니다. 여기서 M은 메시지에 해당하는 수열이고 C는 암호문에 해당하는 수열, K라고 나와 있는 게 키인데 0에서 23까지의 숫자들이 무작위로 나열된 수열입니다. 이 키는 어떻게 만드느냐? 간단해요. 매주 토요일 저녁이면 텔레비전에서 로또 추첨 과정을 생중계해 주는데요, 그것과 비슷하다고 보시면 됩니다. 공에다 숫자를 적은 다음 공 하나를 뽑는 것이지요. 단, 여기서는 로또와 달리 뽑은 공을 다시 통 속에 집어넣고 다음 공을 뽑습니다. 그래서 공 24개에 0에서 23까지 숫자를 쓰고 막 흔들어서 뽑은 다음 9가 나오면 09를 쓰고, 다시 넣고 또 흔들어서 22가 나오면 22를 쓰는 식으로

너는 내꺼

암호화 $C=M+K$ (mod 24)

M: 01 16 01 22 01 01 14 23 00 00 16

K: 09 22 18 13 01 23 07 15 06 14 23

C: 10 14 19 11 02 00 21 14 06 14 15

암호 해독 $M=C-K$ (mod 24)

C: 10 14 19 11 02 00 21 14 06 14 15

K: 09 22 18 13 01 23 07 15 06 14 23

M: 01 16 01 22 01 01 14 23 00 00 16

너는 내꺼

1회용 패드 암호 해독 과정

무작위 수열을 만들면 그것이 키입니다. 그다음에는 "너는 내꺼."라는 메시지에다 키의 수를 더해서 모듈러 덧셈을 하면 됩니다. 해독할 때는 모듈러 뺄셈을 합니다. 즉 $M=C-K$ (mod 24)의 모듈러 뺄셈이 암호 해독 과정이 됩니다.

해독하면 위 그림에서처럼 바뀐 숫자가 나오는데 여기서 숫자를 자음, 모음으로 바꾸면 원래 메시지인 "너는 내꺼."가 되는 거죠. '키의 숫자를 무작위로 한다.' 사실 너무나도 간단하지만, 고전 암호 중에서 유일하게 절대적으로 안전한 방법입니다. 키가 없으면 메시지를 도저히 알아낼 수가 없어요. 그래서 사람들이 많이 썼습니다. 문제는 암호를 해독하려면 키를 만든 사람뿐만 아니라 받는 사람도 똑같은 키를 가지고 있어야 합니다. 그러니까 암호를 보낼 사람에게 키도 함께 보내 줘야 합니다. 이 키를 적은 것을 난수표라고 합니다. 1회용 패드는 절대적으로 안전하지만, 이 난수표를 전달하는 게 문제입니다. 항상 문제죠. 그래서 간첩을 잡으면 난수표부터 뺏는 겁니다.

에드거 앨런 포(Edgar Allan Poe)라는 작가가 있습니다. 우리나라에서는 「애너벨 리(*Annabel Lee*)」라는 시를 통해 특히 여성들에게 많이 알려져 있는데, 사실은 그보다도 『검은 고양이(*The Black Cat*)』 같은 추리 소설로 더 유명하죠. 포는 추리 작가였던 만큼 암호학에도 굉장히 지식이 많았다고 해요. 포가 이런 말을 했습니다.[2]

인간의 두뇌로 풀어내지 못할 암호문은 인간의 두뇌로 만들 수도 없다.

굉장히 그럴듯하죠? 하지만 이 말은 틀렸습니다. 왜냐하면 1회용 패드는 인간의 두뇌로 만든 방법이지만 난수표만 유출되지 않는 한 절대적으로 안전하거든요.

비대칭 공개 키 암호

1976년에 이르러 암호 체계에 혁명적 변화가 일어납니다. 그전까지 암호 체계는 학문이랄 것도 없고 1회용 패드가 대표 격이었는데 화이트필드 디피(Whitfield Diffie)와 마틴 헬먼(Martin Hellman)이란 두 미국인이 그것하고는 전혀 다른 강력한 암호 체계를 제안했습니다. 아니 발견했다고 해야 할까요? 이것이 현재 우리가 쓰는 암호의 근간을 이루고 있습니다.

이전까지 암호 체계는 한마디로 **대칭 관계의 비밀 키 암호**였습니다. 대칭 관계라는 건 암호를 만드는 사람과 해독하는 사람이 같은 키를 쓴다는 의미입니다. 1회용 패드 방법도 같은 키를 써야만 제대로 해독됩니다. 물론 비밀 키여야 합니다. 둘만 알아야 하고 다른 사람에게 들키면 안 됩니다. 이 사람들이 제안한 건 **비대칭 관계의 공개 키 암호**입니다. 비대칭 관계는 암호를 만드는 키하고 해독하는 키가 다르다는 것을 뜻합니다. 이것이 가능할까요? 더 신기한 것은 암호를 만들 때 쓰는 키는 아무나 알아도 상관없습니다. 단지 암호를 해독할 때는 비밀 키를 써야 합니다. 해독하는 사람만이 비밀 키를 가지고 있어서 해독할 수 있습니다. 설명하기가 쉽지 않습니다. 저도 이것을 이해하는 데 상당히 오래 걸렸습니다.

두 체계의 다른 점을 비교해서 설명해 보겠습니다. 우선 암호학에서는 암호를 보내는 사람을 앨리스(alice), 암호를 받는 사람은 밥(bob)이라고 합니다. 앨리스가 a로 시작하고 밥이 b로 시작하기 때문에 그런 것 같아요. 우리나라식으로 갑돌이, 을순이라고 해도 됩니다. 1회용 패드 방법에서는 암호를 보내는 사람인 을순이가 비밀 키를 만들어서 갑돌이한테 보내야 합니다. 갑돌이가 암호문을 받아서 그 키로 해독하면 "너는 내꺼."를 보냈다는 걸 알고 좋아하는 거죠.

디피-헬먼 체계는 암호를 보내는 사람이 아니라 받을 사람이 키를 만듭니다. 받을 사람인 갑돌이가 공개 키와 비밀 키를 둘 다 만들어서 비밀 키는 자기만 간직합니다. 이것이 중요합니다. 비밀 키를 공개하면 큰일 납니다. 공개 키는 그냥 공개해 버립니다. 그러면 키를 갑돌이가 공개했으니까 이제 을순이도 알 것 아니에요. 을순이는 공개 키로 암호문을 만들어서 갑돌이에게 보내요. 그러면 갑돌이는 이 암호문을 자기만 가지고 있는 비밀 키로 해독을 합니다. 이게 디피-헬먼 체계의 전체 과정입니다.

1회용 패드에서는 항상 키 전달이 문제였잖아요? 여기서는 암호를 받는 사람이 키를 만들기 때문에 그 문제가 깨끗하게 해소됩니다. 다시 말씀드리면 암호는 공개 키로 하고 암호 해독은 비밀 키로 하는데 여기서 중요한 게 공개 키와 비밀 키의 관계입니다. 같은 암호문을 만들고 해독하는 것이기 때문에 둘이 완전히 독립적일 수는 없어요. 1회용 패드에서는 100퍼센트 같아야 했는데 여기서는 꼭 같을 필요는 없을지 몰라도 상호 연관성은 분명히 있습니다. 같은 암호문으로 하는 것이기 때문입니다. 그래서 원칙적으로는 공개 키를 알면 비밀 키를 알아낼 수가 있어요. 이 사람들의 아이디어는 비밀 키를 알아내더라도 어렵게 하고 시간이 걸리게 한다는 겁니다. 예를 들어서 "내일 12시에 파리를 폭파하라."는 내용의 암호문을 생각해 봅시다. 이 암호문을 알아내는 데 한 달이 걸린다면, 알아내 봤자 이건 물 건너간 일이죠. 그런 식으로 굉장히 어렵게 해서 성공적인 암호 체계를 만듭니다. 핵심은 어렵게 하는 겁니다.

안전한 암호: RSA

RSA는 디피와 헬먼의 아이디어를 받아들여 공개 키에서 비밀 키를 알아내는 일을 어렵게 만들어서 성공한 방법입니다. 제일 인기가 좋은 방법이자 오늘 강의의 핵심입니다. RSA는 제안자인 론 리베스트(Ron Rivest), 아디 셰미르(Adi Shamir), 레오나르드 아델만(Leonard Adleman)의 이름 첫 글자를 딴 것입니다. 세 사람은 RSA 방법을 1977년에 제안했습니다.

1회용 패드로 다시 돌아가 보겠습니다. 1회용 패드에서 암호화 과정은 모듈러 24 덧셈이고 암호 해독은 모듈러 24 뺄셈입니다. 그런데 암호를

론 리베스트, 아디 셰미르, 레오나르드 아델만: RSA의 창시자 세 사람

만들 때 꼭 덧셈만 할 필요가 없습니다. 예를 들어 $C=M^e$이라는 식에 따라 암호문을 만들 수도 있습니다. 여기서 e는 임의의 수인데 구체적으로 e가 3인 경우를 생각해서 $C=M^3$의 수식을 써서 암호문을 만든다고 합시다. "너는 내꺼."에서 '너'만 보면 'ㄴ'이 01이고 'ㅓ'가 16이니까 01을 세제곱해서 01이 나오고 16을 세제곱해서 4,096이 나오죠. 이걸 보내면 되는 거예요. 꼭 덧셈을 할 필요가 없습니다. '$C=M^3$을 가지고 나는 암호를 만들겠다.'라고 하면 되는 겁니다. 이 식에서 역으로 M을 C의 함수로 표시하면 $M=C^{1/3}$이 됩니다. 암호를 해독하려면 받은 암호문의 숫자들에 이 식을 사용해서 M을 구하면 됩니다. 위 예에서 보면 받은 숫자가 1하고 4,096이니까 1의 1/3승은 1이고 4,096의 1/3승은 계산기만 있으면 금방 16이 나오죠. 1과 16의 숫자를 한글로 바꿔 보면 '너'가 됩니다. 이 예가 바로 아주 간단하게 설명한 RSA 방법입니다. RSA에서는 암호화할 때

쓰는 키가 공개 키, 해독할 때 쓰는 키가 비밀 키가 되는데 지금 본 이 간단한 예에서는 공개 키는 3이고 비밀 키는 1/3이죠. 여기서는 공개 키를 알면 비밀 키는 초등학생도 알 수 있습니다. 따라서 좋은 암호 방법이 아니지요. 그런데 여기서 한 걸음만 더 나아가면 사람들이 널리 사용하는 RSA 방법이 됩니다. 지금부터 그걸 설명해 드리겠습니다.

먼저 복습입니다. $C=M^3$이라는 암호화 방법을 역으로 하면 $M=C^{1/3}$이 됩니다. RSA 방법의 관점에서 보면 공개 키는 3이고 비밀 키는 1/3인데 이건 비밀 키를 알기가 너무 쉽습니다. 또 한 가지 단점은 세제곱을 하니까 큰 수가 나오게 됩니다. 이렇게 큰 수가 나오면 암호가 길어지고 바람직하지 않습니다. 어딘가에서 멈추고 싶다면 어떻게 해야 할까요? 앞에서처럼 모듈러 계산을 하면 됩니다. 예를 들어 모듈러 24면 24보다 큰 수가 나왔을 때 24의 배수는 다 빼 버리고 24보다 작은 수만 씁니다. 24로 나누어서 나머지만 선택하면 그게 모듈러 계산이거든요. 예를 들어서 이런 계산을 한번 보겠습니다.

$$C=M^3 \ (\mathrm{mod}\ 15)$$

이 식은 M을 세제곱하되 15나 15보다 큰 수가 나오면 다 나누어서 나머지만 숫자로 쓰자는 이야기입니다. 이런 방법으로 암호를 만들었다면, 암호를 해독할 때 어떠한 식을 써야 하는지는 이제 수학 문제입니다. 이 수식에서도 역으로 M을 C의 함수로 표시해야 합니다. 아까 $C=M^3$에서는 아주 쉬웠던 것이 여기서는 그렇게 간단하지는 않습니다. 그 과정은 말씀 안 드리고 답만 말씀드리겠는데 $M=C^3$ (mod 15)가 됩니다. 공개 키가 3과 15인데 비밀 키는 3이 되는 셈입니다. 공개 키에서 비밀 키를 알아내는 일이 간단하지는 않으니까 암호로서 쓸모가 있겠다는 힌트가 나오는 거죠.

예를 또 하나 들겠습니다. $C=M^5 \pmod{85}$가 있습니다. 이 식의 역은 $M=C^{13} \pmod{85}$가 됩니다. 그래서 여기서는 5와 85가 공개 키인데 비밀 키는 13이죠. 그러면 이 방법, 즉 일반적으로 $C=M^e \pmod{N}$의 수식을 써서 암호화하는 방법이 실제로 쓸 만한 방법일까요? 그 답은 이 암호화 수식의 역을 구하는 것이 얼마나 어려우냐에 달려 있습니다. 구체적으로 암호화 수식의 역을 $M=C^d \pmod{N}$이라 할 때 비밀 키에 해당하는 숫자 d를 알아내는 일이 얼마나 어려우냐에 달려 있습니다. 여기서 중요한 것은 모듈러 계산의 역을 구하기 위해서는 모듈러 계산을 하기 위해 나누는 수(즉 N, 두 예에서 15와 85에 해당하는 수)의 소인수 분해를 하는 과정이 필요하다는 점입니다. 위의 간단한 두 예의 경우에는 소인수 분해를 아무 문제 없이 쉽게 할 수 있고($15=3\times5$, $85=5\times17$), 그다음에는 간단한 수학 과정을 거쳐 역을 구할 수가 있습니다. 그런데 숫자 N이 커지면 소인수 분해가 급격히 어려워집니다. 여기에 RSA가 성공한 이유가 있습니다. N을 조금만 더 크게 해도 알아내는 데 시간이 굉장히 걸리며, 적당히 큰 숫자로 N을 선택하면 아무리 빠른 컴퓨터를 써도 몇 달이 걸리게 할 수가 있습니다. **$C=M^e \pmod{N}$의 수식을 써서 암호를 만들되 숫자 N을 충분히 크게 잡는다.** 이것이 RSA 방법의 핵심입니다.

고전 암호에서 가장 중요한 두 방법인 1회용 패드와 RSA를 비교하여 암호화 및 암호 해독 방법을 정리하면 다음과 같습니다.

1회용 패드:

암호화 $C=M+K \pmod{24}$

암호 해독 $M = C - K \pmod{24}$

RSA:

암호화 $C = M^e \pmod{N}$

암호 해독 $M = C^d \pmod{N}$

RSA로 암호를 전달하라!

RSA 방법을 써서 실제로 어떻게 암호를 전달하는지 보겠습니다. 밥이 공개 키 e, N과 비밀 키 d를 만듭니다. 비밀 키는 자신이 간직하고 공개 키는 공개해 버립니다. 그러면 앨리스가 밥이 공개한 키를 가지고 $C = M^e$ $\pmod{N}$의 식을 써서 암호문의 수열을 만듭니다. 밥은 이 암호문을 받아서 $M = C^d \pmod{N}$의 식을 사용하여 암호문을 해독합니다. 이때 사용하는 비밀 키 d는 밥만 가지고 있습니다. 원칙적으로는 다른 사람들도 e하고 N을 아니까 비밀 키 d를 알아낼 수 있는데 다만 시간이 굉장히 오래 걸려서 암호문을 해독했을 때에는 이미 늦어 버리는 거지요.

간단해서 실제로는 쓰면 안 되는 예이지만, 어쨌든 공개 키가 5와 85이고 비밀 키가 13인 경우를 생각해 봅시다.

ㄱ	ㄴ	ㄷ	ㄹ	ㅁ	ㅂ	ㅅ	ㅇ	ㅈ	ㅊ
00	01	02	03	04	05	06	07	08	09
ㅋ	ㅌ	ㅍ	ㅎ	ㅏ	ㅑ	ㅓ	ㅕ	ㅗ	ㅛ
10	11	12	13	14	15	16	17	18	19
ㅜ	ㅠ	ㅡ	ㅣ						
20	21	22	23						

메시지 “너는 내꺼.”를 숫자로 바꾸면 ‘01 16 01 22….’ 이런 식으로 이어집니다. 암호화하는 방법은 $C=M^5$ (mod 85)의 수식을 써서 암호문을 만듭니다. 01은 다섯 번을 곱해도 01이니까 01이 나옵니다. 그다음으로 16을 5승하면 큰 수(1,048,576)가 나오는데 이것을 85로 나누어서 나머지를 내면 16이 됩니다. 16이 다시 16이 되었습니다. 01은 또 01입니다. 22는 22의 5승이니까 큰 수(5,153,632)가 나오죠. 이걸 85로 나누어 주면 나머지는 82가 나옵니다. 이런 방법으로 암호문을 만들면 ‘01 16 01 82 01 01 29 58 00 00 16’이 됩니다. 이런 암호문을 받은 갑돌이는 해독할 때 $M=C^{13}$ (mod 85)의 식을 쓰는데 비밀 키 13은 자기만이 가지고 있습니다. 처음에 01이니까 01이 나오고 그다음으로 16^{13}이라는 큰 수(4,503,599,627,370,496)가 나오지만 이건 계산기만 있으면 얼마든지 할 수 있습니다. 16을 13승한 것을 85로 나누면 나머지가 16이 나옵니다. 이러면 원래 숫자와 같지요. 이런 방식으로 계산해서 나온 수열을 문자로 바꾸면 “너는 내꺼.”가 나오는 겁니다.

그러니까 e하고 N이 작은 수이면 사실 굉장히 간단한 건데 핵심은 ‘공개 키 e, N의 정보를 가지고 비밀 키 d를 알아내기가 어려워서 알아내는 데 시간이 오래 걸려야 한다.’입니다. 구체적으로는 공개 키 N의 값을 크게 해서 소인수 분해가 어렵고 시간이 오래 걸리게 합니다. 그래서 내일까지 분명히 알아야 하는 암호문 해독에 한 달이 걸리면 되는 겁니다.

얼마나 안전한가?

RSA가 나온 지 한 달 후인 1977년 8월에 일반인을 위한 미국의 과학

잡지 《사이언티픽 아메리칸(*Scientific American*)》에서 아주 재미있는 기사를 실었습니다. 암호문을 싣고 '이 암호문을 푸는 사람에게 100달러를 주겠다.'는 내용이었습니다. 그 암호문은 RSA를 써서 만든 암호문이었습니다. 공개 키 e와 N도 알려 주었는데 N이 이름도 따로 있을 정도로 무지하게 큰 수였습니다. 바로 RSA129인데 이것이 무슨 뜻이냐면, 앞서 N이 85였지요. 85의 자릿수는 2입니다. RSA129는 자릿수가 129인 수였습니다. 소인수 분해를 하면 풀 수 있다는 것도 알려 주고, RSA 방법도 알려 주었지만 실은 아무도 풀지 못할 거라 자신을 하고 기사를 게재한 것이었습니다. 당시에 최고로 좋은 컴퓨터로도 RSA129를 소인수 분해하려면 수억 년이 걸릴 것으로 예측했으니까요. 큰 수의 소인수 분해가 이렇게 힘듭니다. 그랬는데 그로부터 16년이 흐른 1993년 7월부터 25개국 600여 명이 인터넷으로 1,600대의 컴퓨터를 사용하여 소인수 분해에 매달린 끝에 8개월 만에 암호문을 풀었습니다.

어떻게 8개월 만에 풀었을까요? 먼저 16년 동안에 컴퓨터가 엄청나게 발전했습니다. 굉장히 빨라졌어요. 또 하나의 이유는 소인수 분해를 하는 컴퓨터 알고리듬이 좋은 게 나왔어요. 하드웨어하고 소프트웨어가 둘 다 엄청나게 발전한 겁니다. RSA는 계산적 안정성에 의존하는 방법입니다. 계산에 시간이 걸리니까 안전하다는 거죠. 그런데 이제 계산적 안정성도 믿을 수 없는 시대가 오고 있습니다. 컴퓨터가 너무 빨리 발전해 버렸기 때문에 지금 괜찮다고 내년에도 괜찮으리란 보장은 하나도 없다는 겁니다.

8개월 동안 해서 나온 식이 이겁니다.

3,490,529,510,847,650,949,147,849,619,903,898,133,417,764,638,493,387,843,990,820,577

×

32,769,132,993,266,709,549,961,988,190,834,461,413,177,642,967,992,942,539,798,288,533

첫째 줄과 둘째 줄의 수를 곱하면 RSA129가 됩니다. 사실 곱셈은 쉽습니다. 시간만 주어지면 손으로라도 하긴 합니다. 그러나 그 역인 소인수 분해는 정말로 힘듭니다. 어쨌든 상금 100달러는 600명에게, 한 사람 앞에 16센트씩 돌아갔는데 복지 재단에 기증했다고 합니다.

지금은 RSA129 정도만 되더라도 이렇게 많은 컴퓨터를 사용해서 8개월 만에야 풀 수 있으므로 단기간에 해독해야만 하는 암호는 사실 안전하다고 볼 수 있습니다. 그래도 안심하지 못하겠으면 예를 들어 자릿수가 2,000인 암호를 만들면 됩니다. 2,000자리의 수를 소인수 분해하려면 우주 안에 있는 모든 입자의 수만큼이나 많은 컴퓨터로 계산하더라도 우주의 나이만큼의 시간 동안 계산을 해야 합니다.

그런데 완전히 마음을 놓을 수는 없습니다. 1994년에 피터 쇼어(Peter Shor)라는 사람이 소인수 분해 양자 알고리듬을 개발했습니다. 2,000자릿수의 소인수 분해도 몇 분 안에 해내는 정말 강력한 것입니다. 그러니까 소인수 분해에 시간이 걸린다는 사실에 의존하는 RSA 방법은 깨지게 되어 있습니다. 단, 쇼어 알고리듬을 쓰려면 양자 컴퓨터가 있어야 합니다. 양자 컴퓨터가 나오기 전까지는 RSA 방법이 그래도 많이 쓰일 테지만, 양자 컴퓨터가 개발되는 순간 무용지물이 되고 말 것입니다.

RSA129 얘기를 줄곧 했는데 안 보고 넘어갈 수는 없겠죠? 바로 이 수입니다.

114,381,625,757,888,867,669,235,779,976,146,612,010,218,296,721,242,362,562,561,842,935,706,935,245,733,897,830,597,123,563,958,705,058,989,075,147,599,290,026,879,543,541

1줄로 모자라서 3줄까지 갑니다. 세어 보시면 129자리의 수입니다. 이걸 소인수 분해한다고 생각해 보세요. 컴퓨터로도 엄청난 시간이 걸리니까 거의 불가능하다고 할 수 있겠지요.

양자 암호

이제 제 첫 강의를 마칠 시간이 된 것 같습니다. 우리가 쓰는 암호에는 양자 암호와 고전 암호가 있습니다. 고전 암호에는 대표적으로 두 가지 방법이 있고요. 1회용 패드와 RSA입니다. 1회용 패드는 메시지를 무작위한 숫자들로 구성된 수열인 키로 위장시킵니다. 키는 무작위한 숫자들로 구성되어 있으므로 그것을 갖고 있지 않는 한 메시지를 알아낼 방법이 없습니다. 따라서 절대적으로 안전한데, 문제는 심복을 써서 우리 편에게 난수표를 전달하는 과정에 있습니다. 항상 그게 문제입니다. 도중에 적에게 잡히고, 목숨을 잃고, 심복을 의심하고……. 드라마나 영화에서는 재미있는 소재가 될지는 몰라도 당사자에겐 생명이 걸릴 정도로 중요합니다. 그것만 주의하면 절대적으로 안전성이 보장됩니다. 그다음이 RSA 방법입니다. 그런데 RSA 방법은 절대적 안정성이 없고 계산적 안정성만 있기 때문에 언젠가는 깨지게 되어 있습니다.

그래서 등장한 것이 양자 암호입니다. 양자 암호는 심복을 시켜서 키를 전달해야 하는 문제도 없으면서 절대적으로 안전합니다. 기존의 RSA 방법이 양자 암호로 대체되는 것은 시간문제입니다. 2강에서는 양자 암호에 대해 들려 드리겠습니다. 제 졸린 명강을 졸지 않고 들어 주셔서 감사합니다.

2강

양자 암호의 세계

안녕하세요. KAIST 물리학과의 이해웅입니다. 2강의 주제는 양자 암호입니다. 양자 암호도 암호이니만큼 암호를 먼저 복습하고, 그다음에 양자 암호를 이해하는 데 필요한 지식인 빛의 편광을 좀 설명해 드리겠습니다. 그리고 마지막으로 양자 암호를 본격적으로 살펴보겠습니다.

정보의 숫자화

양자 암호는 원칙적으로는 1회용 패드하고 동일합니다. 1회용 패드를 잠깐 돌이켜 보면, 정보를 숫자로 쓴다는 것을 말씀드렸습니다. 한글의 자음과 모음 24개 각각을 숫자로 대응시켜서 메시지를 씁니다.

ㄱ	ㄴ	ㄷ	ㄹ	ㅁ	ㅂ	ㅅ	ㅇ	ㅈ	ㅊ
00	01	02	03	04	05	06	07	08	09
ㅋ	ㅌ	ㅍ	ㅎ	ㅏ	ㅑ	ㅓ	ㅕ	ㅗ	ㅛ
10	11	12	13	14	15	16	17	18	19
ㅜ	ㅠ	ㅡ	ㅣ						
20	21	22	23						

'너는 내꺼.'라는 메시지를 숫자로 표현하면 '01 16 01 22 01 01 14 23 00 00 16'이 되겠죠. 1회용 패드에서는 메시지에 해당하는 숫자에 키를 더해서 암호문을 만드는데 0에서 23까지 숫자를 무작위로 더합니다. 생각해 보면 꼭 숫자 24개로 할 필요는 없습니다. 어떤 숫자든지 가능합니다. 어쨌든 키의 숫자를 더하는데 암호화할 때는 모듈러 24의 덧셈을 하고 해독할 때는 모듈러 24 뺄셈을 합니다. 기억나시지요?

무작위 키를 만드는 법은 로또와 비슷하다고 말씀을 드렸습니다. 단, 여기서는 공마다 숫자를 써서 24개를 넣고, 하나씩 빼서 그때마다 키로 삼은 다음 공을 다시 집어넣습니다. 그래야만 처음에 뽑을 때나 백 번째 뽑을 때나 똑같은 상황이고 완벽한 무작위 수열이 되는 겁니다. 이렇게 만든 키를 심복을 시켜서 전달합니다. 그런데 심복이 적에게 잡히거나 배반할 수도 있고 문제가 많습니다. 그래서 키 전달이 1회용 패드에서 제일 골치 아픈 점인데, 그럼 그냥 심복을 시켜서 메시지를 전달하면 되지 않느냐라고 생각하는 분도 계실 겁니다. 그런데 그렇게 하지 않는 이유가 분명히 있습니다. 왜 그럴까요? 왜 키를 전달하고 메시지를 전달 안 할까요? 키는 발각된다 하더라도 그냥 숫자의 나열일 뿐 아무 의미가 없어요. 심복이 잡히면 그 심복이 목숨을 잃을지는 몰라도 보내는 사람 쪽에서는 메시지가 적에게 알려지지 않았으니 이것은 사실 손해가 아닙니다. 그런데 메시지를 직접 전달하다가 잡히면 이건 국가 기밀이 적에게 새는 것 아닙니까. 그래서 암호에서는 항상 키 전달에 초점을 두고 메시지 전달은 하지를 않습니다. 그리고 키 전달이 확실히 되었다고 확인이 된 다음에 암호문을 보냅니다. 이때 암호문이 적에게 발각되더라도 키가 없는 적은 해독할 수가 없습니다. 키를 가지고 있는 아군만이 해독할 수 있죠.

비트

1강에서 말씀드린 암호나 거기 나오는 모듈러 덧셈, 뺄셈은 다 우리가 잘 아는 십진법 수로 하는 겁니다. 그런데 양자 암호에서는 십진법보다 이진법을 많이 씁니다. 이진법에서는 수가 0하고 1, 둘 밖에 없습니다. 이걸 비트(bit)라고 하는데 이진수(binary digit)의 준말입니다. 이 비트를 써서 메시지를 암호로 만들고 해독합니다. 이 과정에서 제일 중요한 것은 역시 24개의 자음, 모음을 숫자에 대응시키는 일입니다. 0과 1밖에 없으니까 0과 1, 5개의 조합으로 표시합니다.

ㄱ 00000	ㄴ 00001	ㄷ 00010	ㄹ 00011
ㅁ 00100	ㅂ 00101	ㅅ 00110	ㅇ 00111
ㅈ 01000	ㅊ 01001	ㅋ 01010	ㅌ 01011
ㅍ 01100	ㅎ 01101	ㅏ 01110	ㅑ 01111
ㅓ 10000	ㅕ 10001	ㅗ 10010	ㅛ 10011
ㅜ 10100	ㅠ 10101	ㅡ 10110	ㅣ 10111

'ㄱ'은 00000, 'ㄴ'은 00001, 마지막 'ㅣ'는 10111로 이렇게 차례로 이진법으로 1씩 더해서 자음, 모음 24개를 일대일 대응시킬 수가 있습니다. 그다음에는 십진법하고 똑같은 방법을 사용합니다.

예컨대 "너는 내꺼." 여기서 'ㄴ'은 00001이고 'ㅓ'가 10000입니다. 그러니까 '0000110000….' 이렇게 되겠죠? "너는 내꺼."를 이런 식으로 다 쓰면 아래와 같이 됩니다.

00001100000000011011000001000010111010111000000000010000

십진법하고 비교하면 너무 길죠. 길지만 구조로 보면 더 간단합니다. 이렇게 비트를 사용해서 암호문을 만듭니다. 키는 어떻게 할까요? 수가 0하고 1밖에 없으니까 이 둘로 이루어진 무작위 수열이 키입니다. 이것을 만드는 방법으로 제일 간단한 것이 동전 던지기입니다. 확률이 반반인 완전 무작위이고 공정한 방법이죠. 동전 던지기를 해서 앞면이 나오면 0을 쓰고 뒷면이 나오면 1을 쓰는 식으로 수열을 만들면 사람이 도저히 예측할 수 없는 무작위 수열이 나옵니다. 암호화는 메시지에다 키의 숫자를 더하면 됩니다. 여기서는 2 이상의 숫자가 나올 수 없으니까 모듈러 2 덧셈입니다. 네 가지 경우밖에 없어요. 0+0, 0+1, 1+0, 이런 건 다 쉬운 것이고 1+1은 2잖아요? 2가 있어서는 안 되니 2를 빼서 답은 0입니다. 암호를 해독할 때에도 똑같이 모듈러 뺄셈을 하는데 0하고 1만 있으면 뺄셈 결과가 덧셈하고 같게 나옵니다. 그래서 해독하는 사람이 뺄셈 대신 모듈러 2 덧셈을 해도 됩니다. 암호를 만드는 사람과 해독하는 사람이 같은 키를 쓰고 같이 모듈러 2 덧셈을 하면 되는 것이죠. 대칭 관계가 완벽합니다. 이 결과를 다시 5개씩 묶어서 문자로 바꾸면 "너는 내꺼."로 해독됩니다.

하지만 비트를 사용하면 키를 안전하게 전달하는 문제 말고도 문제가 하나 더 생깁니다. 키를 두 번 못 쓴다는 것이지요. 수학으로 간단하게 증명되는데 같은 키를 써서 다른 두 메시지를 암호문으로 작성하면 암호문의 숫자 둘을 더한 결과가 메시지 숫자 둘을 더한 것하고 같습니다. 암호문의 각각의 숫자들은 모르지만 합이 무언지는 알기 때문에 숫자에 대한 정보가 부분적으로 새어 나간 셈이고, 잘 추측하면 메시지가 뭔지를 알게 될 가능성도 있습니다. 그래서 한 번밖에 사용을 못 하는 1회용 패드입니다. 여기까지 지난 시간의 복습을 겸하면서 비트 이야기를 했습니다.

큐비트

지금까지 제가 말씀드린 내용에서는 정보의 기본 단위가 두 숫자 0하고 1, 비트였습니다. 그런데 양자 암호에서는 기본 단위가 큐비트(qubit)입니다. 양자 비트(quantum bit)의 줄임말인데 두 상태를 가진 입자, 또는 그러한 입자의 상태를 큐비트라고 하고 양자 역학에서는 이 상태를 브라켓(bra-ket) 기호로 표시합니다. '|'가 브라, '⟩'가 켓인데 브라켓 안에 0 또는 1의 숫자를 넣어서 0과 1의 상태를 표시합니다.

$$|0\rangle, |1\rangle$$

예를 들어 광자(光子, photon)가 없는 진공 상태를 |0⟩, 광자가 하나 있는 상태를 |1⟩이라고 할 수 있고 광자의 수평 편광(偏光, polarized light)을 |0⟩, 수직 편광을 |1⟩로 할 수도 있습니다. 또는 원자의 바닥 상태를 |0⟩, 들

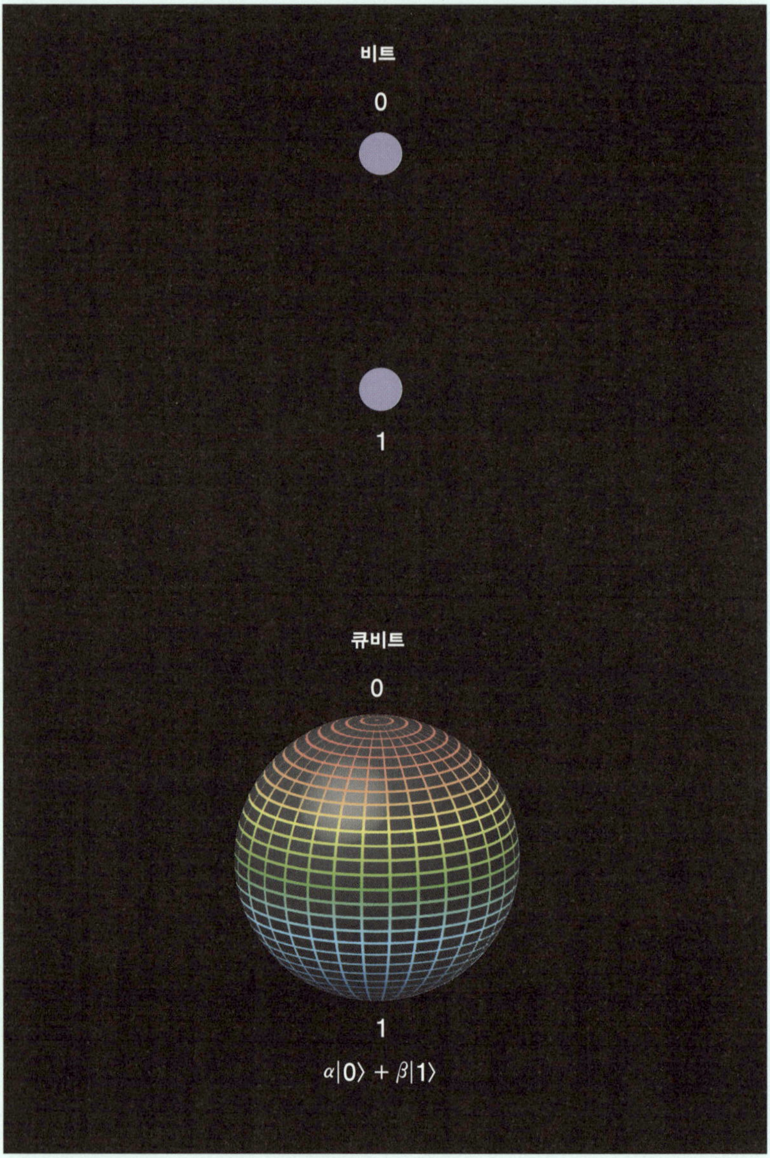

비트의 숫자는 0과 1의 두 숫자만 존재하지만, 큐비트의 상태는 $|0\rangle$과 $|1\rangle$의 선형 중첩으로 주어지는 무한대의 다른 상태들이 존재한다.

뜬 상태를 |1⟩로 할 수도 있고 스핀(spin)의 방향이 업(up)일 때 |0⟩, 다운(down)일 때 |1⟩로 할 수도 있습니다. 하여간 구별이 가능한 두 상태가 있는 입자를 큐비트라고 합니다. 큐비트로 보편적으로 많이 쓰고 오늘 제가 말씀드릴 것은 편광입니다. 수평 편광이 |0⟩, 수직 편광이 |1⟩입니다.

> **비트가 0 또는 1의 두 숫자 중 하나로 표시되는 반면**
> **큐비트는 |0>과 |1>의 선형 중첩(superposition) 상태로 표시될 수 있다.**

도대체 무슨 말인지 감이 잘 안 오실 거예요. 양자 암호다 보니까 양자 역학 이야기를 안 할 도리가 없네요. 이것이 양자 암호와 고전 암호가 다른 근본적인 이유 중 하나입니다. 고전 암호에서는 "너는 내꺼."라는 메시지를 가지고 그에 해당하는 숫자를 쓰잖아요? 그런데 양자 암호에서는 비트가 아니라 큐비트거든요. 예를 들어서 'ㄴ'에 해당하는 숫자 '00001' 대신에 '0의 상태 0의 상태 0의 상태 0의 상태 1의 상태' 이게 양자 정보에서 'ㄴ'이 되는 겁니다. 앨리스가 'ㄴ'을 보내려면 큐비트가 뭐든 간에 |0⟩ |0⟩ |0⟩ |0⟩ |1⟩을 차례대로 보내면 되는 거예요. 광자의 편광을 큐비트로 쓴다면 수평, 수평, 수평, 수평, 수직 편광의 광자 5개를 차례로 보내면 됩니다. 그런데 비트의 숫자가 0과 1의 둘만 있는 반면에 큐비트의 상태는 수평 편광 |0⟩, 수직 편광 |1⟩의 두 상태만 있는 것이 아니라 대각선 방향의 편광, 반대각선 방향의 편광 등 사실상 무한대로 많은 방향의 편광 상태가 존재합니다. 일반적으로 임의의 방향으로 편광된 상태는 수평 편광의 상태 |0⟩과 수직 편광의 상태 |1⟩의 선형 중첩으로 표시됩니다. 큐비트 상태의 이러한 다양성이 양자 암호를 절대적으로 안전하게 하는 원인입니다.

광자와 편광

자, 그럼 잠시 양자 암호는 잊고 편광 이야기를 해 보도록 하겠습니다. 빛의 편광이라고 하면 물리학 교과서에서 언젠가 한번쯤은 보셨을 겁니다. 어려운 얘기일 것 같지만 사실은 우리 주변에서 흔히 맞닥드리는 현상입니다. 예를 들어서 스키장에 가면 눈이 반사하는 빛 때문에 굉장히 눈부시잖아요? 그럴 때 우리는 편광 선글라스를 씁니다. 운전할 때도 앞차에서 번쩍번쩍 빛이 반사되면 굉장히 눈부시죠. 운전자용 편광 보안경이 있습니다. 요즘은 액정 텔레비전(LCD television)들을 보시죠? 여기에서 나오는 빛이 편광입니다. 액체와 고체의 중간 상태 물질인 액정에 빛의 강도를 조절하여 통과시킴으로써 여러 가지 색을 표현합니다. 영화 볼 때 쓰는 3D 입체 안경, 이것 또한 편광을 이용한 것입니다. 이처럼 우리 일상생활과 밀접하게 맞닿아 있는 편광이 무엇인지 지금부터 설명해 드리겠습니다.

먼저 빛을 생각해 주세요. 빛이 광자라는 입자로 구성되어 있다는 사실을 우선 알아 두셔야 합니다. 빛에는 세 가지 특성이 있습니다. 첫째, **밝기**. 이건 우리 눈이 아주 잘 구별하죠. 여기는 밝고, 여기는 어둡고. 아주 잘 알죠. 둘째, **색**. 한마디로 빨주노초파남보로 표현할 수 있습니다. 이것도 우리 눈이 굉장히 잘 알아냅니다. 셋째, **편광**. 빛의 세 번째 중요한 특성인데 불행히도 우리 눈은 이것을 전혀 볼 수가 없어요. 곤충이나 동물 중에는 편광을 보는 종류가 있다고 하더라고요. 어쨌든 빛이란 광자들이 나오는 것이고 그 광자를 따라서 전기장(electric field)이란 것이 옵니다. 우리가 길을 걸을 때 따라오는 그림자처럼 광자를 따라서 오는데 그냥이 아니라 진동하면서 따라옵니다. 파도하고 굉장히 비슷합니다. 파도가 칠 때

위아래로 진동하면서 오지요? 다만 파도는 진동하는 방향이 수직밖에 없지만 빛은 때에 따라서 전기장이 수직으로, 수평으로, 비스듬하게, 모든 방향으로 진동할 수가 있습니다. 또 하나 다른 점은 파도는 물 자체가 진동하는 것이지만 여기서는 광자가 진동하는 건 아니고 광자를 그림자처럼 따라다니는 전기장이 진동을 일으키면서 따라오는 것입니다. 그리고 그 전기장의 진동 방향이 편광입니다.

'편광이란 전기장의 진동 방향을 말한다.' 이렇게 이해하시면 됩니다. 빛이 어느 방향으로 진동하는지 직접 볼 수는 없지만 알아낼 수는 있습니다. 자연광, 즉 햇빛은 광자들이 여러 방향으로 마구 진동합니다. 그래서 어떤 광자는 이 방향으로, 어떤 광자는 저 방향으로, 모두 각기 다른 방향으로 진동합니다. 이런 빛을 무편광 빛이라고 합니다. 햇빛과 같은 무편광 빛은 일정하게 진동하는 방향이 없습니다.

편광판이란 것이 있는데 여기에는 투과축이 있습니다. 그래서 투과축에 평행한 방향으로 진동하는 전기장의 광자만 통과시킵니다. 햇빛이 여러 방향으로 마구 진동하는 광자들이라고 말씀드렸죠? 수직으로 진동하는 전기장의 광자만 통과시키는 편광판을 투과한 햇빛은 한 방향으로만 진동하는 빛이 됩니다. 이것을 편광이라고 해요. 정확하게 말하면 진동 방향이 투과축에 평행한 선의 방향이므로 선편광 빛이라고 말합니다. 편광판이 2개 있으면 어떻게 될까요? 두 편광판의 투과축이 다 수직이라면 모든 방향으로 진동하는 빛이 들어와도 수직 방향으로 진동하는 빛만 남죠. 그런데 만일 첫 번째 편광판의 투과축은 수직인데 두 번째 편광판의 투과축이 수평이라면 빛이 통과할 수가 없겠죠.

편광판은 무편광의 자연광을 편광으로 만듭니다. 편광을 만드는 또 하나의 방법은 반사를 이용하는 것입니다. 무편광의 빛이 반사를 하면 수

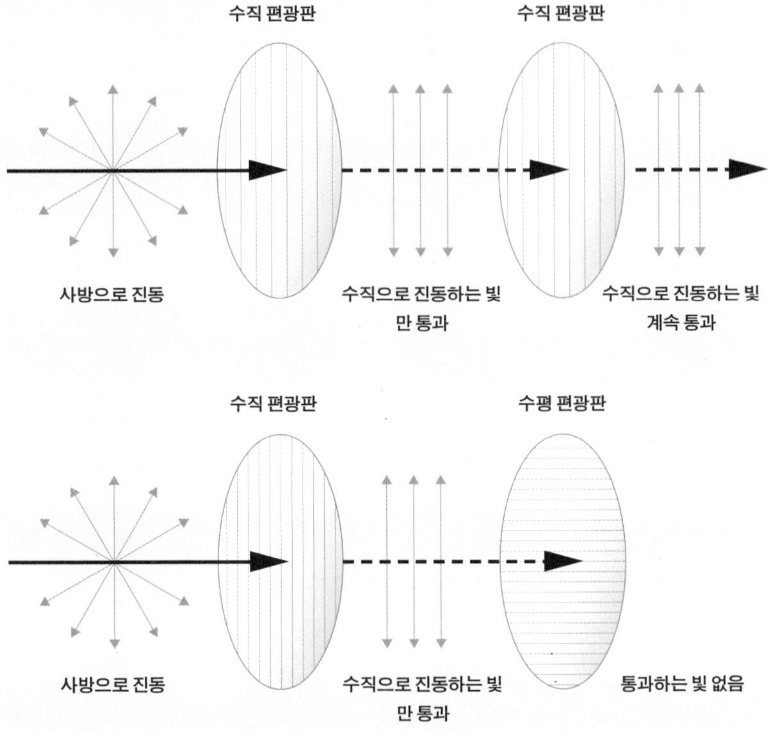

무편광 빛은 투과축이 같은 두 편광판에서는 빛의 일부가 투과하지만, 투과축의 방향이 직교하는 두 편광판은 투과하지 못한다.

직 방향이 많이 없어집니다. 반사광은 거의 대부분 수평 편광입니다. 하얀 눈이나 차에서 반사되는 빛은 다 수평 방향으로 편광되죠. 그래서 스키 탈 때 쓰는 편광 선글라스는 투과축이 수직인 편광판으로 되어 있습니다. 수평 편광의 반사광을 차단시켜 눈부심을 없애 주죠.

요즘 3D 입체 영화들이 많이 나오는데 이 3D 영화의 원리도 편광과 밀접한 관계가 있습니다. 입체 영화 볼 때 쓰는 안경은 왼쪽하고 오른쪽하고 투과축 방향을 다르게 만듭니다. 예를 들어 왼쪽 안경은 투과축이 수평이고 오른쪽 안경은 수직인 식이죠. 실제로는 원편광이라는 약간 다른 방식을 써서 왼쪽은 좌원 편광(left-circular polarization), 오른쪽은 우원 편광(right-circular polaization)으로 양쪽이 다른 편광을 통과시킵니다. 영화를 찍을 때는 입체감이 생기도록 2개의 카메라로 동시에 조금 다른 영상을 찍은 후, 편광을 다르게 해서 한 화면에 내보냅니다. 그러면 왼쪽 안경하고 오른쪽 안경하고 각기 다른 부분을 투과시켜 입체감을 만듭니다.

잠시 후에 자세히 말씀드리겠지만 양자 암호에서는 광자 하나하나를 신호로 보냅니다. 광자 하나를 만들려면 어떻게 해야 할까요? 예를 들어 우리가 보통 발표할 때 사용하는 레이저 포인터의 세기인 1밀리와트(mW)의 레이저에서 나오는 광자의 수가 1초에 10^{15}개 정도 됩니다. 이것을 광자 하나로 만들어야 하잖아요. 방법은 빛을 흡수하는 판을 써서 빛의 밝기를 계속 줄이는 거예요. 줄이고 줄여서 결국은 그 빛에 광자 하나만 남게 합니다. 정확하게 광자 1개만 남기는 것은 대단히 어려운 일인데 그래서 양자 암호가 실행이 어렵다고 하는 것입니다.

편광 이론

편광에 대해 좀 더 자세히 살펴보겠습니다. 광자 1개의 편광을 생각하기 전까지는 양자 역학 이론을 굳이 쓸 필요는 없지만, 편의상 양자 역학의 표현을 따르도록 하겠습니다. 양자 역학에서는 입자의 상태를 브라켓(| 〉)으로 표시한다는 것은 이미 말씀드렸습니다. 빛의 수평 편광 상태는 $|H\rangle$, 수직 편광 상태는 $|V\rangle$로 표시합니다. 양자 암호에선 이것을 보통 0의 상태 $|0\rangle$, 1의 상태 $|1\rangle$로 씁니다.

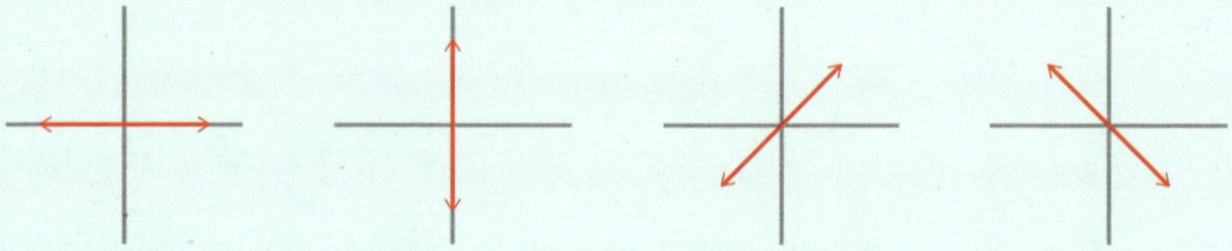

$|H\rangle \rightarrow |0\rangle$ $\quad$ $|V\rangle \rightarrow |1\rangle$

$|D\rangle = \frac{1}{\sqrt{2}}(|H\rangle + |V\rangle)$ $\quad$ $|A\rangle = \frac{1}{\sqrt{2}}(|H\rangle - |V\rangle)$

$|H\rangle = \frac{1}{\sqrt{2}}(|D\rangle + |A\rangle)$ $\quad$ $|V\rangle = \frac{1}{\sqrt{2}}(|D\rangle - |A\rangle)$

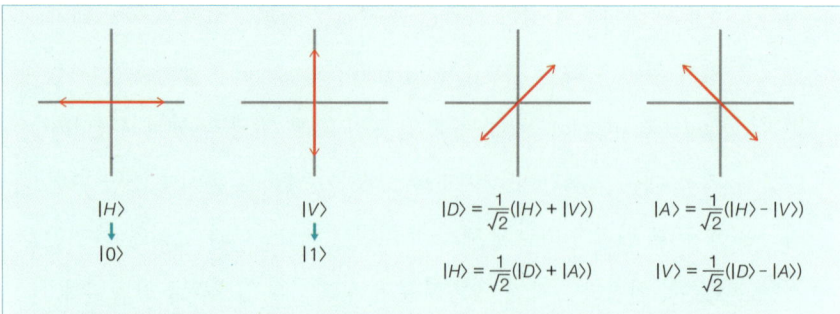

대각선 방향의 편광 $|D\rangle$와 반대각선 방향의 편광 $|A\rangle$는 각각 수평 편광 $|H\rangle$와 수직 편광 $|V\rangle$의 선형 중첩으로 표시될 수 있다. 반대로 $|H\rangle$와 $|V\rangle$는 각각 $|D\rangle$와 $|A\rangle$의 선형 중첩으로 표시될 수 있다.

투과축을 수평으로 하면 수평 편광이 나오고 수직으로 하면 수직 편광이 나오는데 이번에는 투과축을 비스듬히 45도로 해 보겠습니다. 그러면 대각선 방향의 편광이 나올 텐데 이 상태를 $|D\rangle$라고 표현합니다. 반대 방향으로 45도로 하면 또 반대각선 방향의 편광이 나오고, 이것은 $|A\rangle$라고 표현합니다. 투과축의 방향에 따라 어느 방향이든 다 나올 수가 있죠.

대각선 방향의 편광 상태 $|D\rangle$를 생각해 봅시다. 대각선 방향의 진동을 수평축에 투영시키면 수평 방향으로의 진동, 수직축에 투영시키면 수직 방향으로의 진동이 됩니다. 여기서 알 수 있는 것은, 상태 $|D\rangle$가 수평 편광 상태 $|H\rangle$와 수직 편광 상태 $|V\rangle$의 성분을 모두 가지고 있다는 사실입니다.

좀 더 정량적으로 말하자면 상태 $|D\rangle$에는 수평 편광의 성분이 반, 수직 편광의 성분이 반 있습니다. 이것은 반대각선 방향의 편광 상태 $|A\rangle$도 마찬가지입니다. 즉 $|D\rangle$와 $|A\rangle$는 수평/수직 편광하고 전혀 별개의 상태가 아니라 **수평/수직 편광의 선형 중첩**입니다. 반대도 마찬가지입니다. 수평이나 수직 편광에도 대각선 $|D\rangle$ 방향으로 진동하는 성분이 반 있고 $|A\rangle$

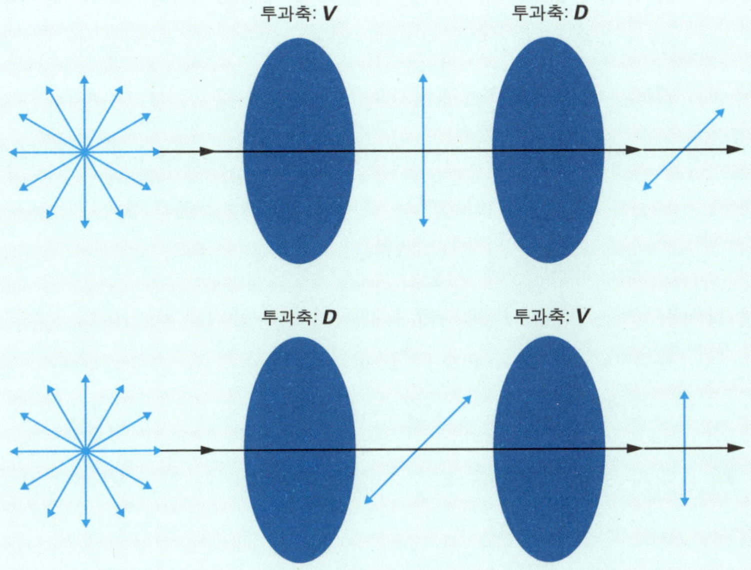

무편광 빛이 투과축 방향이 서로 45도인 두 편광판을 통과하면 마지막으로 통과한 편광판의 투과축과 같은 방향으로 진동하는 편광이 된다.

방향 성분도 반이 있어서 $|H\rangle$와 $|V\rangle$를 $|D\rangle$하고 $|A\rangle$의 선형 중첩으로 나타낼 수 있습니다. 서로 독립적인 게 아니라 관계가 있다는 사실을 우선 알아 두어야 합니다.

그러면 편광판이 2개일 때로 돌아가서 이번에는 첫 번째 편광판의 투과축이 수직 방향, 두 번째 편광판의 투과축이 45도 대각선 방향인 경우를 생각해 봅시다. 무편광인 햇빛이 들어옵니다. 첫 번째는 투과축이 수직이라서 수직으로 진동하는 편광이 생겨요. 그다음은 투과축이 45도로 기울어진 편광판입니다. 어떻게 될까요? 얼핏 보기에 두 번째 편광판은 45도로 진동하는 편광만을 내보내는데 첫 번째 편광판을 통과한 빛에는 그게 없으니 아무것도 투과 안 할 것으로 생각하기 쉽습니다. 하지만

실제로는 광자가 반 정도 투과를 합니다. 왜냐하면 앞서 말씀드린 대로 $|V\rangle$에는 $|D\rangle$ 방향으로 진동하는 성분이 반, $|A\rangle$ 방향으로 진동하는 성분이 반이기 때문에 그 반이 빠져나오는 것이죠.

일정한 진동 방향이 없이 무편광인 자연광이 '투과축이 수직인' 편광판에 입사하면 수직으로 진동하는 광자만 투과할 것 같지요? 수많은 광자 중 수직으로 진동하는 극소수의 광자만이 투과할 것 같잖아요. 사실은 그렇지 않습니다. 절반 정도의 광자들이 투과합니다. 비스듬히 진동하는 광자에도 수직으로 진동하는 성분이 있거든요. 그 성분들이 투과해요. 평균적으로 2분의 1 정도가 빠져나와서 절반 정도의 밝기가 됩니다.

이제 광자 하나에 초점을 맞추어 봅시다. 여기서는 양자 역학이 필요합니다. $|V\rangle$ 방향으로 진동하는 광자 1개가 투과축이 대각선 방향 D인 편광판에 입사했어요. 그러면 어떻게 될까요? 빛을 광자라는 알갱이 대신 파동으로만 생각하는 고전 이론에서는 광자의 개념이 없고 이 경우에도 빛의 반이 투과하고 반은 투과하지 않는다는 결과를 줄 뿐입니다. 그런데 미시 세계의 양자 역학은 고전 세계하고 달라요. 이 편광판은 대각선 방향으로 진동하는 광자만 투과시켜요. 그러면 어떻게 될까요? 광자는 쪼개질 수 없으니 반이 투과하고 반이 투과하지 않고 그러지는 않습니다. 대신에, 광자는 2분의 1 확률로 투과하거나 투과하지 않습니다. 어떻게 생각하면 동전 던지기하고 똑같습니다. 앞면이나 뒷면 둘 중 하나가 나오는데 결과를 미리 알 수는 없잖아요? 여기도 투과할지 안 할지 둘 중 하나에요. 2분의 1 확률인 거죠. 사전에 미리 알 수는 없지만, 실제로 해 보면 둘 중 하나의 결과가 나와요. 여기까지가 제가 편광에 대해서 말씀드리는 전부입니다. 이것만 잘 알면 양자 암호를 비교적 쉽게 이해하실 수 있을 겁니다.

양자 암호와 도청

이제 양자 암호의 실제 방법을 말씀드리겠습니다. 기본적으로 양자 암호의 방법은 1회용 패드와 동일합니다. 다만 심복이 아니라 광자를 이용해서 키를 전달한다는 것이 다르지요. 지금부터 자세히 살펴보겠습니다. 우선 암호를 보내는 사람인 앨리스와 받는 사람 밥이 있습니다. 앨리스는 광자를 하나씩 일정한 간격으로 내보내는 광원을 가지고 있습니다. 이상적으로는 원하는 정확한 시간 간격으로 꼭 1개씩의 광자를 내보내는 광원이어야 하겠지만, 현실적으로는 광자 간의 시간 간격이 아주 일정하지는 않습니다. 또한 발생되는 광자 수가 2개 또는 그 이상일 때도 있고 반대로 아예 안 나올 때도 있습니다. 실제로는 이런 현실적인 제약에 의한 오차도 생각해야 합니다. 여기서는 이상적인 광원을 가정하겠습니다. 하나하나의 광자를 일정한 간격으로 내보내는 광원입니다. 그리고 편광판이 있습니다. 예를 들어 앨리스가 보낼 키가 01001이라고 합시다. 그것에 해당하는 큐비트의 상태는 수평, 수직, 수평, 수평, 수직입니다. 편광판을 수평으로 했다가 90도 돌려 수직으로, 다시 수평, 수평, 수직으로 하면 원하는 편광의 광자 5개가 나올 거예요. 그게 앨리스가 하는 일입니다. 광학적으로 편광 방향을 빨리 돌리는 장비가 실제로 있습니다. 투명한 결정체에 전기를 가하면 이를 통과하는 빛의 편광축이 회전하는 포켈스 효과(pockels effect)를 이용한 포켈스 셀(pockels cell)이라고 하는 것을 써서 빨리 돌릴 수가 있어요. 밥은 편광판과 광자 측정기를 가지고 있습니다. 편광판의 투과축을 H, 즉 수평으로 고정하고서 밥은 광자가 통과하는지를 봅니다. 투과축이 H이니까 $|H\rangle$면 통과할 것이고 $|V\rangle$면 통과하지 않을 것 아니에요. 그 간격마다 광자가 도달하는지 안 하는지, 예스인지 노인

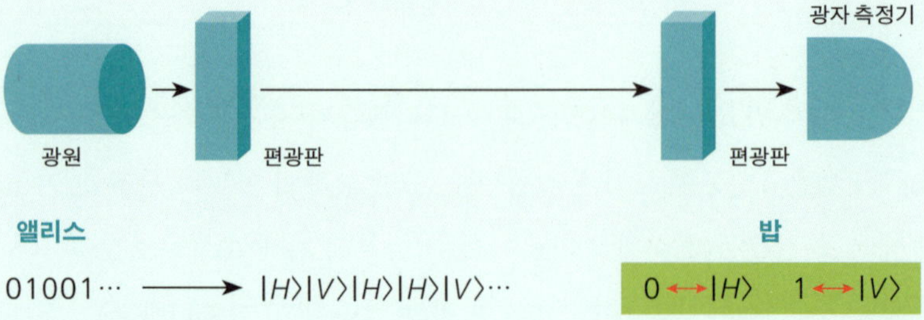

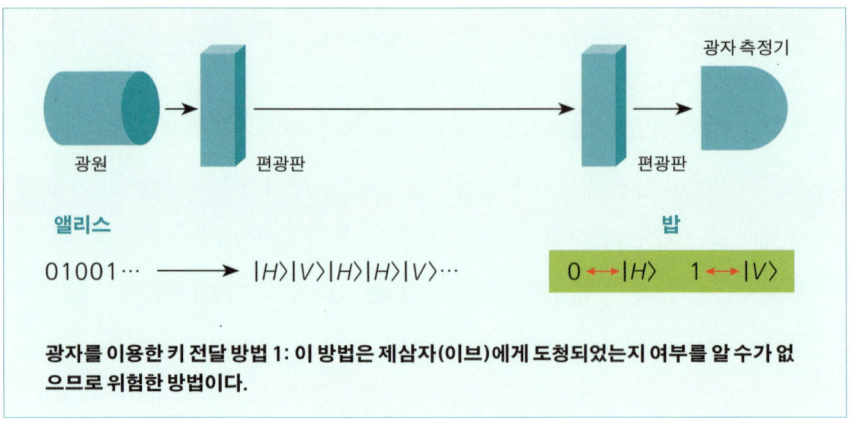

광자를 이용한 키 전달 방법 1: 이 방법은 제삼자(이브)에게 도청되었는지 여부를 알 수가 없으므로 위험한 방법이다.

지를 봅니다. 이게 |*H*〉|*V*〉|*H*〉|*H*〉|*V*〉이면 예스 노 예스 예스 노가 될 거예요. 예스이면 |*H*〉고 노이면 |*V*〉니까 |*H*〉는 0으로, |*V*〉는 1로 간주하자고 약속을 해야 합니다. 숫자로 바꾸면 01001이죠. 이제 밥이 알아낸 숫자가 앨리스가 보낸 원래 숫자하고 똑같으니까 이걸 키로 쓰면 됩니다.

심복이 배반할까 걱정했던 1회용 패드보다 간단하죠? 사실은 이렇게 정확히 1개의 광자들을 보내고 측정하기란 굉장히 어렵지만, 기술이 발전해서 지금은 비슷한 수준까지 도달해 있습니다. 그런데 도청을 당할지도 모른다는 문제가 있습니다. 도청자가 중간에서 차단해서 키가 무엇인지 다 알아낼 수가 있어요. 그게 문제입니다.

도청자가 영어로는 eavesdropper거든요. 그래서 도청자를 이브(eve)라고 부릅니다. 이제 세 사람이 있습니다. 앨리스, 밥, 이브입니다. 이브는 도청을 위해서 도중에서 차단을 합니다. 차단해서 밥이 하던 식으로 편광판과 광자 측정기를 이용해서 다 알아낼 수가 있어요. 그다음 알아낸 순서대로 앨리스의 키를 만들어 동일하게 밥에게 보냅니다. 똑같은 게 가니까 앨리스와 밥은 도중에서 이브가 차단한 것을 알 도리가 없습니다. 처음에는 좋아 보였는데 이 방법을 쓰면 이브에게 꼼짝없이 당하는 거예요. 이브를 혼동시켜야 합니다.

여기서 생각해 보면 이브가 차단하는 것은 문제가 아니에요. 차단당한 것을 알면 키를 버리고 또 만들어서 보내면 됩니다. 문제는 이브가 차단한 것을 앨리스와 밥이 모르는 것입니다. 그게 문제예요. 이브가 중간에서 키를 차단했는지 안 했는지를 앨리스와 밥이 확실히 알아내는 방법이 존재해야 합니다. 그렇다면 우리가 할 일은, 이브를 혼동시켜 제대로 알지 못하게 해야 합니다. 나중에 두 사람이 확인해서 틀린 키가 왔다면 도청당했다는 사실을 알 수 있으니까요. 이브가 제대로 알지 못하게 하는 방법을 설명해야 하는데 이게 가장 어려운 부분입니다. 여기서 양자 역학이 조금 들어갑니다.

직교하지 않는 두 편광 상태의 구별

잠시 편광으로 돌아가서 질문을 하나 드리겠습니다. 제가 여러분에게 광자 하나를 보냈어요. 편광이 $|H\rangle$와 $|V\rangle$ 중 하나입니다. 여러분에게 편광이 그 둘 중에 어느 것인지 알아내라고 하면 어떻게 알아내시겠습니까? 간단합니다. 편광판만 있으면 됩니다. 편광판 투과축을 H로 놓고 투과하면 $|H\rangle$, 투과 안 하면 $|V\rangle$지요. 또는 투과축을 V로 놓아도 됩니다. 투과축을 V로 놓았을 때 투과하면 $|V\rangle$이고 투과 안 하면 $|H\rangle$이니까 역시 분명히 알 수 있습니다. 그런데 제가 "그 광자는 $|H\rangle$ 편광이나 $|D\rangle$ 편광, 둘 중의 하나입니다. 어느 것인지를 확실히 알아내십시오."라고 한다면 알아낼 수 있을까요? 답은 "항상 알아낼 수는 없다."입니다. 운이 좋으면 알아내겠지만, 알아내지 못할 수도 있습니다. 예를 들어 편광축을 H

로 잡았는데 광자가 투과했다고 합시다. 그러면 그 광자는 $|H\rangle$일 수 있지만, $|D\rangle$일 수도 있습니다. $|H\rangle$이면 물론 투과합니다. 그런데 $|D\rangle$라도 투과할 수가 있습니다. $|D\rangle$편광은 $|H\rangle$하고 $|V\rangle$의 선형 중첩이거든요. 그래서 $|H\rangle$가 2분의 1쯤 있고 $|V\rangle$가 2분의 1쯤 있어요. 그래서 50퍼센트 확률로 투과할 수도, 투과 안 할 수도 있습니다. 즉 $|D\rangle$도 절반의 확률로 투과할 수 있으니까 투과한 광자가 $|D\rangle$일 가능성이 있습니다. 둘 중 어느 것인지 구별을 못 해요. 단 투과축이 역시 H인데 만일 광자가 투과를 하지 않았다고 합시다. 그러면 그 광자는 $|H\rangle$일 수가 없습니다. $|H\rangle$의 광자는 투과축이 H인 편광판을 반드시 투과하기 때문이지요. 따라서 이 경우에는 광자가 $|D\rangle$라고 확실히 말할 수 있습니다. 다시 말해서 편광이 $|H\rangle$와 $|D\rangle$ 중의 하나인 경우에는 재수가 좋으면 그 편광을 확실히 알 수 있지만, 재수가 없으면 모릅니다. 항상 확실하게 구별을 못하는 거죠. 양자 역학에서는 이것을 "직교하지 않는 두 상태를 100퍼센트 확실히 구별할 수는 없다." 이렇게 이야기합니다.

수평과 수직 편광, 즉 $|H\rangle$와 $|V\rangle$는 서로 직교하지만 $|H\rangle$와 $|D\rangle$는 45도의 각을 이루므로 직교하지 않으며 따라서 100퍼센트 확실히 구별할 수는 없습니다. 이걸 이용하면 이브를 혼동시킬 방법이 생깁니다. 아까 앨리스가 0을 보내려고 할 때에는 $|H\rangle$를 보내고 1을 보내려고 할 때는 $|V\rangle$를 보냈잖아요? 이번에는 그렇게 하지 않고 조금 복잡하게 0을 보낼 때는 $|H\rangle$하고 $|D\rangle$ 중에서 무작위로 선택하고 1을 보낼 때는 $|V\rangle$하고 $|A\rangle$ 중에서 무작위로 선택합니다. 예를 들어서 키 01001 안에 들어 있는 0이 아까 같으면 전부 $|H\rangle|H\rangle|H\rangle$일 텐데 여기서는 무작위로 동전 던지기를 해서 $|H\rangle$로 보낼 수도 있고 $|D\rangle$로 보낼 수도 있습니다. $|H\rangle|D\rangle|H\rangle$가 나왔다고 해 봅시다. 앨리스가 무작위로 선택한 결과죠. 그렇다면 앨리스가 보내는

광자의 편광이 아까는 $|H\rangle$하고 $|V\rangle$ 둘 중 하나였는데 이번에는 $|H\rangle$, $|D\rangle$, $|V\rangle$, $|A\rangle$ 4개 중 하나예요. 이브가 그중에서 어느 건지 확실히 알아야 그 편광의 광자를 다시 만들어서 보낼 것 아니에요. 이 4개를 확실히 알아낼 수 있을까요? 아까 말씀드렸듯이 직교하지 않는 것들이 있습니다. 확실히 구별하는 게 불가능해요. 그래서 이브가 항상 다 맞출 수가 없습니다. 광자들이 계속해서 오는데 이것이 $|H\rangle$인지 $|D\rangle$인지 $|V\rangle$인지 $|A\rangle$인지 맞출 수가 없어요. 반 정도는 맞추고 반은 모릅니다. 그래서 꼭 틀리는 게 생겨요. 그렇지만 이브는 별 다른 도리가 없으니 자기가 추측한 대로 보낼 수밖에요. 그러면 밥이 받은 광자 중에서 앨리스의 것하고 편광이 다른 광자가 분명히 있습니다. 이때 밥은 받은 광자 중에서 일부를 선택해서 그 광자들의 편광을 앨리스하고 확인합니다. "1번 광자가 수평으로 나왔는데 맞아?" "맞아." 이런 식으로 몇 개를 골라서 확인을 합니다. 만약에 이브가 도청을 안 했다면 다 맞아야 합니다. 물론 실험 오차 때문에 도청이 없다고 해도 실제로 다 맞을 수는 없습니다. 실험 오차가 허용하는 범위보다 틀린 것이 더 많이 나오면 이브가 도청한 것입니다. 도청을 했다고 판단되면 앨리스와 밥은 모든 자료를 버리고 다시 시작합니다. 도청이 없다고 판단되면 그제서야 암호문을 보내지요.

그런데 여기에는 문제점이 있어요. 이브만 혼동되는 게 아니라 밥도 혼동됩니다. 밥하고 이브가 서로 적인데 처지는 똑같습니다. 앨리스가 보내는 편광이 무엇인지 모르면서 그것을 다 알아내야 하는 상황이거든요. 밥이 할 수 있으면 이브도 할 수 있고, 이브가 혼동되면 밥도 혼동됩니다. 이브는 혼동시키면서 밥은 알게끔 하는 방법을 찾아야 합니다. 생각만 해도 굉장히 힘들 것 같습니다.

양자 키 분배: BB84

하지만 방법은 있습니다. BB84라고 양자 암호에서 가장 대표적이면서 제일 많이 쓰는 방법입니다. 좀 복잡하니까 잘 따라오시기 바랍니다. 아까와 같이 앨리스는 0을 보내려 할 때는 $|H\rangle$와 $|D\rangle$ 중에서 무작위로 선택하고, 1을 보낼 때에는 $|V\rangle$하고 $|A\rangle$ 중에서 무작위로 선택해서 보냅니다.

전과 다른 점은 앨리스가 보낸 각각의 광자가 투과하는지 안 하는지 여부를 밥이 편광판의 투과축을 H와 D 중에서 무작위로 선택해서 측정하는 거예요. 아까는 H로 고정했는데 이번에는 H와 D 중에서 무작위로 선택합니다. 이제 상황이 복잡해지니까 정리를 좀 해 보겠습니다. 몇 가지 경우가 나올까요? 앨리스가 보내는 편광은 네 가지입니다. $|H\rangle$, $|D\rangle$, $|V\rangle$, $|A\rangle$가 나옵니다. 그 각각에 대해서 밥이 편광판의 투과축을 H로 할 수도 있고 D로 할 수도 있으니 경우의 수가 총 여덟 가지 나옵니다.

앨리스가 보낸 광자의 편광이 $|H\rangle$나 $|V\rangle$일 때 밥이 편광판의 투과축을 H로 하면 분명히 맞게 알아냅니다. $|D\rangle$나 $|A\rangle$로 했을 때도 마찬가지로 투과축을 D로 하면 맞게 알아냅니다. 그런데 광자의 편광이 $|H\rangle$나 $|V\rangle$일 때 투과축을 D로 하거나, 또는 편광이 $|D\rangle$나 $|A\rangle$일 때 투과축을 H로 하면 제대로 알아낼 수가 없어요. 그러니까 반 정도만 확실히 알아낼 수가 있습니다. 이것을 양자 암호에선 "**밥의 측정 기저가 옳을 때만 편광을 올바르게 알아낼 수 있다.**"라고 이야기합니다. 측정 기저가 옳다는 말은 편광이 $|H\rangle$ 또는 $|V\rangle$일 때는 기저(basis), 즉 기준으로 삼는 투과축을 H로 놓는 게 옳고 D로 하면 틀린 것입니다. $|D\rangle$ 또는 $|A\rangle$일 때는 D로 놓는 게 옳고 H로 놓으면 틀립니다. 측정 기저가 옳으면 밥이 확실히 알아낼 수가 있

앨리스가 보내는 광자의 편광	투과축	투과 여부	밥의 결론
$\|H\rangle$ ⟶	H	Y	$\|H\rangle$
$\|V\rangle$ ⟶	H	N	$\|V\rangle$
$\|D\rangle$ ⟶	H	Y/N	$\|H\rangle/\|V\rangle$
$\|A\rangle$ ⟶	H	Y/N	$\|H\rangle/\|V\rangle$
$\|H\rangle$ ⟶	D	Y/N	$\|D\rangle/\|A\rangle$
$\|V\rangle$ ⟶	D	Y/N	$\|D\rangle/\|A\rangle$
$\|D\rangle$ ⟶	D	Y	$\|D\rangle$
$\|A\rangle$ ⟶	D	N	$\|A\rangle$

앨리스가 네 편광에서 무작위로 선택하고 밥이 두 측정 기저에서 무작위로 선택할 때 나오는 여덟 가지 경우의 수: 밥이 올바른 측정 기저에서 측정할 때만 편광을 올바르게 알아낼 수 있다.

어요. 그것은 이브도 마찬가지입니다. 그런데 앨리스가 보낸 광자의 편광이 $|H\rangle$인지 $|D\rangle$인지 $|V\rangle$인지 $|A\rangle$인지 모르니까 옳은 기저가 무엇인지 사전에 알 수가 없는 것이 문제입니다. 이걸 알면 맞춰서 하면 되는데 모르니까 어떨 때는 틀리고 어떨 때는 맞고 그럴 것 아니에요. 이브도 마찬가지로 반은 틀리고 반은 맞습니다. 하지만 앨리스와 밥은 같은 편이니까 협력을 할 수가 있어요. 그래서 편광을 다 받은 다음에 밥은 각 광자에 대한 자신의 측정 기저를, 즉 광자 1번 2번 3번 4번에 대해서 자신이 투과축을 H로 했는지 D로 했는지를 앨리스에게 알려 줍니다. 그것을 앨리스가 들어 보면 어느 것이 옳은 측정 기저고 틀린 측정 기저인지를 알잖아요. 앨리스는 “1번은 맞았다. 2번은 틀렸다.” 이런 식으로 밥에게 가르쳐 줍니다. 맞은 것만 골라서 그에 해당하는 숫자를 모으면 둘은 똑같은 숫자를 가지

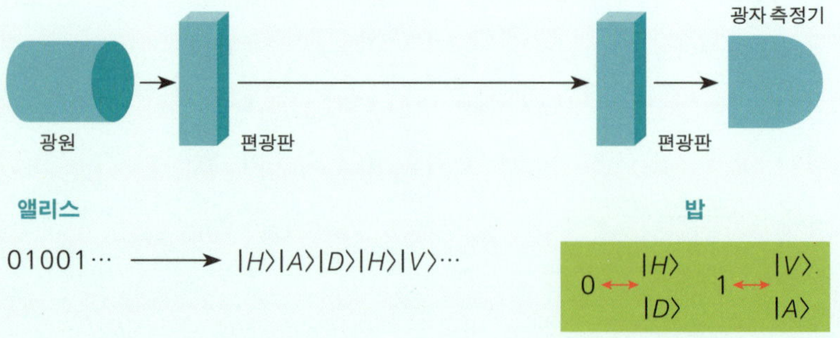

광자를 이용하는 키 전달 방법 2: 이브가 도청했는지 알 수 있으므로 안전한 방법이다. 양자 암호로 널리 쓰이는 BB84는 이 방법을 사용한다.

게 되겠지요. 물론 측정 기저를 공개하면 이브한테도 공개가 되지만, 측정 기저를 공개했다고 해서 편광이 공개된 것은 아니기에 상관없습니다.

구체적인 예를 들면, 앨리스가 01001의 키를 보냅니다. 0은 $|H\rangle$나 $|D\rangle$ 중에서 무작위로, 1은 $|V\rangle$하고 $|A\rangle$ 중에서 무작위로 선택해서 보냅니다. 실제로 $|H\rangle$ $|A\rangle$ $|D\rangle$ $|H\rangle$ $|V\rangle$의 편광 광자 5개를 보냈다고 합시다. 밥은 편광판의 투과축을 H하고 D 중에서 무작위로 선택해서 투과 여부를 관측합니다. 여기서는 밥이 선택한 투과축이 $HDHHD$라고 가정합시다. 어느 게 올바른 측정 기저인가를 알아보면 1번, 2번, 4번 광자는 올바른 측정 기저에요. $|H\rangle$가 왔을 때 H로 한 것, 그다음에 $|A\rangle$로 왔을 때 D로 한 것이 올바른 측정 기저입니다. 5개 중 3개가 올바른 측정 기저예요.

그 3개의 광자에 해당하는 숫자가 0, 1, 0으로 앨리스와 밥이 같은 숫자를 갖게 됩니다. 따라서 앨리스와 밥이 서로 연락해 광자 1번, 2번, 4번이 맞는다는 것을 확인한 다음 그 광자들에 해당하는 숫자들만 모으면 그것을 키로 사용할 수 있습니다.

다시 정리하면 앨리스는 $|H\rangle$, $|V\rangle$, $|D\rangle$, $|A\rangle$의 네 편광 중에서 선택해서 보내고, 밥은 투과축을 H나 D 중에서 선택해서 투과 여부를 측정합니다. 앨리스와 밥은 각 광자의 측정 기저를 공개해서 올바른 측정 기저의 광자들만 보관합니다. 그리고 보관한 광자들 중 일부를 선택해서 이브가 도청했는지를 테스트합니다. 도청이 없었다고 판단되면 올바른 측정 기저의 광자들(도청 테스트에 사용한 광자들은 제외)에 해당하는 숫자들만 키로 간직합니다. 이것이 양자 암호의 대표적 방법인 BB84입니다.

양자 암호의 아버지, 양자 화폐

BB84는 처음에 제안한 두 사람, 찰스 베넷(Charles Bennett)과 질 브라사드(Gilles Brassard)의 이름 첫 글자 B와 제안된 연도 1984에서 따온 이름입니다. 두 사람이 만난 사연도 재미있습니다. 1979년 푸에르토리코의 수도 산후안(San Juan)의 해수욕장에서 브라사드가 수영을 하고 있는데 전혀 모르는 사람이 자기 앞에 불쑥 나타나서는 이야기를 하기 시작했다고 합니다. 그가 베넷이었습니다. 당시 국제 학술 회의가 그 근처에서 열리고 있었고 둘은 회의 참석차 그곳을 방문하고 있었는데 일면식도 없던 베넷이 갑작스레 자기 친구인 스티븐 위즈너(Stephen Wiesner)라는 사람의 아이디어를 브라사드에게 전해 주었던 거지요. 그 아이디어란 양자 화폐였습니다. 위조가 불가능한, 다시 말하면 위조 여부를 100퍼센트 알아낼 수 있는 화폐를 생각해 낸 것이었습니다.

먼저 지폐에다가 광자를 여러 개 저장합니다. 어떻게 저장하느냐는 따지지 맙시다. 어디까지나 아이디어니까요. 어쨌든 광자들을 저장하는데

각 광자의 편광을 앞서와 같이 $|H\rangle$, $|V\rangle$, $|D\rangle$, $|A\rangle$ 4개 중에서 무작위로 선택합니다. 은행에서는 각각의 광자가 어느 편광인지를 기록해서 보관을 합니다. 그러고 나서 누가 화폐를 가지고 은행에 오면 기록을 보고 화폐에 있는 편광을 측정해서 다 올바르면 위조가 아니라고 판정을 내리는 겁니다. 사기꾼이 이걸 위조하려면 모든 광자의 편광을 알아야 하겠지요. 그래야 그 편광을 위조지폐에다가 집어넣지요. 하지만 앞서 설명드렸듯이 서로 직교하지 않은 것들이 있기 때문에 모두 확실히 알아낼 수는 없으며 꼭 틀리는 게 생깁니다. 여러 개를 저장하면 저장할수록 틀리는 게 생기고 15개 정도만 되어도 재수 좋게 다 맞춰서 위조할 확률이 0에 가깝습니다. 이것이 위즈너의 아이디어입니다.

정말 좋은 아이디어이기는 한데 원하는 편광들의 광자를 화폐에 저장하는 일이 현실적으로 어렵기 때문에 실용화되지는 못했습니다. 어쨌든 위즈너의 아이디어를 룸메이트였던 베넷이 브라사드에게 전한 것이 계기가 되어 둘은 공동 연구를 진행하게 되었고 결국 BB84를 세상에 내놓았습니다. 사실 양자 화폐나 BB84나 기본 아이디어는 같으니까 이 두 사람의 공동 연구가 BB84로 결말을 맺은 것은 결코 우연이 아닙니다. 그래서 BB84의 아버지가 양자 화폐라고 말할 수가 있고, BB84가 양자 암호를 대표하는 방법이기 때문에 "양자 암호의 아버지가 양자 화폐다."라고 말해도 틀리지 않습니다.

BB84로 암호 전달하기

정리하겠습니다. BB84를 단계별로 살펴보면 다음과 같습니다.

1) 키 전송: 앨리스가 $|H\rangle/|V\rangle/|D\rangle/|A\rangle$ 네 상태에서 무작위로 선택해서 단일 광자를 보냅니다.

2) 키 측정: 밥이 앨리스가 보낸 광자들을 받아서 측정을 하는데 투과축을 H나 D중에서 무작위로 선정합니다.

3) 기저 공포: 각 광자들에 대해서 측정 기저가 맞는지를 앨리스와 밥이 서로 확인해서 맞는 광자들만의 숫자를 보관합니다. 즉 앨리스는 $|H\rangle/|V\rangle$의 기저인지 또는 $|D\rangle/|A\rangle$의 기저인지를 공포하고, 밥은 자신이 올바른 기저에서 측정한 광자들이 어떤 광자들인지를 공포합니다. 앨리스와 밥은 앨리스가 보낸 기저와 밥이 측정 시 사용한 기저가 같은 광자들(대략 전체 광자의 반 정도)만을 보관합니다.

4) 도청 테스트: 측정 기저가 맞는 광자 중에서 무작위로 선택해서 편광 상태가 맞는지를 앨리스와 밥이 서로 검사합니다. 다 맞으면 도청이 안 된 것이지만 그것은 이상적일 때이고 오차 비율이 실험이 허용하는 정도보다 작으면 도청이 없다고 판단하고 다음 과정으로 갑니다. 도청 테스트를 통과하면 앨리스에게서 밥으로 키가 안전하게 전달되었다고 판단할 수 있습니다.

5) 정보 조정과 비밀 증폭: 마지막으로 거치는 과정인데 실험 오차를 보정하는 것입니다. 여기서는 설명을 생략하겠습니다. 도청 테스트에서 사용된 광자들을 제외한 나머지 광자들에 정보 조정과 비밀 증폭을 수행해 최종적으로 사용할 키를 만듭니다.

단계별로 살펴본 BB84

이 다섯 과정을 거치면 BB84를 이용한 키 전달이 완수되는 것입니다. 이 과정들을 거쳐 키 전달이 완수되면 앨리스는 그 키를 사용해서 만든 암호문을 밥에게 보냅니다. 그리고 밥은 전달받은 키를 사용해서 암호문을 해독하면 되겠지요.

양자 암호 기술의 발전 상황

베넷과 브라사드는 말씀드린 대로 1984년에 BB84를 제안했습니다. 이 논문은 학술지가 아니라 학회 회보에 발표되었습니다. 양자 암호화 방법을 최초로 제안한 중요한 논문이었음에도 5년 동안 아무도 관심을 보이질 않았다고 합니다. 답답해진 두 사람은 팔을 걷어붙이고 직접 실험에 나섭니다.

베넷과 브라사드는 LED(Light Emitting Diode, 발광 다이오드)를 광원으로 사용했습니다. 여기서 나오는 광자들의 편광은 2개의 포켈스 셀을 이용해 $|H\rangle$, $|V\rangle$, $|D\rangle$, $|A\rangle$ 중에서 선택했습니다. 이 광자들은 공기 중으로 35센티미터를 이동합니다. 즉, 앨리스와 밥이 35센티미터 떨어져 있는 셈입니다. 35센티미터를 이동한 광자들은 밥의 검출기에 도달합니다. 밥에게는 하나의 포켈스 셀이 있어서 투과축을 H와 D 중에서 무작위로 선택합니다. 지금 보면 정말 원시적인 실험이지만 이 실험이 공개된 후 엄청난 반응들이 일어났습니다. 물리학에서는 이럴 때가 많이 있습니다. 이론만

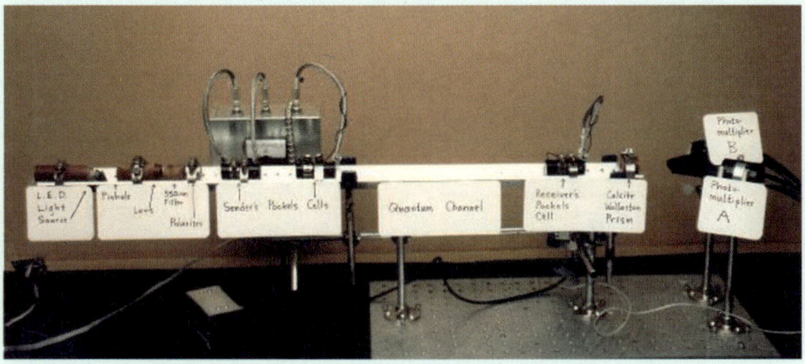

1989년에 베넷과 브라사드가 수행했던 최초의 양자 암호 실험

가지고는 사람들이 거들떠도 안 보다가 실험이 조금이라도 가능성을 보이면 와르르 몰려드는 거지요. 결국 이 실험 이후로 양자 암호가 급진적으로 발달하게 되었습니다. 2002년에는 산꼭대기에서 반대편 정상까지 23킬로미터 거리를 공기 중에서 암호를 전달하는 실험이 성공했습니다. 그다음에는 스위스 제네바에서 로젠까지 바닷속 광케이블을 써서 60킬로미터 정도 되는 거리의 양자 암호 실험에 성공했습니다.

우리나라에서는 2006년에 대덕 연구 단지에 있는 전자 통신 연구소에서 25킬로미터의 광섬유를 통과하는 양자 암호 전달을 실증했습니다. 핵심 장비는 외국에서 상용으로 판매하는 장비들을 사 온 것이지만 어쨌든 의미는 있습니다. 우리나라에서 처음으로 한 양자 암호 실험인데 성공했으니까요. 큐비트를 사용하는 양자 암호로 제일 대표적인 게 두 가지가 있는데, 지금까지 제가 말씀드린 게 편광 코딩이고 이 실험에서는 나머지 한 가지, 즉 위상 코딩을 사용했습니다.

2010년 일본 도쿄에서 국제 학술 회의가 열렸는데 코가네이, 홍고, 하쿠산, 오테마치 지하철역과 회의 장소를 연결해 다섯 군데에서 화상 회의를 했습니다. 광섬유 거리만 200킬로미터 이상이었고 QKD(Quantum Key Distribution, 양자 키 전달) 기술을 최초로 썼습니다. 도청하는 사람이 있으면 자동적으로 안전 모드로 가는 등 안전하게, 다섯 군데에서만 비밀리에 화상 회의를 할 수 있는 기술을 처음으로 시연한 것입니다.

이 학술 회의에서 여러 가지 QKD 장비들이 전시되었는데 특히 QKD 스마트폰이 많은 사람의 눈길을 끌었습니다. QKD 기술을 썼을 뿐 보통 스마트폰하고 동일하게 생긴 이 전화기를 가진 사람들은 통화 내용을 완전히 비밀로 할 수가 있겠지요. 이 정도까지 발전했으니까 양자 암호를 사용할 곳은 무궁무진하다고 볼 수 있습니다.

양자 암호는 절대적으로 안전하다

2강을 마무리할 시간이 된 것 같습니다. 양자 암호의 역사를 보면 그 시작이 BB84입니다. 시작이지만 아직도 양자 암호의 제일 대표적인 방법이죠. 다른 방법도 많이 나왔지만 아직 BB84를 따라가지 못합니다. 양자 암호가 곧 BB84라 생각하시면 됩니다. BB84의 방법을 사용해서 현재는 150킬로미터 거리까지 갈 수 있고 1초에 10^6비트 정도의 정보를 보냅니다. 0이나 1을 100만 개 정도 보낼 수 있다는 이야기겠죠? 거리도 서울에서 대전 정도까지는 되고 실제로 양자 암호를 전송하는 장비들을 상용으로 판매도 하고 있습니다.

문제는 기술적 난관이 아직 남아 있다는 것입니다. 첫 번째로 단일 광자 광원이 있습니다. 이상적인 광원은 없습니다. 단일 광자 측정이라는 게 말이 쉽지 광자 하나의 밝기라니 얼마나 미약하겠습니까. 완전히 칠흑 같은 어둠입니다. 이것 하나를 제대로 측정해서 $|H\rangle$인지 $|V\rangle$인지 알아내야 하는데 쉽지 않습니다. 그다음으로 이 미약한 빛을 광섬유 또는 공기 중에서 보내는 문제가 있습니다. 우리가 빛을 보낼 때 보통 몇십 미터만 보내도 밝기가 줄어들잖아요? 그런데 광자 하나를 150킬로미터를 보내는 게 가능할까요? 기술은 어느 정도 되어 있어서 상용화까지 되었습니다. 아직은 거리가 있지만, 점점 이상에 가까이 다가가고 있습니다. 제일 중요한 것은 양자 암호는 절대적으로 안전하다는 사실입니다. 이런 이유로 양자 암호 연구는 꾸준히 진행될 것이고 기술적 문제들이 해결되면서 반드시 우리 손안에 들어올 날이 올 겁니다. 이 기술을 빨리 확보해야 세계 시장에서 국가 경쟁력을 확보할 수 있습니다. 이것으로 제 두 번째 강의를 마치겠습니다. 열심히 들어 주셔서 감사합니다.

3강

양자 정보의 세계

3강에서는 양자 공간 이동과 양자 컴퓨터, 양자 알고리듬, 이 세 주제에 대해 간단하게 말씀드리겠습니다. 이제는 다 아시겠지만 제 강의의 주제는 양자 정보학입니다. 양자 정보학에서 연구하는 주제는 크게 둘로 나뉘는데 양자 통신과 양자 컴퓨팅입니다. 양자 통신에서 중요한 주제는 양자 암호와 양자 공간 이동입니다. 양자 암호는 지난 강의에서 살펴봤고 양자 공간 이동은 이번 강의의 첫 번째 주제입니다. 양자 컴퓨팅에서 다루는 주제는 크게 하드웨어, 즉 양자 컴퓨터와 소프트웨어인 양자 알고리듬으로 나뉘는데 이것이 3강의 두 번째와 세 번째 주제가 되겠습니다.

양자 역학을 이해한 사람은 아무도 없다

오늘은 양자 역학 이야기를 안 하려야 안 할 수가 없습니다. 사실 양자 역학에는 굉장히 재미있고 수수께끼 같은 특성이 있습니다. 바로 **양자 얽힘**이라는 것인데, 잠시 후에 말씀드리겠습니다. 알다시피 양자 역학은 현대 물리학에서 가장 기반이 되는 학문이고 물리학자라면 양자 역학을 다 연구합니다. 저도 양자 역학을 공부한 지 몇십 년 됐죠. 뭐라고 할까요. 양자 세계에서는 우리 생각과 전혀 다른 것이 나오고 어떨 때는 '이게 나를 가지고 장난치나?'라는 생각이 들기도 합니다. 굉장히 혼란스러운데도 모든 결과는 양자 역학이 옳다고 나오기 때문에 믿을 수밖에 없는, 그래서 오묘하고 매력이 있는 그런 학문입니다. 예를 들어서 알베르트 아인슈타인(Albert Einstein) 다음으로 널리 알려진 물리학자인 리처드 파인만(Richard Feynman)은 "양자 역학을 이해한 사람은 아무도 없다."[1]라고 자신 있게 말했습니다. 양자 역학을 공부하다 보면 매일같이 의문이 들어요. '어떻게 이렇게 될 수가 있나?' 그러니까 이해하는 사람이 아무도 없다고 했겠죠? 양자 역학의 최고 대가로 인정받는 닐스 보어(Niels Bohr)는 "양자 역학을 처음 접하고 충격을 받지 않은 사람은 양자 역학을 이해하지 못한 것이다."[2]라는 말도 했습니다. 양자 역학에는 상식으로 생각하기에 전혀 맞지 않는 사례가 너무나 많기 때문에 양자 역학 강의를 제대로 들으면 충격을 안 받을 수가 없다는 이야기입니다. 저도 강의하면서 학생들에게 "이걸 이해했으면 벌떡벌떡 일어나서 '이게 무슨 소리냐. 말도 안 된다.'라고 말해야 한다. 가만히 앉아 있으면 양자 역학을 이해한 게 아니다."라고 말합니다.

"양자 역학을 아는 사람과 모르는 사람의 차이는 양자 역학을 모르는 사람과 원숭이의 차이보다도 크다. 양자 역학을 모르는 사람은 금붕어와 다를 바가 없다." 또 한 사람의 유명한 물리학자인 머리 겔만(Murray Gell-Mann)이 한 말입니다. 이 말의 원출처는 찾지 못했는데 KAIST 물리학과의 이순칠 교수가 쓴 『양자 컴퓨터』[3]라는 조그만 책에 나와 있습니다. 아주 재미있는 책인데 거기서 이순칠 교수가 이런 이야기를 덧붙였습니다. "내 아내를 금붕어 신세에서 구제하는 데 13년이 걸렸다." 이건 굉장한 겁니다. 저는 결혼한 지 35년은 된 것 같은데 그동안 아내를 금붕어 신세에서 구제하려고 노력한 적이 없거든요. 양자 역학을 이해해서 생활이 크게 달라질 게 없는 것 같아서요. 그런데 이순칠 교수는 시간은 걸려도 구제했으니까 대단한 겁니다.

양자 역학의 역사에서 정말 유명한 사건으로 아인슈타인과 보어의 논쟁이 있는데 이게 후세 물리학자들이 양자 역학을 이해하는 데 크나큰 도움을 주었습니다. 아인슈타인은 우리가 말하는 소위 신앙심이 깊은 종교인은 아니었던 것 같아요. 하지만 절대자에 대한 믿음은 깊었기에 확률적이고 불확실한 면이 있는 양자 역학을 꺼려 했습니다. 그래서 아인슈타인이 양자 역학에 질문을 던지며 공격하고 양자 역학의 아버지인 보어는 그에 반론을 펼치는 논쟁이 계속되었습니다. 아인슈타인이 한 말 중에 대표적으로 "신이 주사위 놀음을 한다고 어떻게 믿을 수 있겠는가."[4]라는 말이 있습니다. 보어는 "신이 주사위 놀음을 하건 안 하건 인간이 왈가왈부할 건 아니다."[5] 이렇게 맞받아칩니다. 하여간 그 후로도 이런 논쟁이 계속되었는데 실험적 검증을 거치면서 지금까지는 보어와 양자 역학이 이기고 있습니다. 양자 역학이 틀렸음을 입증한 실험이 아직 없는 것이지요. 그래서 우리가 100년 동안 양자 역학을 믿고 이렇게 강의를 하고 있습니다. 이걸 이해하려 들면 들수록 사람의 논리로 되지가 않아요. "양자 역학은 이해하는 게 아니다. 단지 익숙해질 뿐이다." 이건 누가 한 말인지 잘 모르겠지만 양자 역학에 대한 또 하나의 명언이라고 생각됩니다. 여기서 양자 역학을 설명해 드려도 마음속으로 딱 들어오진 않으실 거예요.

이것은 제 잘못이 아닙니다. 양자 역학 잘못이에요.

양자 역학이 등장한 지 이제 110년이 넘었습니다. 양자 정보학이 나오면서 양자 역학이 기초 과학에서만 중요한 것이 아니라 암호, 통신, 전산에 응용되고 우리 사회를 혁신할 수 있는 기술임이 입증되었습니다. 양자 정보학의 큰 의의가 여기에 있습니다. 이제 양자 물리학의 기본 원리, 오늘 내용과 조금은 관계되는 기본 원리 두 가지를 말씀드리겠습니다.

선형 중첩과 확률

첫 번째 기본 원리는 선형 중첩입니다. 선형 중첩은 2강에서도 이야기했습니다. 양자 역학에서 어떤 계가 있으면 그 계의 양자 상태를 보통 그리스 문자 프사이(ψ)를 써서 나타냅니다. 프사이를 브라켓으로 둘러싸면 이게 계의 양자 상태를 나타내는데, 계에 대한 정보가 여기에 다 들어 있다고 생각하시면 됩니다. 예를 들어서 한 광자가 진동하는 편광 상태를 생각할 때 일반적으로 거기에 수평 방향으로 진동하는 성분도 있고 수직 방향으로 진동하는 성분도 있습니다. 그래서 어떠한 임의의 방향으로 진동하는 편광 상태라도 수평/수직 편광의 선형 중첩으로 나타낼 수가 있습니다.

$$|\psi\rangle = \cos\theta|H\rangle + \sin\theta|V\rangle$$

수학 시간에 배웠던 삼각 함수를 기억하시는지요? 각의 크기를 삼각비로 나타내는 함수로 코사인($\cos\theta$)과 사인($\sin\theta$), 탄젠트($\tan\theta$) 등이 있지

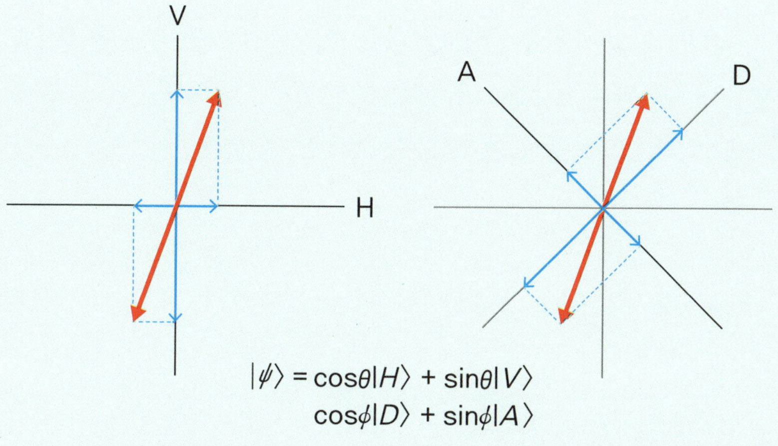

큐비트의 임의의 상태는 서로 직교하는 두 상태의 선형 중첩으로 표시된다.

요. 이 삼각 함수를 이용하여 수평 방향으로 진동하는 성분은 $\cos\theta$가 되고 수직 방향으로 진동하는 성분은 $\sin\theta$가 됩니다. a가 $\cos\theta$고 b가 $\sin\theta$라면, 아주 간단하게 a가 1이고 b가 0일 때($\cos 0° = 1$, $\sin 0° = 0$) 수평 편광이고, a가 0이고 b가 1일 때($\cos 90° = 0$, $\sin 90° = 1$) 수직 편광입니다. a하고 b가 같으면($a = b = 1/\sqrt{2}$) 대각선 방향으로 진동하는 편광 $|D\rangle$가 되고, a와 b가 크기는 같지만 부호가 반대이면($a = -b = 1/\sqrt{2}$) 반대각선 방향으로 진동하는 편광 $|A\rangle$가 됩니다.

여기서 임의의 편광 상태를 $|H\rangle$하고 $|V\rangle$의 선형 중첩으로 나타낼 수 있다고 했는데 꼭 $|H\rangle$하고 $|V\rangle$로 나타낼 필요는 없습니다. 서로 직교하는 두 상태라면 됩니다. 예를 들어 $|D\rangle$하고 $|A\rangle$가 서로 직교하므로 $|D\rangle$하고 $|A\rangle$ 방향의 성분으로 나눌 수도 있어요.

이 임의의 상태 $|\psi\rangle = a|H\rangle + b|V\rangle$에 있는 광자가 수평 편광은 투과하고 수직 편광은 반사시키는 편광 분할기(polarizing beam splitter)에 들어

가면 a의 절댓값을 제곱한 $|a|^2$의 확률로 투과하고 b의 절댓값을 제곱한 $|b|^2$의 확률로 반사합니다. 왜 절댓값을 제곱하느냐 하는 부분은 설명하면 길고 어려워지기만 하며, 또 여기서는 중요하지 않으므로 넘어가도록 하겠습니다. 어떻든 둘 중의 하나는 분명히 일어납니다.

측정과 파동 함수 붕괴

확률은 사전에 알지만 실제로 투과할지 반사할지는 모르죠. 둘 중의 하나가 일어납니다. 투과했다면 $|H\rangle$가 되는 것이고 반사했다면 $|V\rangle$가 됩니다. 이것을 **상태 함수의 붕괴**라고 합니다. 원래는 $|H\rangle$와 $|V\rangle$의 선형 중첩인 $|\psi\rangle=a|H\rangle+b|V\rangle$의 상태였는데 측정을 해서 한쪽의 결과가 됩니다. 예를 들어 투과했다고 측정되었으면 상태 함수 $|\psi\rangle$가 $|H\rangle$로 붕괴되고 반사했다고 측정되면 $|V\rangle$로 붕괴됩니다. 만약에 측정을 이렇게 하질 않고 편광판을 45도 돌리면 $|D\rangle$ 방향의 편광이 투과하고 $|A\rangle$ 방향의 편광이 반사하겠죠. 그래도 어쨌든 둘 중 하나가 일어날 것입니다. 만일 광자가 투과한 것으로 측정되면 광자의 편광 상태는 $|D\rangle$가 되고, 즉 $|D\rangle$로 붕괴하고 반사한 것으로 측정되면 $|A\rangle$가 됩니다. 즉 $|A\rangle$로 붕괴합니다. 주의 깊게 봐야 할 것은 어떤 측정 기저인지에 따라, 여기서는 H하고 V의 측정 기저인지 D하고 A의 측정 기저인지에 따라서 결과로 나올 수 있는 광자의 편광 상태가 달라진다는 사실입니다. 예를 들어 투과축을 H 방향으로 잡아서 $|H\rangle$인지 $|V\rangle$인지를 측정하면 $|H\rangle$나 $|V\rangle$ 둘 중 하나가 되고(결과가 투과이면 $|H\rangle$이고 반사이면 $|V\rangle$가 됩니다.) 투과축을 D 방향으로 잡아서 $|D\rangle$인지 $|A\rangle$ 인지를 측정하면 결국은 $|D\rangle$가 되든지 $|A\rangle$가 되죠(결과가 투

과이면 $|D\rangle$, 반사이면 $|A\rangle$가 됩니다.).

일상생활의 사건을 생각해도 이를 어느 정도 이해할 수 있습니다. 저는 야구를 꽤 좋아하는데 평균 타율이 5할인 야구 선수가 1명 있다고 합시다. 물론 5할인 선수는 없습니다. 4할도 아주 훌륭한 선수죠. 5할이라면 타석에 두 번 나와서 한 번은 안타를 친다는 이야기니까요. 그런 사람이 타석에 들어섰습니다. 그러면 안타를 칠 확률은 반반이에요. 스윙을 하면 안타가 나건 안 나건 둘 중 하나일 것 아니에요? 안타가 났으면 친 것이고 안 나왔으면 못 친 거죠. 똑같습니다. 예를 들어 대각선 방향, a하고 b가 같은 그러한 방향의 광자가 들어갔다고 하면 그 광자가 투과할 확률이 2분의 1, 반사될 확률이 2분의 1이에요. 5할 타자가 안타 칠 확률이 2분의 1인 것하고 똑같아요. 투과했다고 측정이 되면 결국 안타를 친 겁니다. $|H\rangle$가 된 거죠. 반사했으면 안타를 못 쳐서 $|V\rangle$가 된 것이고 말이죠.

이상할 것이 하나도 없어요. 사실 이상한 것은 이다음부터 나옵니다. 우리는 양자 역학에서 측정 기저를 $|H\rangle$하고 $|V\rangle$ 말고도 다른 것으로 표시할 수가 있습니다. 일상생활에서는 안타를 치면 치고 못 치면 못 쳤지 다른 게 있을 수가 없는데 양자 역학에서는 다른 측정 기저도 나타날 수가 있습니다. 지금 말씀드린 양자 역학의 기본 원리 두 가지는 크게 놀랄 만한 것은 아닙니다. 그런데 이게 양자 얽힘에 적용되면 굉장히 이상한 현상이 일어납니다. 잘 들어 보세요.

양자 얽힘

우선 양자 얽힘이 무엇인가부터 설명하겠습니다. 양자 얽힘이란 2개

또는 그 이상의 입자의 특성을 나타내는 말입니다. 제일 간단한 사례인 입자 2개로 시작해 봅시다. a와 b 두 입자가 굉장히 강력한 상관관계에 있을 때, 이를 양자 얽힘이라고 합니다. 예를 들어 광자 a가 수평 편광이면 광자 b는 분명히 수직 편광이고, 광자 a가 수직 편광이면 광자 b는 분명히 수평 편광인 이런 상태를 얽힘 상태라고 합니다. 이 얽힘 상태의 상태 함수(state function)는 $|\psi\rangle = \frac{1}{\sqrt{2}}(|H\rangle_a|V\rangle_b - |V\rangle_a|H\rangle_b)$로 표시됩니다. 여기서 $|H\rangle_a$는 광자 a가 수평 편광 상태에 있는 것을 의미하고, 다른 항들도 비슷하게 해석이 됩니다. 수평 편광을 0, 수직 편광을 1로 표시하면 위 얽힘 상태는 $|\psi\rangle = \frac{1}{\sqrt{2}}(|0\rangle_a|1\rangle_b - |1\rangle_a|0\rangle_b)$로 표현됩니다.

위 양자 얽힘은 일상에서 비슷한 예를 많이 찾을 수 있습니다. 어린아이 a와 b가 시소를 탈 때 a가 위로 가면 b는 분명히 아래에 있고, a가 아래로 내려가면 b는 위로 올라갑니다. 분명히 상관관계가 있죠. 만약 우리가 b를 보지 못하고 a만 본다고 해도 a의 상태를 통해 b의 상태를 알 수 있습니다. 그것과 똑같이 여기에 얽힘 상태의 광자 a와 b가 있는데 a는 지구에 있고 b는 저기 화성에 있다고 합시다. a가 $|H\rangle$인지 $|V\rangle$인지 측정해서 $|H\rangle$가 나오잖아요? 그러면 b의 편광은 직접 화성에 가서 관측을 안 해도 분명히 $|V\rangle$입니다.

그렇다면 두 광자의 양자 얽힘과 시소를 타는 두 어린아이의 고전 상관관계는 무엇이 다를까요? 사람들이 "양자 얽힘은 고전 상관관계보다도 더 강력한 상관관계이다."라고 말할 때 그것이 어떤 의미인지를 지금부터 말씀드리겠습니다. 위에서 두 광자의 얽힘 상태 $|\psi\rangle = \frac{1}{\sqrt{2}}(|H\rangle_a|V\rangle_b - |V\rangle_a|H\rangle_b)$는 약간의 수학적 과정을 거쳐 $|\psi\rangle = \frac{1}{\sqrt{2}}(|D\rangle_a|A\rangle_b - |A\rangle_a|D\rangle_b)$라고도 쓸 수 있습니다. 이것이 무슨 의미냐면 수평 편광 $|H\rangle$인지 수직 편광 $|V\rangle$인지를 결정하는 측정에서 존재하는 두 광자 사이의 반상관관계

가 대각선 방향 편광 $|D\rangle$인지 반대각선 방향 편광 $|A\rangle$인지를 결정하는 측정에도 똑같이 존재한다는 것입니다. 다시 말해서 얽힘 상태에 있는 두 광자 사이의 반상관관계는 측정 기저에 상관없이 존재합니다. 광자 a가 대각선 편광 $|D\rangle$이면 광자 b는 반드시 반대각선 방향의 편광 $|A\rangle$이고, 광자 a가 반대각선 방향의 편광 $|A\rangle$이면 광자 b는 반드시 대각선 방향의 편광 $|D\rangle$입니다. 반대로 시소를 타는 두 어린이 a, b는 a가 위에 있으면 b는 아래에 있고 a가 아래에 있으면 b가 위에 있다고 말할 수 있을 뿐입니다. 이런 의미에서 양자 얽힘은 고전 상관관계보다 더 강력한 상관관계라고 말합니다.

양자 얽힘과 고전 상관관계의 이러한 차이점이 어떤 흥미 있는 결과를 유발하는지를 보기 위해 예를 하나 들겠습니다. 카드가 2장 있어서 하나에는 1이라는 숫자가, 하나에는 0이라는 숫자가 쓰여 있습니다. 이걸 앨리스하고 밥이 숫자를 보지 못한 채로 하나씩 갖습니다. 앨리스는 지구에 있고 밥은 화성으로 갑니다. 앨리스가 가지고 있는 카드에 적힌 숫자가 뭘까요? 모르죠. 0 아니면 1이 나올 텐데 확률은 반반입니다. 앨리스가 궁금해서 카드를 돌려서 펴 봤는데 1이 나왔어요. 그러면 화성의 밥이 가진 숫자는 분명히 0입니다. 화성까지 가서 확인할 필요가 없죠.

여기서 밥이 가진 카드의 숫자가 0인 것은 언제부터였을까요? 앨리스와 밥이 1장씩 잡았을 때부터일까요, 밥이 화성에 갔을 때부터일까요, 아니면 앨리스가 자기 숫자가 1이란 사실을 확인했을 때부터일까요? 당연히 본인이 잡았을 때부터입니다. 앨리스가 1을 잡았으니까 밥이 0인 카드를 잡아서 화성까지 가져갔잖아요. 보지만 않았을 뿐이지 잡은 순간부터 0인 카드를 가지고 있었던 것이죠.

카드를 광자로 한번 바꾸어 봅시다. 얽힘 상태, 즉 $|\psi\rangle = \frac{1}{\sqrt{2}}(|H\rangle_a|V\rangle_b - |V\rangle_a|H\rangle_b)$의 상태에 있는 광자 쌍이 있는데 앨리스와 밥이 하나씩 갖고 밥이 화성으로 갔어요. 그러면 앨리스가 가진 광자가 $|H\rangle$일지, $|V\rangle$일지 확률은 반반이죠. 앨리스가 궁금해서 편광 분할기로 측정했더니 $|H\rangle$가 나왔어요. 그러면 밥이 가지고 있는 광자의 편광은 안 봐도 $|V\rangle$입니다. 이 때 똑같은 질문을 할 수가 있어요. 밥의 편광이 $|V\rangle$인 게 둘이 광자를 하나씩 골라잡았을 때부터였나? 화성에 가서부터인가? 아니면 앨리스가 측정해서 $|H\rangle$가 나왔을 때부터인가? 상식적으로 "밥이 광자를 잡았을 때부터 밥의 편광은 $|V\rangle$였다." 이렇게 말하면 문제가 없을 것 같잖아요. 그렇죠?

그러나 그렇지가 않습니다. 이게 문제입니다. 잘 들어 보십시오. 여기서 만일 앨리스가 $|H\rangle$냐 $|V\rangle$냐를 측정을 안 하고 45도 돌려서 $|D\rangle$냐 $|A\rangle$냐를 측정하면 $|D\rangle$나 $|A\rangle$ 둘 중 하나의 결과가 나오거든요. 그 결과에 따라서 $|D\rangle$로 측정되면 밥의 광자의 편광은 $|A\rangle$로 붕괴하고 $|A\rangle$로 측정되면 밥의 광자의 편광은 $|D\rangle$로 붕괴합니다. 어떤 경우든 밥의 광자의 편광은 $|V\rangle$가 될 수가 없어요. 이게 중요합니다. **앨리스가 어떤 측정 기저에서 측정하냐에 따라서 밥이 가지고 있는 편광 상태가 달라집니다.** 그래서 이게 잡은 순간부터 $|V\rangle$라고 말할 수가 없습니다. 일상에서 일어나는 일로는 설명이 안 됩니다. 일상생활에서 일어나는 식으로 설명하고 싶었는데 그렇게 하면 모순이 생기기 때문에 어쩔 수 없이 '앨리스가 측정한 순간에, $|H\rangle$로 측정한 순간에 $|V\rangle$가 되었다.' 이렇게 해석해야 했습니다.

이건 받아들이기가 굉장히 힘듭니다. 지구에서 측정하는 행위가 화성에 있는 광자의 상태를 결정하는 것 아닙니까. 저도 못 믿어요. 못 믿겠는데 실험해 보면 맞게 나오니까 할 수 없이 믿어야 하는 상황입니다. 그래서 아인슈타인도 "이것만은 동의 못 하겠다. 어떤 입자에 일어나는 일이 즉각적으로 다른 입자한테 영향을 준다. 그 다른 입자가 우주 어디 있든지 간에, 얼마나 멀리 떨어져 있는지 상관없이, 무진장 멀리 떨어져 있어도 여기서 일어나는 일이 입자에게 즉시 영향을 준다. 이걸 어떻게 믿을 수가 있느냐."라고 말하고 "유령의 원격 작용(spooky action at a distance)"[6]이라고 이야기했습니다. Spooky란 말이 사전을 찾아보니까 '믿기 어려운', '유령의 세계에서나 나올 수 있는' 이런 뜻인 것 같아요. 이렇게 아인슈타인이 강력하게 이의를 제기하면서 1935년에 네이선 로젠(Nathan Rosen), 보리스 포돌스키(Boris Podolsky)라는 사람과 셋이서 굉장히 유명한 논문을 썼는데, 이름의 첫 글자를 따서 EPR 논문이라고 합니다. 아인슈타인은 물론 물리학의 여러 분야에 뛰어난 공헌을 했습니다. 상대성 이론을 창시했고 양자 역학에도 많은 공헌을 했으며 노벨상을 타게 한 광전 효과(photoelectric effect)의 양자적 해석 등 정말 찬란한 업적들이지요. 그런데 아인슈타인의 논문 중에서 제일 인용이 많이 되는 논문은 상대성 이론 논문도, 광전 효과 논문도 아니고 바로 EPR 논문입니다. 그만큼 양자 얽힘에서 야기되는 이 문제가 어렵지만 흥미 있는 것입니다.

이 EPR 논문에서 아인슈타인은 "양자 역학, 특히 양자 얽힘에서 나오는 것은 이해하기 힘들다. 양자 역학에는 무언가 모순이 있는 것 같다. 내가 새로운 이론을 내겠다."라고 주장하면서 새로운 이론을 냈어요. 숨은 변수 이론(hidden variable theory)이라고 굉장히 논리 정연한 내용입니다. 진짜로 논쟁이 많이 되었죠. 양자 역학이 옳으냐? 숨은 변수 이론이 옳으냐? 양자 역학에 어딘가 잘못이 있나? 논란이 사실 지금까지도 계속되고 있습니다. 철학적으로도 많은 논란이 있었고요.

그런데 놀랍게도 EPR 논문이 발표된 지 한 30년 후에 존 스튜어트 벨

(John Stewart Bell)이라는 물리학자가 양자 역학이 옳은지 아니면 숨은 변수 이론이 옳은지를 실험해서 알아낼 방법이 있다는 것을 밝혀내고 그 방법을 제안했습니다. 둘 중 어느 것이 맞는지를 실험으로 판가름할 수가 있다는 거예요. 그 후로 40여 년 동안 많은 실험을 거쳤습니다. 그런데 지금까지 나온 실험 모두가 양자 역학이 '아마도' 옳다는 쪽으로 결론이 나왔습니다. '아마도'일 뿐 100퍼센트는 아니에요. 실험에는 항상 오차가 있는데 그 오차 범위 내에서 확실하게 100퍼센트 말할 수 있는 실험은 아직 안 나왔고, 적어도 높은 확률로 양자 역학이 맞는 것 같다는 정도까지는 나왔습니다. 그래서 사실 지금은 양자 이론, 양자 얽힘의 해석을 거의 모든 물리학자들이 받아들이고 있는 상태라고 말해도 틀린 말은 아닙니다. 하여간 얽힘에서 일어나는 현상이 실험으로 맞으니까 맞다고 할 수밖에 없거든요. 얽힘 관계에 있는 입자에서 그중의 한 입자에게 어떤 일이 일어나면 얼마나 멀리 있든지 상관없이 즉각적으로 다른 입자들에도 영향을 준다는 것입니다. 이것은 많은 실험으로 거의 입증된 사실입니다.

양자 공간 이동

본론으로 들어가겠습니다. 바로 이 양자 얽힘이 양자 공간 이동에서 핵심적인 역할을 합니다. 양자 역학은 깊이 들어가려고 하면 할수록 이야기하기가 곤란한 학문입니다. 오늘은 그냥 양자 공간 이동은 이런 것이다라고만 말씀드리겠습니다. 공간 이동이란 개념은 옛날부터 있었고, SF 소설과 영화에 굉장히 많이 등장합니다. 제일 대표적인 게 이것일 거예요. 「스타 트렉(Star Trek)」이라고 1960년대 텔레비전 드라마인데 제 나이 또래 미국 사람이면 모르는 사람이 없을 정도로 유명합니다. 캡틴 커크와 외계인 스팍이 나오는 우주 전쟁을 다룬 드라마인데 이 드라마에서는 행성에서 행성으로 공간 이동을 통해 움직입니다. 전화기 부스 같은 곳에 들어가서 서 있으면 이 사람의 정보를 다 주사(走査, scan)합니다. 머리카락이 무슨 색인지, 머리가 빠졌는지, 배가 나왔는지 등등을 모두 훑은 다음에 그 정보를 다른 행성으로 보내서 재구성하면 이 사람이 다시 나타나는 겁니다. 제가 좋아하는 영화 중에 「더 플라이(The fly)」라는 영화가 있는데 여기에도 공간 이동이 나옵니다.

제가 이 영화를 좋아하는 이유는 작품성이 뛰어나다거나 좋은 영화라서가 아니라 주인공이 물리학자이기 때문입니다. 더구나 공간 이동 실험을 하는 물리학자입니다. 이게 1958년도 영화를 리메이크한 것인데 주인공이 데이트를 하면서 계속 똑같은 셔츠하고 양복만 입고 나와요. 여자 친구가 참다 못해 묻습니다. 왜 허구한 날 똑같은 옷만 입고 오냐고. 그랬더니 이 사람이 여자 친구를 자기 집으로 데리고 가서 옷장을 열어 보여 줘요. 옷장 안에는 똑같은 셔츠하고 양복이 한가득입니다. "뭘 입을지 왜 매일 걱정하나? 하나만 꺼내 입으면 되지." 물리학자의 특성을 아주 잘 나타낸 영화입니다. 그리고 여자 친구에게 공간 이동 실험을 직접 보여 줍니다. 여자 친구의 스타킹을 놓고 나서 어쩌고저쩌고 하니까 여기 있는 스타킹이 없어지고 저쪽에 딱 나타납니다. 아마도 일반인들이 생각하는 공간 이동도 이와 비슷할 겁니다. 그런데 양자 공간 이동은 이런 게 아닙니다.

다음 페이지를 보시면 양자 공간 이동이 어떤 건가를 나타낸 그림이 있습니다. 위가 공간 이동 전 상황이고 아래가 이동 후 상황입니다. 갑돌이가 입자 c를 가지고 있고 을순이가 입자 b를 가지고 있습니다. 공간 이동 후에도 갑돌이는 원래 자리에 있어요. 입자 c도 있고. 을순이랑 입자 b

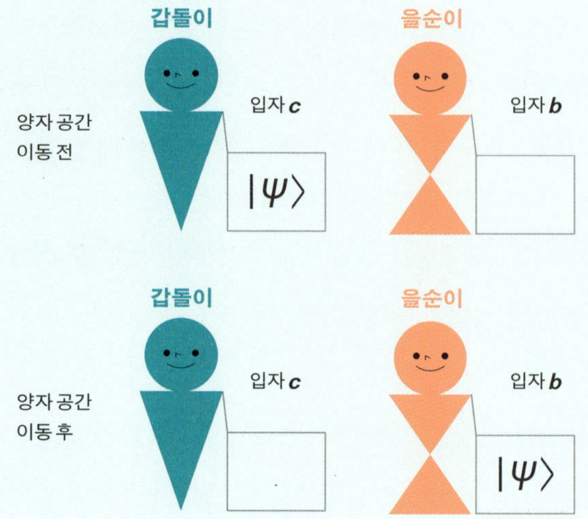

사람이나 입자는 그대로 있고 양자 상태가 이동했다.

도 그대로 있습니다. 단지 달라진 것은 입자 c의 '상태'가 입자 b로 온 것입니다. 사람이나 입자는 그대로 있고 움직인 것은 양자 상태뿐입니다.

"이것을 왜 공간 이동이라고 하느냐?" 하며 속았다는 분도 계실 겁니다. 나중에 말씀드리겠지만 이유가 있긴 있습니다. 뭐라고 부르든 간에 중요한 건 결국 입자 c로부터 입자 b로 양자 상태가 이동했다는 사실 입니다. 양자 정보학에서는 큐비트의 양자 상태가 정보입니다. 앨리스로부터 밥으로 양자 상태가 이동했다는 것은 앨리스로부터 밥에게 정보가 전달되었다는 의미가 됩니다. 즉, 양자 공간 이동은 양자 정보 전달의 수단이자 양자 통신의 기본 수단입니다. 양자 공간 이동은 미래의 양자 정보학에서 굉장히 중요한 역할을 할 것입니다. 그래서 사람들이 많은 관심을 보이는 것이고요.

양자 공간 이동은 1993년에 6명의 공동 연구자가 처음으로 제안했습니다. 이 6명 중에는 BB84의 창시자인 베넷과 브라사드도 들어 있습니다. 이 사람들이 제안한 방법을 살펴봅시다. 여기에도 역시 앨리스와 밥이 있습니다. 앨리스가 상태를 보내는 사람이고 밥이 상태를 받는 사람인데 둘은 양자 얽힘을 공유해야 합니다. 얽힘 상태에 있는 입자 a하고 b가 있어서, 앨리스가 a를 갖고 밥이 b를 가지고 있어야 합니다. 그것에 더해서 앨리스는 입자를 또 하나 가지고 있습니다. 이 입자 c의 상태를 밥에게 보내는데 이것이 공간 이동입니다.

공간 이동 전의 상태를 보면 앨리스는 a하고 c를 가지고 있고 밥은 b를 가지고 있죠. 공간 이동의 목적은 c의 상태를 b의 상태로 옮기는 겁니다. 이렇게 옮기려면 뭔가 연결 고리가 있어야만 하는데, 이 연결 고리 역할을 하는 것이 바로 a하고 b의 얽힘입니다. 앨리스는 자기가 가지고 있는 입자 a와 c를 대상으로 벨 상태 측정(Bell-state measurement)이라는 특수한 측정을 수행하고 측정 결과를 밥에게 알려 줍니다. 밥이 거기에 따라서 자기가 가지고 있는 입자 b를 대상으로 어떤 광학 과정을 수행하면 입자 b의 상태가 공간 이동 전 입자 c의 상태와 같아집니다. 이건 양자 공간 이동의 요점만 간단히 이야기한 것이고요, 양자 공간 이동을 진정으로 이해하려면 훨씬 더 깊고 자세한 이야기가 필요합니다. 여기서는 그저 이런 것이구나 하고 감만 잡으면 되겠습니다.

양자 공간 이동을 수행하기 위해서는 우선 준비 과정이 필요합니다. 앨리스와 밥이 얽힘 상태의 두 입자를 하나씩 공유해야 합니다. 실제로 얽힘 상태에 있는 광자 2개를 어떻게 얻느냐면, 제가 광자는 둘로 쪼개지지 않는다고 했는데 사실 특수한 상황에서는 쪼개집니다. 자발 매개 하향 변환(Spontaneous Parametric Down-Conversion, SPDC)이라는 비선형 광

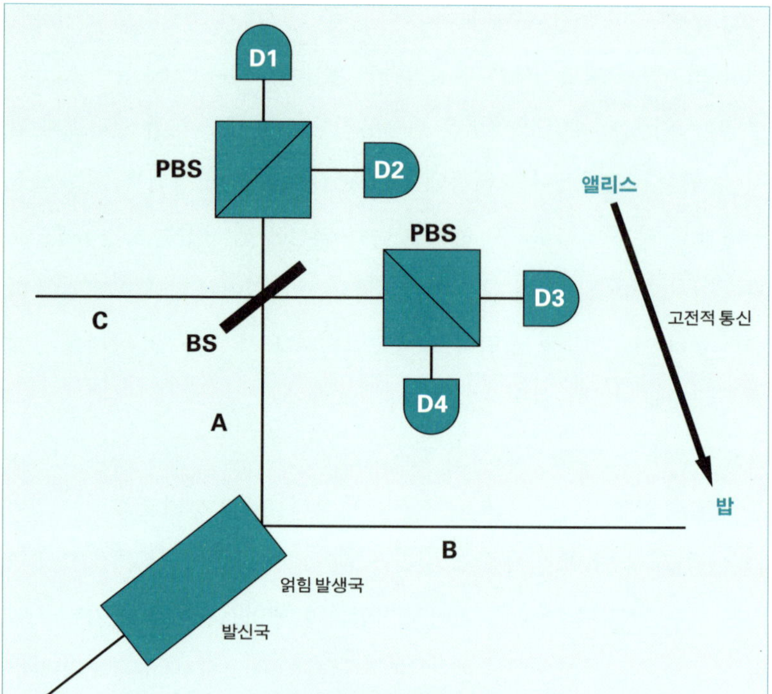

양자 공간 이동의 실험 설계도

학 과정이 일어나면 광자 하나가 들어와서 둘로 나뉩니다. 둘로 쪼개져서 항상 편광이 반대인 광자가 나옵니다. 이것이 얽힘 상태의 두 입자를 생성하는 가장 보편적인 방법입니다.

위 그림은 실험 설계도인데 얽힘 발생국(source station)에서 SPDC 과정을 통해서 광자 a, b가 얽힘 상태로 나옵니다. a는 앨리스가 갖고 b는 밥에게 보냅니다. BS, PBS, D는 각각 광 분할기(beam splitter), 편광 분할기, 광 측정기(beam detector)인데 앨리스가 벨 상태 측정을 수행하는 장비입니다. 앨리스는 또 하나의 입자 c를 가지고 있는데 입자 a와 c를 대상으로 벨 상태 측정을 수행하고 그 결과를 밥에게 알려 주면 c의 상태가

*b*의 상태로 옮겨 가게 됩니다. 약간은 SF적인 내용인데 실제로 일어날 수 있는 일입니다. 1993년에 이론적 방법이 제안되었고 4~5년 후에 이탈리아 그룹, 오스트리아 그룹, 미국 그룹이 양자 공간 이동 실험에 실제로 성공했습니다. 이 실험들에서는 광자의 상태를 전달했고요. 후에 원자 상태의 양자 공간 이동 실험도 수행되었습니다. 양자 공간 이동은 광자와 원자 수준에서 이미 실험으로 증명된 것입니다.

거시 세계 물체의 공간 이동

일반인의 관점에서 보면 양자 공간 이동에 대한 가장 큰 관심사는 아마도 '광자나 원자 이상의 큰 물체, 특히 거시 세계의 물체를 대상으로도 공간 이동이 가능한가?'일 것입니다. 거시 세계 물체로 들어가면 모든 특성을 다 기술해야 하니까 상태 함수가 매우 복잡해집니다. 그 첫 단계로 과학자들은 많은 수의 원자들로 구성된 계인 원자 앙상블(atomic ensemble)을 대상으로 공간 이동 실험을 시도하고 있는데 아직 큰 진전은 없는 것 같습니다. 현재는 이 정도입니다. 속았다고 생각하시지 않도록 마지막으로 이것 하나만큼은 확실히 하고 넘어가겠습니다. 물체가 아니고 양자 상태만 이동한 것인데 왜 양자 전송을 공간 이동이라고 할까요?

한번 저라는 인간을 전송한다고 생각해 봅시다. 그러기 위해서는 제 뒷머리가 빠졌다를 포함해서 저에 대한 모든 정보를 주사해야 합니다. 제가 사실은 길눈이 좀 어둡습니다. 그래서 두 번 세 번 가도 초행길마냥 꼭 길을 잃어버리고 그렇습니다. 그리고 사람을 무지하게 못 알아봅니다. 그래서 한 번 만나고 두 번 만나도 기억을 못 하고 처음 만난 사람처럼 대합

니다. 또 한 가지 특징은 기억력이 없어서 재밌게 본 영화를 몇 달 뒤에 보면 또 재미있게 봅니다. 인생을 굉장히 재미있게 산다고도 볼 수 있죠. 어딜 가든지 새롭고 누구를 만나도 새로운 사람이고 어떤 영화를 봐도 처음 보는 영화입니다. 그런 특성들이 저의 양자 상태 함수 $|\psi\rangle$에 다 포함되어야 합니다. 그 상태 함수가 전송되었습니다. 저쪽에 동일한 특성들을 지닌 사람이 있는 거예요. 그러면 저 사람이 이해웅일까요, 이 사람이 이해웅일까요? 양자 공간 이동을 하면 c의 상태가 b로 가야 하죠. 그러면 c의 상태는 원래 상태에서 다른 상태가 됩니다. 측정했으니까요. 측정한 결과에 따라 붕괴를 해서 다른 상태의 입자가 되고 저쪽이 원래 c 상태의 입자가 됩니다. 여기도 사람이 있고 저기도 사람이 있는데, 저 사람은 기억력도 없고 길눈도 어둡고 원래 이해웅의 상태를 다 가지고 있는 사람입니다. 이 사람은 다른 상태의 사람이에요. 그러면 저 사람이 이해웅이다 이거죠. 그래서 상태를 옮긴 게 입자를 옮긴 것하고 무엇이 다른가. 이 문제는 다소 철학적인 문제입니다.

양자 공간 이동의 발전 상황은 양자 암호에 비해 미미합니다. 현재 수 킬로미터 정도까지의 공간 이동은 가능하지만, 그 이상은 아직 잘 못합니다. 양자 암호는 지금 150킬로미터나 200킬로미터까지 가는데 이것은 왜 수 킬로미터 정도밖에 안 나오냐면, 맨 처음에 양자 얽힘을 앨리스가 만들어서 밥에게 전달해 줘야 하는데 이 얽힘 상태가 굉장히 부서지기 쉬운 상태이기 때문입니다. 조금만 잘못되어도 무너져 버려요. 그래서 그대로 간직한 채 장거리로 전달하는 게 쉽지가 않습니다.

그러면 이것으로 양자 암호와 더불어 양자 통신의 두 기둥 가운데 하나인 양자 공간 이동 이야기를 마치고 지금부터 양자 전산, 즉 양자 컴퓨터와 양자 알고리듬을 살펴보도록 하겠습니다.

양자 컴퓨팅

양자 컴퓨팅에 관한 연구는 크게 양자 컴퓨터의 하드웨어에 관한 연구와 소프트웨어, 즉 양자 알고리듬에 관한 연구로 나누어집니다. 그러나 양자 통신, 특히 양자 암호와 같은 빠른 발전을 보이지는 못하고 있습니다. 사실 양자 컴퓨터는 지금 원시적인 시험작들밖에 없습니다. 암산으로도 쉽게 할 수 있는 간단한 계산을 수행하는 양자 컴퓨터만이 존재하는 상황입니다. 마찬가지로 양자 알고리듬도 그리 많은 수가 발견되지는 않았습니다. 대표적인 두 양자 알고리듬이 그로버 알고리듬과 쇼어 알고리듬입니다. 그로버 알고리듬은 데이터 검색, 쇼어 알고리듬은 소인수 분해를 기존의 방법보다 훨씬 더 빨리 수행하게 해 주는 매우 강력한 알고리듬입니다. 이 두 알고리듬만으로도 실용적인 양자 컴퓨터가 나오기만 하면 적어도 데이터 검색과 소인수 분해는 무지무지하게 빠른 속도로 수행될 수 있다는 사실이 명백해졌고, 이로써 양자 컴퓨터의 필요성이 대두했다고 할 수 있습니다. 3강의 남은 시간에는 우선 양자 알고리듬을 살펴보고, 마지막으로 양자 컴퓨터에 대해서 간단히 말씀드리도록 하겠습니다.

양자 알고리듬: 그로버와 쇼어

우선 양자 알고리듬을 간단히 살펴보겠습니다. 양자 알고리듬의 정의는 아래와 같습니다.

양자 물리의 원리에 근거해서 문제를 푸는 단계적 방법

한마디로 양자 컴퓨터에서 사용하는 알고리듬입니다. 두 대표적 알고리듬 중 그로버 알고리듬은 로브 쿠마르 그로버(Lov Kumar Grover)라는 인도계 미국인이 발명했습니다. 앞서 말씀드린 대로 데이터 검색을 하는 알고리듬이에요. 대표적인 예가 전화번호부에서 전화번호를 가지고 사람 이름을 찾는 겁니다. 사람 이름을 알면 전화번호를 금방 찾을 수 있죠. 그런데 거꾸로 전화번호만 있고 사람 이름을 모른다면 찾기가 영 어렵습니다. 전화번호부를 펼쳐 놓고 처음부터 계속 보면서 대조해 나가는 수밖에 별 도리가 없습니다. 재수가 좋으면 첫 페이지에서 나올지도 몰라요. 재수가 나쁘면 끝 페이지까지 가야 하죠. 그 지역에 사는 사람이 대략 100만이어서 전화번호 수가 100만 개 있다고 하면 평균 오십만 번은 찾아야 이름이 나올 겁니다. 그런데 그로버 양자 알고리듬은 천 번 정도만으로 찾아낼 수가 있어요. 일반적인 검색 방법은 n이 전화번호 수라면 평균적으로 $n/2$ 정도는 확인해야 답이 나오는데 그로버 알고리듬은 n의 제곱근, $\sqrt{n}$번 정도로 찾을 수 있습니다. 100만의 제곱근을 구하면 1,000이거든요. 오십만 번 대신 천 번만 하면 찾을 수 있는 거지요. 이게 어떻게 가능할까요? 파인만은 "왜 그런지는 묻지 말라."[7]라고 했지만, 조금 뒤에 설명드리겠습니다. 또 하나의 대표적인 데이터 검색 문제로 비밀 암호 찾기가 있는데 보통 은행 계좌에는 네 자리 비밀번호가 있죠. 인터넷에서 포털 사이트로 들어가려고 하면 비밀번호가 보통 한 여덟 자리가 있습니다. 사기꾼이 타인의 계정에 접속하려 한다면 비밀번호를 알아야 할 것 아니에요? 네 자리라면 0000부터 9999까지 다 해서 1만 개의 비밀번호가 가능하니 그중에서 하나를 맞춰야 합니다. 그러면 0000부터 차례로 시도해 볼 수밖에 없죠. 다행스럽게도 세 번 정도 연속으로 틀리면 중지가 됩니다. 그런 게 없다면 계속 시도해서 결국은 찾아낼 수 있을 것입니다. 이 경우 평균 오천 번을 시도하다 보면 맞는 비밀번호가 나옵니다. 그런데 그로버 알고리듬을 쓰면 평균 백 번만 하면 되는 거예요. 굉장한 차이거든요. 계산 시간으로 이 차이를 보면 예를 들어 아까보다 더 큰 열여섯 자리의 비밀번호를 찾을 때 1밉스(MIPS는 Million Instructions Per Second로 1초에 100만 개의 번호를 확인할 수 있는 속도입니다.)의 고전 컴퓨터를 써도 1,000년이 걸립니다. 양자 컴퓨터는 3분 정도밖에 안 걸려요. 굉장한 겁니다.

그런데 이보다도 더 혁명적인 것이 쇼어 알고리듬입니다. 미국 사람인 피터 쇼어가 만든 소인수 분해 알고리듬인데 첫 번째 강의에서 말씀드린 RSA129, 즉 백스물아홉 자리의 숫자는 아무리 좋은 컴퓨터를 써도 소인수 분해에 몇 달은 걸립니다. 1강에서 제가 자릿수를 2,000으로 늘리면 이 우주에 있는 입자만큼의 컴퓨터들을 가지고 해도 우주의 나이만큼의 계산 시간이 필요해서 불가능하다고 말씀드렸는데 그럴 때 쇼어 알고리듬을 쓰면 몇 분 만에 해낼 수 있습니다. 정말 엄청나게 빠른 알고리듬이지요. 양자 컴퓨터가 실용화되어서 쇼어 알고리듬을 쓰면 RSA 방법은 완전히 무용지물이 됩니다. 그러면 BB84로 가야죠. 결국 양자 역학이 암호학에 치명타를 주었다가 다시 구해 주는 셈입니다.

양자 병렬성

이제 양자 알고리듬이 어떻게 이렇게 빠를 수 있느냐를 설명할 때가 된 것 같습니다. 이 과정을 도저히 우리 머리로는 상상할 수가 없습니다. 평균 오천 번을 찾아야 하는 네 자리 비밀번호를 백 번만 해서 찾는 일이 어

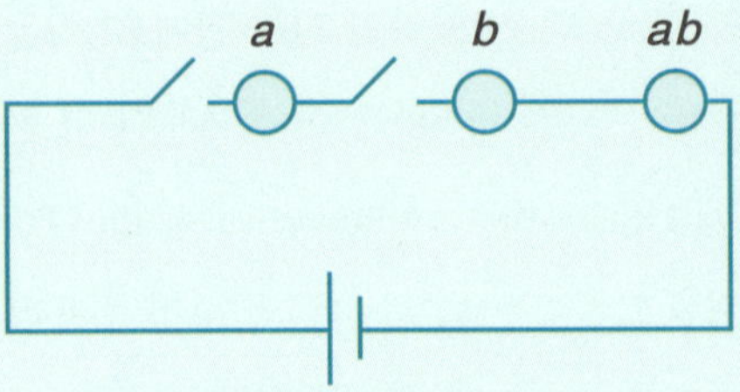

입력1	입력2	출력
a	*b*	*ab*
0	0	0
0	1	0
1	0	0
1	1	1

0: 꺼짐 1: 켜짐

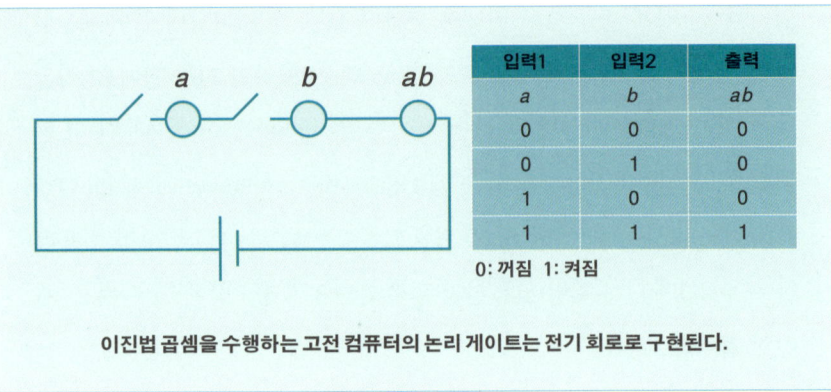

이진법 곱셈을 수행하는 고전 컴퓨터의 논리 게이트는 전기 회로로 구현된다.

떻게 가능한지, 그 답은 양자 병렬성(quantum parallelism)에 있습니다. 이것을 제대로 설명해 드리려면 일주일 동안 양자 역학만 강의해야 할 겁니다. 간단하게 핵심만 말씀드리겠습니다. 이 양자 병렬성이 무엇이고 어떻게 해서 그렇게 빨리 검색이면 검색, 소인수 분해면 소인수 분해를 할 수 있게 하는가? 이 질문에 대한 답을 어느 정도 이해하려면 양자 컴퓨터가 어떻게 작동하는가를 살펴보아야 합니다.

우선 고전 컴퓨터가 어떻게 작동하는지를 봅시다. 잘 아시겠지만 계산이란 입력으로 숫자가 들어가고 출력으로 숫자가 나오는 일입니다. 고전 컴퓨터에서는 그걸 연결하는 게 논리 게이트인데 주어진 계산을 수행하는 전기 회로입니다. 고전 컴퓨터의 이진법 곱셈을 예로 들자면 0×0, 0×1, 1×0에서 다 0이 나오고 둘 다 1일 때만 1이 나오는 과정을 직렬 연결 회로로 구성하면 곱셈이 구현됩니다. 불이 켜진 상태가 1, 불이 안 들어오는 상태가 0인 전구 *a*하고 *b*를 직렬 연결합니다. *ab*는 곱셈의 결과를 나타내는 불인데 *a*, *b* 두 전구에 다 불이 켜져야 *ab*도 불이 켜집니다. 하나라도 끊어지면 불이 안 들어와요. 이것이 곱셈을 수행하는 논리 게이트입니다. 이런 식으로 간단한 전자 회로를 원하는 계산에 맞추어서 구성한

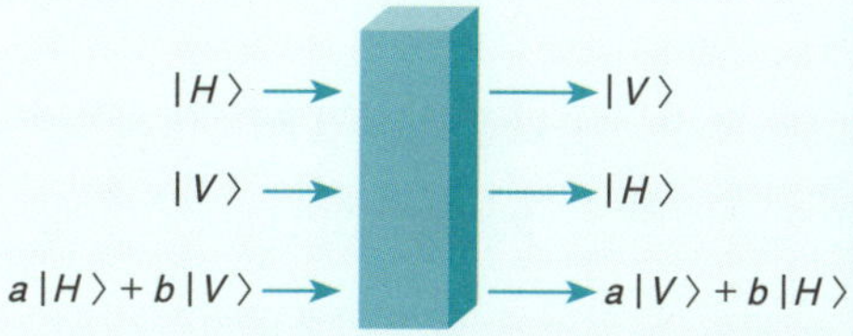

입력	출력
$\lvert a\rangle$	$\lvert a+1(\text{mod}2)\rangle$
$\lvert 0\rangle$	$\lvert 1\rangle$
$\lvert 1\rangle$	$\lvert 0\rangle$
$a\lvert 0\rangle+b\lvert 1\rangle$	$a\lvert 1\rangle+b\lvert 0\rangle$

$\lvert 0\rangle$:$\lvert H\rangle$ $\lvert 1\rangle$:$\lvert V\rangle$

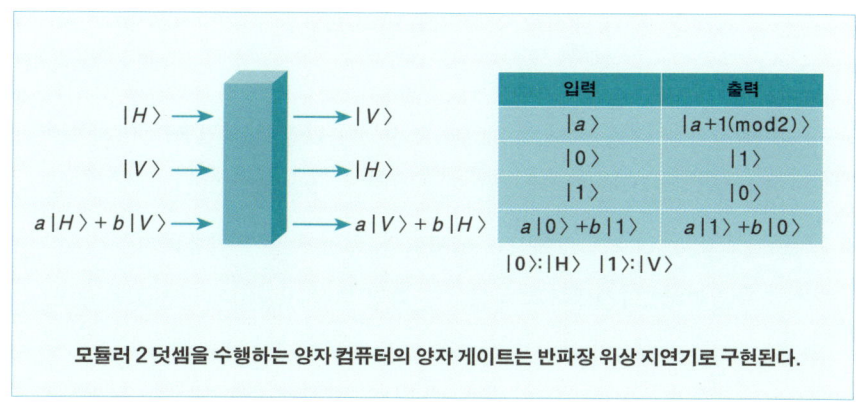

모듈러 2 덧셈을 수행하는 양자 컴퓨터의 양자 게이트는 반파장 위상 지연기로 구현된다.

것이 고전 컴퓨터입니다.

양자 컴퓨터는 고전 컴퓨터와 구성부터 다릅니다. 우선 입력이 숫자가 아니고 0의 상태, 혹은 1의 상태 같은 큐비트입니다. 그리고 양자 게이트라는 걸로 계산을 합니다. 당연히 출력도 큐비트이고요. a 더하기 1 (mod 2)라는 덧셈을 한다고 생각해 봅시다. a가 0이면 0 더하기 1 (mod 2)니까 1이죠. 또 1 더하기 1 (mod 2)를 하면 0이 됩니다. 이때 0 더하기 1이 뭔지를 알고 싶다면 0의 상태를 입력했을 때 뭔가 하여간 양자 게이트를 거쳐서 출력이 1의 상태여야 합니다. 그래야만 0 더하기 1은 1이라는 것을 알 수 있거든요. 0의 상태가 수평 편광이고 1의 상태가 수직 편광이라면, 수평 편광을 입력으로 넣고 어떤 양자 게이트를 거쳐서 수직 편광이 출력으로 나왔을 때 그것을 '0 더하기 1은 1'이라고 해석할 수 있으면 됩니다. 같은 논리로 1 더하기 1이 0이 되려면 수직 편광을 입력으로 넣었을 때 양자 게이트를 거쳐 수평 편광이 출력으로 나오면 됩니다.

그렇게 할 수 있는 장치가 바로 반파장 위상 지연기(half-wave plate)입니다. $\lvert H\rangle$가 들어가면 $\lvert V\rangle$로 변하게 하고 $\lvert V\rangle$가 들어가면 $\lvert H\rangle$로 변하게 하는 편광판입니다. 다시 말하면 반파장 위상 지연기가 a+1 (mod 2)의 덧셈을 해 주는 양자 게이트가 됩니다. 양자 컴퓨터에서는 전기 회로 대신 이런 변환 장치가 있는 겁니다.

위 예에서 우리는 양자 컴퓨터와 고전 컴퓨터의 차이점을 분명히 볼 수 있습니다. 고전 컴퓨터에서는 입력, 출력이 숫자이고 계산은 전기 회로로 구성된 논리 게이트에서 수행됩니다. 반면에 양자 컴퓨터에서는 입력, 출력은 **큐비트의 상태**이고 계산은 반파장 위상 지연기와 같이 **양자 상태를 변환시켜 주는 장치**가 양자 게이트의 역할을 하면서 수행합니다.

이제 본론으로 가서 어떻게 양자 컴퓨터가 고전 컴퓨터보다 훨씬 더 빨리 계산할 수 있는지를 설명하겠습니다. 여기서부터가 중요한 부분입니다. 입력은 수직 편광일 수도, 수평 편광일 수도 있지만, 비스듬한 편광 $a|H\rangle+b|V\rangle$으로 놓을 수도 있습니다. 그러면 반파장 위상 지연기가 $|H\rangle$는 $|V\rangle$로 변환시키고 $|V\rangle$는 $|H\rangle$로 변환시키기 때문에 출력으로 나오는 상태는 $a|V\rangle+b|H\rangle$가 됩니다. 이제부터가 진짜 엄청난 대목이니까 잘 보세요. 계산을 한 번 했는데 0 더하기 1이 1이고 1 더하기 1이 0인 두 계산이 한꺼번에 되었습니다. 그렇다고 두 번 하거나 두 배 힘들거나 한 것이 아닙니다. 단지 입력 상태를 비스듬하게 놓은 것뿐입니다. 선형 중첩의 상태로 두면 두 계산이 한꺼번에 되는 거예요.

네 자리의 비밀번호가 맞는지 틀리는지 알아야 할 때 고전 컴퓨터에서는 0000부터 9999까지 1만 개의 값을 하나씩 입력하고 확인해야 합니다. 양자 컴퓨터에서는 0000의 상태에서 9999의 상태까지 1만 개가 선형 중첩인 상태를 입력으로 넣으면(1만 개 정도로 많은 상태를 가진 입자는 없지만, 큐비트 여러 개를 쓰면 됩니다.) 어느 것이 맞는 비밀번호인지를 한번에 알아낼 수 있습니다. 이것이 양자 전산입니다. 선형 중첩이 굉장히 중요합니다. 선형 중첩을 이용해서 많은 수의 입력에 해당하는 계산을 한번에

할 수 있는 양자 컴퓨터의 특성을 양자 병렬성이라고 합니다. 고전 컴퓨터에서는 입력을 하나씩 넣고 확인하고, 넣고 확인하고 해야 하는데 양자 컴퓨터에서는 1의 상태, 2의 상태, 3의 상태……의 선형 중첩을 넣으면 한꺼번에 계산됩니다. '아까 평균으로 제곱근, 즉 $\sqrt{n}$ 의 횟수라고 했는데 그게 아니라 한번에 계산되는 것 아닌가?' 하는 의문을 가지는 분이 계실지도 모르겠습니다. 사실은 한번에 다 계산은 되는데 이걸 측정하는 문제가 있습니다. 이것을 교묘하게 측정해서 상태를 알아내는 방법을 제대로 보완한 사람이 그로버와 쇼어입니다. 그래서 그들이 굉장히 강력한 양자 알고리듬을 만들어 냈다고 하는 것이지요. **양자 컴퓨터가 고전 컴퓨터보다 훨씬 더 빠르게 계산을 할 수 있는 이유는 양자 병렬성이다.** 요점은 이것입니다.

양자 전산과 양자 컴퓨터

양자 컴퓨터의 역사를 잠깐 보면 1970년대와 1980년대에 베넷, 파인만, 폴 베니오프(Paul Benioff), 데이비드 도이치(David Deutsch)와 같은 사람들이 처음으로 아이디어를 제시했습니다. 그 후 1994년에 쇼어 알고리듬, 1996년에 그로버 알고리듬이 나왔습니다. 그러면서 양자 컴퓨터에 대한 관심이 굉장히 높아져서 1997년에 최초로 NMR(Nuclear Magnetic Resonance, 핵자기 공명)을 이용해 양자 컴퓨터가 만들어졌고 2001년에 이 컴퓨터가 15=3×5라는 소인수 분해를 쇼어 알고리듬을 써서 실제로 수행했습니다. 원시적인 것이지만 7큐비트 액체 NMR 양자 컴퓨터를 써서 계산을 수행했는데 이게 《네이처》에 실렸습니다.

사실 그 후로 이렇다 할 만한 발전이 없었어요. 대단한 게 나왔지만 비밀에 부쳤는지도 모르죠. 어쨌든 제가 아는 한에서는 큰 발전이 없었습니다. 우리가 궁극적으로 원하는 건 15=3×5를 수행하는 이런 원시적인 컴퓨터에서 훨씬 더 발전해서 RSA129를 짧은 시간 안에 소인수 분해하는 실용적인 양자 컴퓨터입니다. 그러려면 상태의 수가 많아야 합니다. 큐비트 수가 굉장히 많아야죠. 15=3×5를 수행한 최초의 NMR 컴퓨터는 큐비트 7개, 그러니까 NMR 분자 7개를 쓴 건데 분자들이 그보다 무지하게 많아야 합니다. 그런데 그러면 그 많은 분자를 잘 조정하고 상호 작용을 다 이해해야 하는 등 어려운 문제가 아주 많이 생깁니다. 원시적인 컴퓨터에서 실용적인 컴퓨터로 가려면 건너야 할 산이 많은데 그중에 중요한 조건 다섯 가지를 요약해서 보통 디빈센초(DiVincenzo)의 5조건이라고 이야기합니다.

이 다섯 가지 조건을 모두 만족해야 합니다. 그런데 양자 컴퓨터란 결

1) 큐비트가 정확히 정의되고 실질적으로 많은 수의 큐비트까지 확장될 수 있는 (scalable) 물리계가 있어야 한다.
2) 큐비트들을 원하는 임의의 초기 상태에 준비시킬 수 있어야 한다.
3) 물리계는 양자 게이트들의 작동 시간보다 훨씬 긴 '결 잃음' 시간(주위 환경이 양자적 물체의 정보를 얻음으로써 양자계가 고전적으로 행동하기까지 걸리는 시간, decoherence time)을 가져야 한다. 즉 양자 게이트들이 작동하는 동안 결 잃음이 무시될 정도로 작아야 한다.
4) 보편적 양자 게이트들의 조합이 있어야 한다.
5) 큐비트들을 대상으로 하는 측정이 가능해야 한다.

디빈센초의 5조건

국 양자계이니까 여러 계가 후보로 거론되고 있고, 여러 곳에서 많은 시도를 하고 있습니다. 처음 양자 컴퓨터의 시스템으로 쓰인 NMR은 7개의 큐비트보다 더 많은 큐비트로 확장하기가 힘들어서, 실험용으로는 좋지만 실제로 실용적인 컴퓨터가 나올 확률은 낮습니다. 지금 사람들이 유력한 후보로 거론하는 계에는 초전도체, 이온 덫(ion trap), 공진기(cavity QED), 양자 점(quantum dot) 등이 있고 각각 많은 연구를 하고 있지만 아직은 실용적인 양자 컴퓨터가 가까운 장래에 등장하기는 어렵다는 것이 중론입니다. 실용적인 양자 컴퓨터의 개발을 마라톤에 비유한다면 이제 겨우 첫 몇 걸음을 옮긴 상황이라고 할 수 있습니다.

한국에서는 한 10년 전에 간단한 시험용 NMR 양자 컴퓨터를 KAIST 물리학과의 이순칠 교수가 실험적으로 구현했습니다. 그다음으로는 한국에서도 다른 나라에서도 큰 발전이 없는 걸로 아는데 확실히는 모르겠어요. 한 예로 2007년에 D 웨이브(D Wave)라는 캐나다 회사에서 16큐비트 양자 컴퓨터를 만들었다고 발표를 했어요. 그런데 아직 많은 사람들이 인정하는 것 같지는 않습니다. 어쨌든 이 회사의 홈페이지[8]에 들어가면 "우리는 세계 최초로 상용 양자 컴퓨터를 시장에 제공합니다."라는 문구가 걸려 있습니다. 분명히 움직임은 이곳저곳에서 있으나 아직 확실하게 인정받은 7큐비트 이상의 컴퓨터가 나온 적은 없는 것으로 저는 알고 있습니다.

양자 정보학의 미래

지금까지 양자 컴퓨터에 대해 알아보았습니다. 양자 컴퓨터가 실제로 출현하게 되면 우리에게 어떤 영향을 미칠까요? 이 물음에 대한 답은 현재 우리가 가지고 있는 컴퓨터, 즉 고전 컴퓨터가 우리 생활에 일으킨 변혁을 생각해 보면 명백해집니다. 양자 컴퓨터는 고전 컴퓨터보다 훨씬 더 빠르게 계산과 작업을 수행할 수 있으므로 훨씬 더 큰 혁명을 일으킬 것은 틀림없는 사실인데 단지 시기가 문제입니다. 지금 상황으로 봐선 빨리 나올 것 같지는 않아요. 좀 더 솔직하게 이야기하면 실용적인 양자 컴퓨터가 과연 가능할지도 사실은 미지수입니다. 여러 가지 어려운 점이 많거든요.

하지만 과학의 역사에서는 낙관적으로 보는 편이 항상 맞았습니다. 언젠가는 천재가 나타나서 불가능하게 보였던 일들을 이루어 냅니다. 앞으로 양자 암호, 양자 공간 이동, 양자 알고리듬, 양자 컴퓨터에서 어떤 변혁이 일어날지 지켜보는 것도 흥미로울 것입니다. 이것이 제 양자 정보학 마지막 강의인데 세 번의 강의를 모두 열심히 들어 주신 여러분께 진심으로 감사드립니다.

강의의 결론입니다. 양자 정보 시대는 빠르게 다가오고 있습니다. 양자 정보 시대의 국가 경쟁력은 양자 정보학과 양자 정보 기술을 어느 나라가 앞서서 이끌어 나가느냐에 따라 결정됩니다. 이 둘은 매우 중요한 과학 기술이라는 것을 강조하고 싶습니다. 지금 이 강의를 듣고 계신 여러분처럼 이런 데 관심을 가지는 분들이 많아져서 우리나라도 이 분야에 많이 투자하고 발전하기를 바라는 마음이 간절합니다. 매년 10월이 되면 노벨 물리학상 수상자가 발표됩니다. 수상자 발표가 다가오면 곳곳에서 누가 수상할 것인가를 두고 예측을 내놓곤 합니다. 그런데 대개의 경우 예측은 빗나갑니다. 2011년에도 그랬습니다. 2011년에 가장 가능성이 높다고 생각된 사람들의 이름을 보면 알랭 아스페(Alain Aspect), 존 클라우저(John

Clauser), 안톤 차일링거(Anton Zeilinger), 이 세 사람입니다. 바로 이번 강의 초반부에서 존 스튜어트 벨이 제안한 실험을 실제로 해서 양자 역학을 검증한 사람들입니다. 이 사람들이 노벨 물리학상의 제일 후보로 거론될 정도로 양자 정보학이 기초 학문에서 굉장히 중요해진 겁니다. 앞으로 10년 혹은 50년 후에 양자 암호나 양자 공간 이동, 양자 컴퓨터 등이 실용화가 된다면 그때 이 강의를 다시 한번 떠올려 주시면 좋겠습니다. 이것으로 제 강의를 마치도록 하겠습니다. 감사합니다.

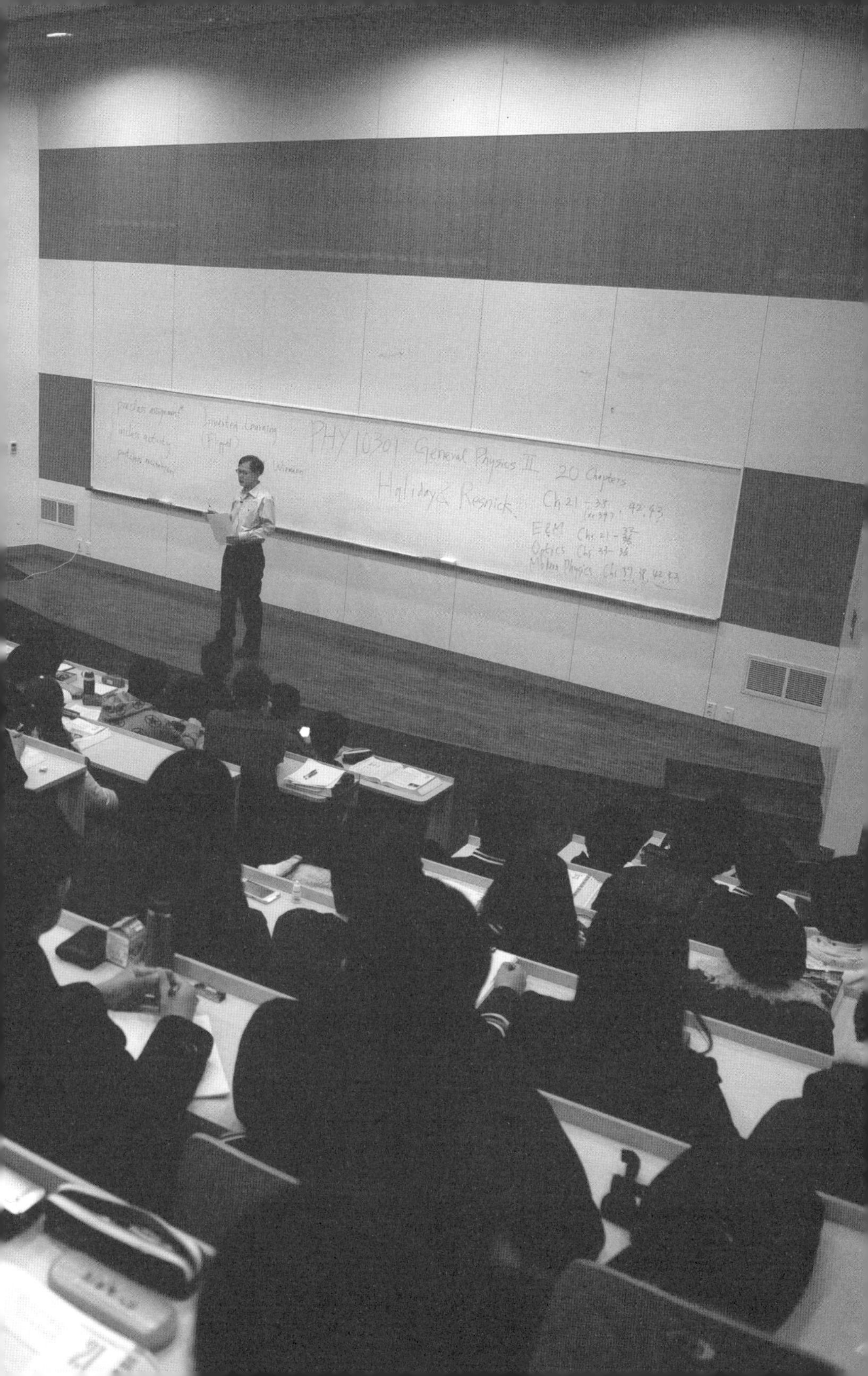

PHY10301 General Physics II
20 Chapters
Resnick
E&M
Optics

Q&A

Q_ 양자라는 게 원래 2개가 한 쌍을 이루는 건가요? 아니면 하나인가요?

A_ 보통 양자라고 하면 하나를 이야기합니다. 사실 모든 게 재미있게 되는 이유가 다 얽힘 때문인데 얽힘은 입자가 둘 이상 있을 때 나오는 특성입니다.

Q_ 얽히는 양자 2개는 어떻게 되는 건가요?

A_ 광자 2개가 얽힌다는 것은 특성이 서로 상관관계가 있다는 이야기예요. 한쪽이 수평 편광일 때 반대로 수직 편광이면, 또 한쪽이 수직 편광일 때 반대로 수평 편광이라면 이걸 반상관관계라고 합니다. 상관관계는 수평이면 같이 수평이고, 수직이면 같이 수직인 것이거든요. 상관관계든 반상관관계든 상관없이 이런 관계가 있는 상황을 얽힘이라고 표현합니다.

Q_ 딱 2개만 얽히는 것은 아니지 않은가요? 수직, 수평인 양자가 항상 하나만 있지는 않은 것 같은데.

A_ 둘 이상도 가능합니다. 수에 상관없이 하나가 아니라면 얼마든지 얽힘이 있을 수 있습니다. 사실 양자 얽힘이 양자 역학의 가장 큰 특징입니다. 굉장히 재미있고 지금도 많은 연구의 대상이 되고 있죠. 예를 들어 광자 a, b, c가 있는데 항상 같이 수평 편광이거나 또는 수직 편광이라면 세 광자가 모두 얽힘의 관계에 있습니다. 3개보다 더 많은 수의 입자들도 얼마든지 얽힘 관계에 있을 수 있습니다. 사실 많은 수의 입자들에서 어떤 종류의 얽힘이 존재하는지는 아직 완전히 풀리지 않은 문제

로, 연구가 진행되고 있습니다.

Q_ 2개가 상관관계가 있다는 걸 안다는 말은 어떤 하나의 성질을 미리 알고 있다는 이야기인데 그럼 측정을 했다는 것이잖아요. 수평인지 수직인지 안다는 것이잖아요.

A_ 수평인지 수직인지 몰라요. 확률은 반반입니다. 측정을 해서 결과가 나와야 확실해지는 거예요. 3강에서 야구 이야기도 했지만, 광자 2개가 얽힌 상태라고 하면 측정하기 전까지는 각자 수직 편광인지 수평 편광인지 하나도 모릅니다. 수평 편광일 확률 50퍼센트, 수직 편광일 확률 50퍼센트인데 측정해서 50퍼센트 확률로 결과가 나오면, 예를 들어 수평이 나오면 다른 쪽은 분명히 수직인 거죠.

Q_ 우리가 동전을 던질 때 동전의 앞면이 나올 확률과 뒷면이 나올 확률이 다 반반인데 던지는 순간, 동시에 결정되잖아요. 그런 뜻하고 같은 건가요?

A_ 맞는데 그건 얽힘은 아닙니다. 2개 이상이 있어야 하거든요. 고전계에서 비슷한 예를 들자면 동전 둘을 사슬 같은 것으로 묶어서 한쪽이 앞이면 다른 쪽도 앞이 나오게 둘을 던지면 그 둘은 상관관계를 가지고 있죠. 던져서 앞이 나올지 뒤가 나올지는 모르고요. 마찬가지로 두 사람인데 서로 수갑을 차고 같이 묶여 있다면 두 사람의 장소는 상관관계가 있죠. 한 사람이 여기 있으면 다른 사람도 바로 옆에 있으니까. 얽힘은 아니지만 얽힘과 유사한 상관관계가 빚어내는 상황입니다.

Q_ 양자의 고유한 속성이 얽힘인가요? 아니면 다른 요인에 의해서 얽혀지는 건가요?

A_ 우리가 얽힘으로 정의하는 것은 양자의 특성인데요, 그것을 굳이 설명하려면 고전 세계에도 얽힘하고 비슷한 게 있습니다. 아까 말했던 상관관계 같은 것인데 고전 세계에도 분명히 있어요. 그런데 양자 세계에 있는 얽힘은 우리가 말하는 고전 상관관계보다도 더 강력한 것입니다. '얽힘이라는 것은 어떤 상관관계다.' 그렇게 이해하면 되겠습니다. 이런 상관관계는 어디에서 유래할까요? 과거에 상호 작용이 무언가 있었겠지요. 예를 들어 편광의 반상관관계에 있는 두 광자는 SPDC라는 비선형 광학 과정을 통해 동시에 같은 하나의 광자에서 유래한 것입니다.

Q_ 얽힘 상태가 유지가 된다고 하면, 측정을 여러 번 해도 그 상태가 유지가 되는 겁니까? 하나가 $|H\rangle$여서 나머지는 $|V\rangle$일 때 다시 측정하면 $|V\rangle$가 나오나요, 아니면 이게 또 $|H\rangle$인가요? 어떻게 되는 건가요.

A_ 진짜 좋은 질문입니다. 그게 양자 물리의 기본 원리로 다시 가면 양자 함수가 붕괴하거든요. 원래는 얽힘 상태에 있는데 얽힘 상태에 있는 두 광자는 $|\psi\rangle=\frac{1}{\sqrt{2}}(|H\rangle_a|V\rangle_b-|V\rangle_a|H\rangle_b)$의 상태에 있습니다. a 광자의 편광을 측정했더니 $|H\rangle$가 나왔어요. 그러면 $|H\rangle_a|V\rangle_b$ 이 상태로 붕괴하게 되니까 더는 얽힘이 아니죠. 이 수식을 말로 한 것이 양자 역학의 기본 원리 두 번째입니다. **"측정하고 나면 측정한 결과의 상태로 붕괴한다."**

Q_ 붕괴한다는 걸 어떻게 풀린다고 말할 수가 있지요?

A_ 얽힘의 상태에서는 그렇게 말씀하셔도 되는데 붕괴한다는 것을 더 일반적으로 이야기하면 여러 가지 가능성 중에서 한 상태, 한 가능성으로 귀납된다는 뜻이에요. $|H\rangle_a|V\rangle_b$일 가능성도 있고 $|V\rangle_a|H\rangle_b$일 가능성도 있습니다. 측정했더니

$|H\rangle_a|V\rangle_b$라는 결과가 나왔습니다. 두 가능성 중에 한 가능성으로 결론이 난 것이거든요. 그런 걸 붕괴라고 합니다. 사실 붕괴란 단어가 뜻을 그렇게 정확하게 나타내는 건 아닌 것 같아요. 물리에서는 그렇게 쓰고 있습니다.

Q_ 측정하기 전에 두 양자가 얽힘 상태에 있다는 걸 알 방법이 있나요?

A_ 그것도 굉장히 좋은 질문입니다. 양자 정보학의 연구 주제 중 하나인데요, 실험으로 얽힘이 존재하는지를 알아내는 방법, 얽힘이 있다면 그 얽힘이 얼마나 강한지를 알아내는 방법 등에 대해서 계속 연구가 진행되고 있습니다. 제안된 방법 중에는 실험으로 증명된 방법도 있는데 그렇게 간단하지가 않아요. 어쨌든 지금 제안된 방법이 몇 개 있고 실험으로 증명된 것도 있습니다. 얽힘이 있는지 없는지 어느 정도는 파악이 가능합니다. 저도 사실은 그쪽 연구를 해서 논문도 좀 냈는데 굉장히 재미있는 주제거든요.

Q_ 그렇다면 실험으로 양자 얽힘을 관찰한 것 같은데 그런 실험에서는 얽힘 상태에 있는 양자 2개를 발견한 겁니까, 아니면 얽히게 한 겁니까?

A_ 얽힘은 SPDC 등을 이용해서 일부러 만들 수도 있습니다. 일부러 만들지 않아도 이 세상에는 얽혀 있는 물체들이 많을 거예요. 상호 작용을 하면 아무래도 뭔가 상관관계가 생깁니다. 예를 들어서 폭탄이 폭발해서 두 조각이 났다면 그 두 조각의 위치에는 분명한 상관관계가 있을 겁니다. 그런 식으로 처음에 뭔가 서로 접촉이 있었으면 그 여파로 나중에 상관관계가 생기거든요. 그래서 아마도 우주에 있는 많은 입자들에게 어느 정도 강한지는 몰라도 얽힘 상태가 분명히 있긴 있을 겁니다. 얽힘을 어떻게 측정하느냐의 문제로 다시 돌아가면, 얽힘이 있냐 없냐를 측정하기는 쉬

운데 얽힘의 정도가 얼마나 강한지 이런 것도 측정해야 하거든요? 그런 것 중의 하나를 제가 연구했습니다. 두 손을 잡는데 떨어져 있으면 얽힘이 아니고 서로 잡고 있으면 얽힘이라고 할 수 있잖아요. 악수할 때 손의 핏줄만 봐도 얼마나 세게 잡는지 알죠. 그런 식으로 얽힘이 있으면 그 영향이 입자의 특성에 나타나는 경향이 있습니다. 그것을 알아내서 얽힘의 강도를 측정하는 방법이 있을 수 있습니다.

Q_ 공간 이동은 1회성인가요? 한번 저쪽으로 가면 오지 못하는 것 같은데요.

A_ 그렇죠. 상태 함수의 붕괴는 우리가 물리학에서 흔히 이야기하는 비가역 현상(irreversible process)이에요. 가역 현상이면 왔다 갔다 할 수가 있는데 이 붕괴는 완전히 비가역입니다. 그래서 그다음에는 갈 수가 없습니다.

Q_ 그러면 여기서 저기로 자주 순간 이동을 한다든가 또는 이 행성에서 저 행성으로, 또 저 행성에서 다른 행성으로 왔다 갔다 하는 이런 일은 불가능하다는 이야기인가요?

A_ 그건 가능합니다. 얽힘을 다시 만들어야죠. 양자 공간 이동을 하려면 항상 원래 얽힘이 있어야 하거든요. 얽힘을 만들면 그다음에는 가능해집니다.

Q_ 편광 선글라스를 쓰면 빛이 완전히 안 보이나요?

A_ 좋은 질문입니다. 그렇진 않습니다. 반사되는 건 안 보이지만 태양에서 바로 오는 빛은 통과하기 때문에 눈부신 반사광만 차단하는 겁니다.

Q_ 편광판은 광자를 차단하는 겁니까, 전기장을 차단하는 겁니까?

A_ 애매한 질문인데, 광자하고 전기장이 같이 가거든요. 차단할지 안 할지는 전기적인 진동 방향이니까 전기장을 봐서 차단하는데 둘이 같이 가기 때문에 따로 놓고 생각할 수는 없습니다. 광자 하나하나마다 진동 방향이 다 따로 있다고 생각하시면 됩니다.

Q_ 그렇다면 광자의 진행 방향은 직선인가요?

A_ 그렇죠. 광자의 진행 방향과 전기장의 진동 방향은 서로 수직의 관계를 갖습니다.

Q_ 그러면 반사되어서 편광되었다는 이야기를 '광자가 중첩되어서 더 밝게 느껴진다.'라고 보아도 되는 겁니까? 빛의 특성에 밝기가 있고 색이 있고 편광이 있다고 하셨는데 반사되어서 밝다고 느끼는 것은 밝기이지 않나요?

A_ 눈부신 것은 반사하는 빛의 특성 때문이지 그게 더 밝아서라거나 광자들이 서로에게 가까워져서 그런 건 아닙니다.

Q_ 그러면 그게 전기장 때문에 그런 건가요?

A_ 반사광이 눈을 부시게 하는 현상에는 반사체와 광원과의 각도, 빛을 받는 우리 눈의 적응 상태, 눈동자 안에서의 빛의 반사 등 여러 가지 요인이 있는 것으로 알고 있습니다. 자세한 이론은 너무 전문적인 이야기가 되므로 여기서는 생략하겠습니다.

Q_ 2강에서 150킬로미터 밖까지 양자 암호를 전달하는 실험에 성공했다고 하셨는데, 유선으로 실험한 것인가요?

A_ 양자 암호는 두 가지가 다 됩니다. 유선인 광섬유로도 하고 공기 중으로도 보내는데 두 가지 차이가 있습니다. 하나는 광섬유로 보낼 때가 더 멀리 가요. 공기 중에서는 아무래도 산란도 많이 일어나니까요. 그래도 지금은 공기 중으로도 100킬로미터 이상 나갑니다. 그다음에 또 한 가지는 광섬유로 보낼 때는 편광의 방향이 변화할 수가 있고 따라서 오류가 많이 일어납니다. 그래서 편광 코딩 방법 대신 위상 코딩이라고 부르는 방법을 많이 씁니다. 반면에 공기 중으로 보낼 때는 편광 코딩을 주로 씁니다.

Q_ 그렇다면 가시광선을 이용하는 겁니까?

A_ 가시광선도 이용하는데 처음에는 LED를 썼거든요. 그런데 광섬유로 할 때는 광섬유의 파장에 따라서 손실이 다릅니다. 광섬유에서 손실이 가장 작은 파장이 1,550나노미터 정도입니다. 이 정도 파장이면 가시광선이 아니라 적외선이지요. 그래서 광섬유로 할 때는 대개 적외선으로 많이 합니다. 공기 중으로 할 때는 가시광선을 쓸 수도 있습니다.

Q_ 어떻게 보면 광통신처럼도 보이네요.

A_ 광통신이라면 광통신인데 다른 점이라면 광자를 하나하나씩 보내는 광통신입니다. 다만 이 광자 하나라는 조건이 무지무지하게 어렵습니다. 무지무지하게 많은 광자가 나오는데 거기서 하나만 보내야 합니다. 그것도 시간 간격을 똑같이 해서

0과 1로 나뉘는 메시지를 담아 하나씩 나가야 하는 거죠. 엄청난 기술이죠. 광자 하나는 우리 눈에 그야말로 암흑이에요. 칠흑 같은 암흑 중에 광자가 하나만 있는 것이거든요. 그런 것을 보내니까 정말로 보통 기술이 아닙니다. 그런데 지금 어느 정도는 상용화된 게 나오고 있죠.

Q_ 광자 하나를 내보내는 것을 떠나서, 광자를 어떻게 볼 수 있습니까?

A_ 이걸 실험한 사람들은 정말로 재주가 많은 분들이에요. 저는 상상하기가 어려운데 사실 이런 보통의 대기권에서는 굉장히 힘들고요. 산꼭대기나 그렇지 않으면 우주로 올라가서 인공위성과 통신합니다. 우리가 보기에는 여기에 분명히 장점이 있습니다. 그러나 아직 사람 사는 이런 공기 중에서는 워낙 산란이 많이 일어나서 힘들어요. 이런 곳에서는 광섬유가 훨씬 유리합니다.

Q_ 우리는 언제쯤 양자 암호 통신을 쓸 수 있을까요?

A_ 상용화를 어떻게 정의하느냐는 문제인데요. 이미 양자 암호는 기초 과학이 정립되었습니다. 기초 과학 수준에서는 크게 할 게 없어요. 완전히 이해가 되었고 절대적 안정성이 수학적으로 증명되었죠. 해야 할 일은 단일 광자를 생성, 측정하고 전송하는 기술입니다. 이런 기술도 많이 발전되어서 지금은 150킬로미터까지는 가거든요. 상용 기계를 사기만 해도 150킬로미터 정도의 양자 암호 전달은 할 수가 있어요. 그러니까 상용화되었다고 할 수도 있죠. 그런데 국가 간의 암호에 쓰려면 더 발전시켜서 150킬로미터가 아니라 1,000킬로미터 정도는 되어야 하겠지요. 사실은 어떤 나라에서 개발했는데 발표를 안 하고 있을 수도 있습니다. 다른 나라의 온갖 기밀을 다 알아내면서요.

이것은 진짜 첨단 과학이고 첨단 기술입니다. 지금은 그야말로 정보의 시대입니다. 정보를 아는 사람이 제일 힘이 있고 정보를 많이 갖는 국가가 제일 힘 있는 국가입니다. 9·11 테러가 일어난 지 지금 몇 주기라고 하는데 그것도 분명히 테러리스트들이 암호로 서로 연락하면서 계획했을 것입니다. 만약 미국에서 제대로 암호를 해독했으면 안 일어났을 수도 있어요. 국가와 국가가 적대 관계에 있는 상황에서는 암호 해독이 정말 무지무지하게 중요한 것이거든요. 그래서 하여간 독자적으로 연구를 많이 해야 합니다. 실용화는 이미 상당히 가까워져 있어요. 양자 암호는 다 왔다고 생각해요. 기술을 조금씩 발전시키는 일이 남았을 뿐 이미 올 데는 다 온 거에요. 지금 왔다고 생각할 수도 있고 10년 후에는 분명히 올 것이다라고 말할 수도 있습니다. 그 정도로 빨리 발전하고 있어요. 양자 컴퓨터 같은 것은 지금 우리 과학자들이 예측하기로 "아직은 좀 멀었다. 몇십 년은 더 걸릴 것이다." 이렇게 생각합니다.

Q_ 우리가 보통 생각하는 컴퓨터는 전기로 작동하잖아요. 양자 컴퓨터도 그런 식이고 내부의 로직(logic)만 다른 건가요?

A_ 고전 컴퓨터가 전기 회로로 구성되었다면 양자 컴퓨터는 시스템이에요. 초전도체, 이온, NMR, 공진기, 양자 점, 이런 계가 양자 컴퓨터의 후보로 고려되고 있습니다. 우리가 생각하는 컴퓨터하고는 완전히 다릅니다. 겉모습은 지금 물리학과 실험실에서 볼 수 있는 실험 장비와 다른 구석이 별로 없을 것입니다. 양자 컴퓨터에 무언가 새로운 물질이 필요한 건 아닙니다. 단지 수행하는 임무가 다를 뿐이지요. 안의 로직은 3강에서 설명드렸다시피 물론 다릅니다. 양자 역학의 원리에 근거를 둔 로직을 사용합니다.

Q_ 양자 컴퓨터는 빛을 광자로 해서 로직을 적용하나요?

A_ 그렇죠. 양자 컴퓨터에서 계산을 수행하는 양자 게이트는 반파장 위상 지연기와 같이 이미 우리가 다 알고 있는 실험 장비로 구성됩니다. 새로운 게 필요한 것은 아닙니다. 단지 실험 기술이 무지무지하게 정교해야 하고, 오차가 없어야 하고, 얽힘을 계속 유지해야 하는 그런 기술적 요소를 아주 잘해야 하는 문제가 있습니다. 특히 많은 수의 큐비트를 사용하는 실용적 양자 컴퓨터에서는 그 많은 큐비트(광자)를 잘 조정해서 우리가 원하는 대로 정밀하게 작업을 수행해야 하거든요. 그게 힘듭니다.

Q_ 양자 컴퓨터를 물리학과 쪽에서 개발하는지, 아니면 공학 쪽에서 개발하는지 알고 싶습니다.

A_ 이게 학제적, 융합적 성격이 강한 학문이거든요. 물리, 전산, 정보 이론들을 다 합해야 합니다. 양자 정보학 학회를 가면 물리학자만 있는 게 아니고 수학자, 정보 이론 학자, 컴퓨터 공학자, 이런 사람들이 다 많이 오고 덧붙여서 미국 국가 안전 보장국(National Security Agency, NSA) 같은 기관에서도 옵니다. 특히 암호 쪽에는 머리 좋은 사람들이 굉장히 많이 투입되거든요. 영화를 봐도 수학 천재가 국가 비밀 기관에 가서 암호를 푸는 게 나오지 않습니까? 미국에서 암호 쪽을 담당하는 기관이 국가 안전 보장국입니다. 처음에 양자 암호가 나왔을 때 국제 학술 회의 같은 데 가면 까만 양복을 맞춰 입은 사람들이 쫙 앉아 있고 그랬어요. 나중에 들었는데 그 사람들이 그곳에서 왔다고 하더라고요. 아마 트루먼 대통령 때 처음 만들어졌나 그랬는데 여러 해 동안 그 존재가 그야말로 극비였습니다. 기관을 아는 사람이 대통령하고 이 기관에 종사하는 몇몇 사람 빼고는 없었어요. 그래서 이름의 약자인 NSA가 사실 "No Such Agency(그런 기관은 없다.)."를 의미한다고 농담을 할 정도였다고 합니다.

정담(鼎談)

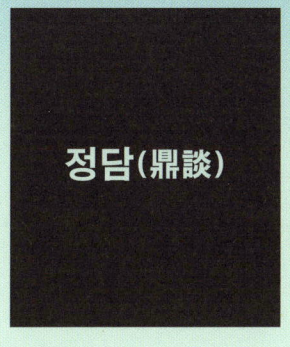

정하웅, 김동섭, 이해웅, 정재승

정보 생태계, 세상을 바꾸다!

정재승_ 안녕하세요. 전체 정담의 사회를 맡은 KAIST 바이오및뇌공학과의 정재승입니다. 9회에 걸친 KAIST 명강을 마지막까지 잘 따라와 주셔서 감사합니다. 그동안 재미있으셨나요? 정보가 무엇인지 확실히 아셨나요? 아마도 정보의 바다에서 길을 잃은 분들도 계실 듯한데요. 사실 길을 잃어 보는 경험은 아주 소중한 것입니다. 당연하다고 생각해 왔던 개념을 혼란시키고 의심하게 하는 것도 가르치는 방법 중 하나입니다. 그래서 이번 정담에서는 혼란한 마음을 정리도 하고, 개별적으로 진행되었던 강연의 틀을 깨 보려고 세 교수님을 모시고 이야기하는 시간을 가지려 합니다. 그동안 과학적 사실에 집중했다면 이 전체 정담은 세 분야 전체를 아우르고 모아서 이해하려는 시도입니다.

먼저 제가 세 교수님께 큰 질문을 한 다음 여러분이 궁금해 할 만한 질문들에 대해 답변을 듣도록 하겠습니다. 명강의 소회를 여쭈어 보는 것으로 정담을 시작하면 어떨까요. 다들 이런 경험은 처음이실 텐데 KAIST에서의 수업과 무엇이 다르셨나요?

이해웅_ 저는 KAIST에 온 지 20년이 넘었고 교수 생활은 30년 정도 되었는데 일반인을 대상으로는 강의할 기회가 별로 없었습니다. 그만큼 굉장히 인상에 남는 좋은 경험이었습니다. 저도 평소 강의보다 훨씬 더 열심히 준비했습니다.

김동섭_ 저는 어떤 분들 앞에서 강의하게 될지 너무 궁금했어요. 정하웅 교수님께 전화해서 물었더니 "저도 잘 모르겠어요."라고 하시더라고요.

그래서 생각하기를 과학 강의이니만큼 뭔가 궁금증을 풀고 배우려는 마음 자세들을 가지고 계시겠구나 싶어서 그 답을 드리려고 개인적으로 공부를 많이 했습니다. 교수라고 강의 내용을 모두 정확히 아는 것은 아닙니다. 저는 항상 뭘 잊어버리는데 그러면서도 강의를 합니다. 잊어버리면 학생들에게 숙제로 내주면 되니까요. 그런데 이번에는 내용을 미리 확인해야 했습니다. 틀린 자료를 말했다가는 이게 어디로 퍼져 나가 사달이 날지 모르니까요. 그래서 여러분이 배운 것만큼 저도 여러분께 배운 것 같아서 감사를 드립니다. 여러분이 없었다면 이 명강도 없었을 겁니다.

정하웅_ 저는 첫 번째로 강의했던 KAIST 물리학과의 정하웅이라고 합니다. 그동안 많은 정보를 접하시느라 기억을 못 하실까 봐 말씀드립니다. 강의 시작을 여는 것이 제 역할이었기 때문에 우선 즐거움을 드리려는 게 기본 방침이었는데 어느 정도는 성공하지 않았나 하는 생각이 듭니다.

정재승_ 세 분의 소감을 들었으니 이제 본격적인 정보 이야기로 넘어가도록 하겠습니다. 여기 교수님들 중에 물리학과 출신이 두 분이나 계십니다. 저까지 하면 3명이네요. 그래서 첫 번째 질문은 KAIST 물리학과와 20년을 넘게 함께하신 이해웅 교수님께 드리려고 합니다. 정보는 왜 물리학의 연구 대상인가요? 물리적 실체가 있는지도 모호한 정보가 물리학자에게 흥미로운 대상이 될 수 있나요?

정보는 원래 물리학의 연구 대상이었다

이해웅_ 물리학은 물질과 물질의 운동에 관여하는 힘을 연구하는 자연과학입니다. 넓은 의미에서는 자연과 우주를 분석하고 이해하려는 학문이라고 할 수 있습니다. 그래서 물리학을 하는 많은 사람의 꿈이 만물 이론(Theory Of Everything, TOE)입니다. 물리학은 이 세상의 현상을 다 설명할 수 있어야 하고, 또 하는 것이기 때문에 세상 만물을 설명하는 이론을 세우는 일이 물리학자들의 꿈입니다. 여기서 정보는 만물에 들어갈까요, 안 들어갈까요?

정보라는 개념은 물론 예전부터 있었지만, 정보학이라는 학문 분야의 시작은 60년 전으로 거슬러 올라갑니다. 미국의 수학자 클로드 섀넌(Claude Shannon)이 1949년 워런 위버(Warren Weaver)와 쓴 『커뮤니케이션의 수학적 이론(*The Mathematical Theory of Communication*)』[1]이라는 책이 시초입니다. 양자 정보학은 1980년대에 태어났으니 정보 이론으로부터 30년 후입니다. 정보가 물리학의 본격적인 연구 대상이 된 계기가 양자 정보학의 탄생이라고 말할 수 있는데, 저는 오히려 '그 30년 동안 왜 정보가 물리학의 대상이 아니었는지' 묻고 싶습니다. 사실 양자 정보가 생기기 이전에도 정보는 이미 물리학의 연구 대상이었는데, 굳이 물리학 이론이 필요하지는 않았기 때문에 물리학자들이 직접 뛰어들진 않았던 것 같아요. 양자 역학과 결합한 양자 정보학이 탄생하면서 정보가 물리학의 영역 안으로 들어온 거죠. 어떤 개념이든 일단 무엇인가 생기면, 물리학은 그것을 반드시 연구 대상으로 삼게끔 되어 있는 것 같습니다.

정재승_ 우주의 구성 물질, 즉 과학으로 설명 가능한 범주 안에 있는 것이라면 모두 물리학의 연구 대상이라는 말씀이셨습니다. 물리학과 출신으로서 제가 조금 덧붙이자면, 무질서한 원소나 기본 입자가 질서 정연한 형태로 바뀔 때 생겨나는 것이 정보이기 때문에 물리학자에게 정보는 엔트로피(entropy)나 무질서도(disorderness), 실체의 본질과 이어져 있습니다. 물질 세계의 흐름과 운행 방식을 이해하려면 정보가 굉장히 중요한 것이죠. 이야기를 조금 더 진행시켜 보겠습니다. 최근 우주 탄생의 비밀을 풀 열쇠인 힉스 입자가 발견되었습니다. 세상 만물에 질량을 부여하는 입자라고 하는데 만약 우주 탄생이 결국 아까 말씀하신 만물 이론으로 귀결된다면, 질량이 먼저일까요, 아니면 메시지나 정보가 먼저일까요?

이해웅_ 물리학에도 여러 분야가 있는데 힉스 입자는 입자 물리학에서 다룹니다. 입자 물리는 물리학 중에서 가장 지위가 높은 분야라고 할 수 있죠. 힉스 입자 문제는 그중에서도 만물 이론에 가장 가까운 근본적인 질문을 다룹니다. 이 세상의 입자들이 왜 질량을 가졌나를 알아내려고 하는 것이니까 얼마나 황당한 질문이에요. 아직 우리가 우주 탄생의 시작인 대폭발의 원인을 모르는 만큼, 지금은 메시지(message)보다 매스(mass)가 알파벳 상으로 먼저라는 이야기밖에는 드릴 수가 없겠네요.

정하웅_ 저도 최근 물리학과에서 힉스 입자를 전공하신 분의 강의를 1시간 넘게 들었거든요. 그런데 무슨 이야기인지 도무지 모르겠습니다. 입자 물리학은 물리학자들의 로망이라고 생각하면 됩니다. 다 그걸 하러 왔다가 '아, 저건 사람이 하는 게 아니구나.' 하고 제 갈 길을 찾죠. 물리학 분야 중에서도 가장 어려운, 그야말로 하드코어이니까요.

김동섭_ 입자 물리학에서 배우는 양자 역학은 뉴턴의 법칙처럼 세상을 움직이는 근본 원리입니다. 화학과에서도 원자와 분자들이 어떻게 움직이는지 이해하려면 양자 역학을 알아야 합니다. 저도 양자 역학을 공부했습니다.

생명을 이해하는 가장 빠른 방법, 정보

정재승_ 이제 화학을 전공하고 생명 현상을 연구하시는 김동섭 교수님께 질문을 드리겠습니다. 화학자에게는 정보가 왜 중요한가요? 생명을 다루는 교수님께 정보는 생명의 본질과 이어져 있나요?

김동섭_ 제가 강의에서 계속 말씀드린 내용이기도 합니다. 생명을 이해하는 가장 현실적이고 쉬운 방법은 생명이 DNA와 DNA에서 일어나는 현상에 깃든 정보라고 판단하는 것입니다. 생명을 이루는 데 필요한 모든 정보는 DNA에 담겨 있으며, 생명체는 DNA에 쓰여 있는 암호를 해독해 명령을 수행합니다. 생명이란 단어에서 포효하는 사자를 연상하기보다는 소프트웨어가 시키는 대로 정보를 처리하는 컴퓨터를 연상하는 편이 본질에 더 가까운 것이죠. 생명이 어떻게 진화하고 발전하는지, 우리 DNA에 들어 있는 정보가 어떻게 변화하는지 이로써 전부 설명되니까 생명의 본질은 정보라고 생각하는 것이 가장 빠른 방법입니다.

정재승_ 생명의 설계도인 DNA가 정보를 처리하는 시스템이라면 정보야말로 생명에서 중요한 요소인 셈이군요. 그런데 정보라고 해도 염기 서열의 단순한 나열과 생명은 다르잖아요. DNA 정보만으로 생명 현상을 설명할 수 있나요? 그런 의문을 어떻게 해결하면서 연구를 하세요?

김동섭_ 종교를 믿는 분은 그 과정에 신의 의지가 작용했다고 생각하는 모양인데 제가 보기에는 그저 우연인 것 같아요. 지금 우리가 이렇게 존재하는 이유는 어떤 식으로든 생명이 생겨나서 계속 재생산(reproduction)

해 왔기 때문이잖아요? 어떤 과정이 일어나서 정보가 스스로 자신을 복제하는 덩어리가 되죠. 그것을 가능하게 하는 물리적, 화학적인 구조가 DNA 분자이고요. 그 복제 과정이 어떻게 가능하게 되었냐고 묻는다면, 우연이라고 말하는 것이 과학자가 내릴 수 있는 가장 합당한 추측이라고 생각합니다. 유일하고 필연적인 결과가 아니라 많은 가능성 중 하나에서 우연히 이렇게 된 겁니다. 물론 여기서 고려해야 할 점은, 생명체를 구성하는 원자와 분자가 화학 법칙을 따른다는 것입니다. 우리 몸을 이루는 탄소를 예로 든다면 탄소들을 한데 모아 놓았을 때 복잡한 분자가 생겨나는 순간이 반드시 있습니다. 일단 한번 생겨나고 나면, 분자들은 서로 영향을 주고받으며 더 복잡한 분자를 만들어 냅니다. 재생산과 비슷한 일이 가능한 분자가 생겨난 다음부터는 자연 선택(natural selection)이 작용합니다. 최초의 자기 복제 물질은 DNA처럼 복잡할 필요가 없었습니다. 산꼭대기에서 공이 굴러떨어지는 현상처럼, 최초에는 어느 쪽으로 갈지 모르는 우연이지만 그 이후의 과정은 우리가 연구할 수 있는 것이죠.

소셜 네트워크는 무엇을 담고 있는가?

정재승_ 정하웅 교수님께는 이것을 질문 드리려 합니다. 교수님의 주된 관심사인 네트워크, 예를 들어 소셜 네트워크를 보면 그 안에 많은 요소가 있습니다. 어떤 것은 정보이고 또 어떤 것은 지식인데요. 그것들을 구별할 방법이 있을까요?

정하웅_ 명강에서 말씀드렸지만 제가 다루는 대상은 복잡계, 즉 복잡하고 어려운 무언가입니다. 제가 관심을 두고 있는 복잡계 네트워크의 대표적 사례인 소셜 네트워크 안에는 정보와 지식 외에도 거짓에서 괴담에 이르는 수많은 것들이 들어 있습니다. 사전적 정의를 보면 정보는 특정 상황에서 평가되어 의미를 갖는 데이터를 말하고, 지식은 일반적인 상황에서 의미를 갖는 정보를 말합니다. 과학적으로 이 둘을 정의하고 구분하기란 아직은 힘든 일입니다. 이때는 다수의 상호 협동적 참여와 소통으로 생겨나는 집단 지성이 그 역할을 대신합니다. 여러 사람이 합의해서 정리한 정보가 지식으로 인정되는 것이죠. 과거에는 신문이나 책, 의사소통으로 만들어지는 여론을 통해 지식과 정보를 구별했습니다. 인터넷 네트워크를 통해 정보와 거짓의 수가 폭발적으로 늘어났지만, 이는 동시에 집단 지성이 태어나는 원인이 되기도 했습니다.

앞에서 이해웅 교수님께 물리학자들이 왜 정보에 관심을 두느냐고 물으셨는데, 저도 물리학과 교수로서 한 말씀 드리겠습니다. 옛날에는 정보가 국한되고 국지적으로 존재했습니다. 정보를 얻으려면 도서관에 가야 했잖아요. 그런데 인터넷이 생기면서 판도라의 상자가 열린 것마냥 정보가 쏟아져 나옵니다. 접근 가능성이 무한히 많아졌기 때문에 무엇인가 생기면 그것을 반드시 연구 대상으로 삼는 물리학자들이 관심을 두게 되었습니다. 여러분도 옛날에는 정보에 관심이 많지 않았을 겁니다. 요즘 정보가 중요한 화두가 된 이유는 바로 정보가 '너무나 넘쳐 나기' 때문입니다.

정보와 지식을 어떻게 구분하느냐는 물음도 이 넘쳐 나는 정보의 바다 속에서 우리가 판단을 내려야 하니까 나온 물음이겠죠. 이것은 철학자와 인문학자들이 집단 지성으로 잘하시리라 생각합니다. 거기서 도출된 결과가 더 많아지면 통계 물리학으로 구분할 수 있을지도 모르지요. 예컨대 이 이야기가 지식이다/아니다를 판정하는 그런 기계가 나올 수도 있지만, 지금은 때가 아닌 것 같다고 생각합니다.

정재승_ 교수님의 강의를 들으면 인문학자, 그중에서도 사회학자와 경쟁하는 물리학자라는 생각이 듭니다. 사회학자들하고 어느 정도 정보를 주고받고 계시는지요?

정하웅_ 사회 물리학자 던컨 와츠(Duncan Watts)는 자신의 책 『스몰 월드(*Small World*)』에서 자기네들을 "하이에나 같다."라고 표현했죠.

정재승_ 저라면 '킬리만자로의 표범'이라고 하겠습니다.

정하웅_ 관심 있는 주제에 달려들어 쪼개고 분해하기를 좋아하기 때문에 그런 습성이 있다는 식으로 이야기했습니다. 그런데 물리학자들의 단점이라면 단순하고 깔끔한 것만을 좋아하고 추구합니다. 두 학문의 차이점이라고 생각되는데, 저희는 멋져 보여야 하기 때문에 사소한 세부 사항에는 별로 신경을 안 씁니다. 그보다는 사회를 움직이는 근본 원리를 찾으려고 합니다. 그런데 실제 사회 현상을 설명하려면 어긋난 사례 하나하나에 주목해야 뭔가 대단한 것이 밝혀질지도 모르기 때문에 사회학에서는 그런 것을 놓치지 않습니다. 저희도 연구하다 보면 세부 사항에 관심을 두어야 할 때가 옵니다. 그때는 당연히 사회학자들과 이야기하고 같이 정보를 주고받게 됩니다.

이해웅_ 실제로 복잡계를 연구하는 미국의 샌타페이 연구소에는 물리학자만이 아니라 화학자, 사회학자, 경제학자가 다 모여 있습니다. 복잡계 네트워크 과학이 융합 과학의 제일 좋은 예가 아닐까 생각합니다.

양자 정보가 갖는 의미

정재승_ 이제는 정보가 정보 자체만으로 존재하는 것이 아니라 사람들이 어떤 구조와 맥락에서 받아들이느냐에 따라서 다른 의미를 갖는 것 같아요. 예를 들면 사람들이 정보를 받을 때 '긍정적이다/부정적이다' 혹은 '이 정보를 믿을 만하다/거짓이다' 식의 구분을 하고, 이는 정보와 함께 바로 전파됩니다. 소셜 네트워크가 우리 삶과 긴밀한 관계를 맺으면 맺을수록 정보에 부여하는 의미의 중요성이 더욱 커지는 것 같습니다. 그런 맥락에서 이해웅 교수님께 질문하겠습니다. 양자 역학적인 정보는 우리 삶에 무슨 의미가 있나요?

이해웅_ 어째 나에게는 어려운 질문만 돌아오는 것 같은데…….

정재승_ 제일 어려운 학문을 하시니까요. 예를 들면 이제 양자 역학에서 원자 하나를 순간 이동시키는 일이 가능해졌습니다. 이것이 신문에 대서특필되면서 "사람도 순간 이동시킬 수 있나요?"라는 전화를 기자 분들에게 제가 수십 통 넘게 받았습니다. 그래서 "선생님 몸에 있는 원자 하나 보낼 수 있습니다."라고 답했던 기억이 납니다. 이것이 우리 삶에 어떤 의미가 있을까요?

이해웅_ 상상력이 필요한 질문이네요. 우선 양자 역학적인 정보를 보내는 사람과 받는 사람의 입장에서 생각해 봅시다. 갑돌이가 을순이에게 "나는 당신을 사랑합니다."라는 메시지를 보낸다면 그것이 양자 정보이든 고전 정보이든 똑같은 메시지입니다. 받는 사람도 똑같은 메시지를 받습니다. 메시지에는 차이가 없는데 단지 '그 정보를 어떻게 암호화하느냐.', '어떻게 전달하느냐.'만이 다릅니다. 매개체가 광자이니까 양자 역학을 써야 합니다. 정보를 광자 신호로 보내니까 광자 송신기와 수신기도 필요합니다. 그렇게 방법은 달라지지만, 보내는 사람의 마음, 메시지에는 실질적으로 변화가 없는 것 같습니다.

정보의 복제는 가능한가?

정재승_ 보내는 방법만이 다를 뿐 정보 자체와 그에 수반하는 의미에는 변화가 없다는 말씀이시군요. 지금 정보의 변화에 대한 질문을 막 드릴 참이었습니다. 이는 세 분 모두에게 드리는, 개인적으로도 옛날부터 궁금했던 질문입니다. 생명의 본질이 정보라면, 한 사람을 구성하는 원자들에 관한 모든 정보를 우리가 알면 그 정보대로 변화 없이 원자를 연결해서 사람을 만들 수 있지 않을까요? 이 둘은 똑같은 사람인가요? 뇌를 예로 들어서, 뇌가 곧 나이고 뇌세포 연결망이 나의 정체성을 결정한다면, 우리가 그걸 그대로 복제했을 때 내가 복제되는 것 아닐까요?

김동섭_ 말씀하신 대로라면 둘은 똑같은 사람이겠죠. 그런데 지금의 정재승 교수님은 1분 전하고 같은 사람인가요? 그런 의문을 품을 수 있을 것 같습니다. 생명 정보는 끊임없이 변화하기 때문에 '한순간' 그 사람의 정보를 복제한다고 이것이 10초 후에 똑같은 상태일지는 알 수 없는 일 같아요. 나의 모든 걸 깡그리 다 복제했을 때 그 사람이 과연 1시간 후에 나와 똑같은 생각을 할까요?

이해웅_ 양자 역학의 원리 중 하나가 복제 불가 원리(no cloning theorem)입니다. 1982년 《네이처》에 아주 짧은 논문[2]이 발표되었는데 양자 역학에서 완벽히 똑같은 복제를 만드는 일은 불가능함을 입증했습니다. 다만 양자적 수준에서는 불가능한데, 거시 세계에서 '비슷한' 것까지 불가능하다고 하진 않습니다. 그 정도까지만 되는 모양입니다. 그렇다고 이 둘을 똑같은 사람이라고 할 수는 없겠죠.

정하웅_ 복잡계 과학에는 나비 효과(butterfly effect)라는 말이 있습니다. 조그만 차이가 엄청나게 다른 결과로 나타난다는 뜻인데요. 김동섭 교수님은 생명 정보가 끊임없이 변화하기 때문에, 이해웅 교수님은 정보의 복제 자체가 불가능하기 때문에 결국 '나와 다른 사람'이라는 결과로 나타날 것이라고 말씀하신 듯합니다. 그런데 원자 상태라면 똑같은 상태를 2개 만드는 일이 가능하지 않나요?

이해웅_ 불가능해요. 그 내용을 모르는 정보를 우리가 다른 매체에 복사할 수는 없습니다. 당연하지요. 그런데 내용을 관찰하면, 양자는 이전의 상태를 유지하지 못합니다. 관찰이 양자 상태를 바꿔 놓으니까요. 관찰해서 우리가 정보를 알고 있는 상태는 복사가 가능하지만, 그것은 원래 상태가 아닙니다. 양자 순간 이동은 똑같은 상태를 2개 만드는 것이 아니라 하나의 상태를 다른 곳으로 보내는 일이기 때문에 가능한 겁니다. 물론 이때도 순간 이동의 대상이 된 상태는 관찰의 영향으로 바뀌기 때문에 같은 상태가 둘이 되는 일은 없습니다.

김동섭_ 생명 과학을 예로 들자면 DNA가 똑같은 효모를 똑같은 환경에서 길러도 어떤 효모는 잘 자라고 어떤 효모는 못 자라는 현상이 일어납니다. 그걸 무작위성(stochasticity)이란 말로 표현합니다. 결국, 그 안엔 아직 우리가 모르는 어떤 메커니즘이 있는 거겠죠.

정보를 통해 미래를 예측하다

정재승_ 이제 본격적으로 여러분이 흥미 있어 할 만한 질문들을 드리도록 하겠습니다. 정하웅 교수님께서 강의 시간에 서울 시장 투표 결과를 맞추셨지요. 2012년 총선과 대선 결과는 어떨지를 묻는 요청을 많이 받으셨을 듯한데요(정담은 2011년 12월에 진행되었습니다.).

정하웅_ 대선 결과를 무작정 물어보진 않습니다. 뭔가 조금씩 돌려서 이야기하지만, 알려는 것은 결국 하나죠. 신문 기자에게 총선이나 대선 결과의 예측은 사실 어려운 게 아닙니다. 구글 신을 이용해서 여러분도 할 수 있는 일입니다. 다만 권위 있는 사람의 입을 빌려서 이야기하려는 것인데 제가 거기 이용되고 싶진 않아서 보통은 대부분 거절하거든요. 장난삼아 한번 해 볼 수는 있습니다. 그런데 그때도 말했지만 안 맞을 때가 많으니까 너무 실망하지는 말기 바랍니다. 맞춘 것만 가지고 좋아하면 됩니다. 계산에 넣어야 하는 가중치가 계속 변하기 때문에 맞추기가 쉽지 않습니다. 짐작 정도는 할 수 있겠죠. 아직 총선과 대선이 멀었기 때문에, 지금은 계속 모니터를 해야 하는 상황입니다.

정재승_ 아, 모니터하고 계시군요.

정하웅_ 학문을 위해서입니다. 물리학이나 과학에서 이론을 만드는 이유는 언제나 '다음이 궁금해서'이니까요. 예측해서 무언가를 알려는 겁니다. 그래야 과학이 쓸모가 있다고 생각합니다. 이미 결과를 알고 있는 옛날 것을 맞추는 일은 재미없습니다. 아무런 재미도 스릴도 없기 때문에, 저는 미래를 맞추는 일에 관심이 많습니다. 써먹을 곳은 있을 겁니다. 다만 조심스럽게 사용해야 한다고 말씀드리고 싶습니다.

정보가 세상을 바꾸다

정재승_ 사실 제가 질문하려던 핵심은 이것입니다. 정하웅 교수님이 2강에서 이야기하셨잖아요. '독감에 걸린 사람의 수가 늘어나면 독감과 관련된 단어를 구글에 검색하기 시작하니까 독감 확산을 예측할 수 있다.' 다시 말해 사람들의 관심이 소셜 네트워크나 인터넷에 반영되면 그것이 좀 늦게 현실 세계의 변화를 이끌어서, 마치 구글에 올라와 있는 정보가 예측력을 가진 듯 보이는 현상이 일어납니다. 그런 것을 생각해 보면 결국은 영화 「매트릭스(Matrix)」처럼 현실 세계가 거대한 인터넷 세상에 대한 지연된 거울상(delayed mirror image) 아닐까요?

science philia
KAIST
연자 정하웅(KAIST 물리학
섭(KAIST 바이오

1
정보의
미래에
AIST 물리학과)

정하웅_ 그렇죠. 구글 신이 조종하는 거대한 인터넷 세상이 있습니다. 제가 어느 정도는 인과의 앞뒤가 바뀔 수 있는 상황이 된다고 생각하는 이유는, 요즘 트위터에서 사실 여부가 확인 안 된 것들이 너무나 빨리 퍼지잖아요. 기사나 사람의 말을 빠르게 전달하는 리트윗을 타고 부정확한 정보가 난무하는 것이죠. 정보(information)와 전염병(epidemics)을 합쳐서 정보 전염병(infodemics)이라는 신조어도 생겼습니다. 재미없는 내용은 검증되어서 천천히 퍼진다고는 하지만, 화제가 현실보다 더 빨리 퍼져나가는 일이 종종 있습니다. 중국 정부처럼 트위터 접속을 차단하는 식으로는 이런 현상의 역기능을 막을 수 없습니다. 방법은 검증 안 된 정보가 유포되기 전에 확인해서 미리 경고를 하고 확인된 정보를 전파하는 것인데, 앞으로의 과제가 될 것 같습니다.

생물 정보학이 만들려는 세상

정재승_ 김동섭 교수님께 질문입니다. 생명이 곧 정보라면, 정보를 조작하는 방식으로 생명에 영향을 미치는 일이 가능하겠죠. 그러면 '이런 기술을 어떻게 사용할까?'라는 물음이 당연히 대두하게 됩니다. "유전자 조작 옥수수의 수준을 넘어, '90퍼센트를 위한 디자인(Design for the other 90%)'처럼 소외당하거나 특별한 지위를 갖고 있지 않은 우리 사회의 90퍼센트, 혹은 99퍼센트를 위한 생명 공학 기술이 등장할 가능성이 있습니까?"라는 질문도 가능할 것 같아요. '90퍼센트를 위한 디자인'의 예로는 등에 메지 않고 길에 굴리는 도넛 모양의 물통인 큐드럼(Q Drum)이나 목에 걸 수 있는 휴대용 정수기인 라이프 스트로(Life Straw), 개발도상국을 위한 100달러짜리 컴퓨터 계획 등이 있습니다. '인간의 진보에 가치를 두는 과학 기술', '적정 기술'이라고 불리기도 합니다. 지금 생명 공학 기술은 대부분 아주 많은 돈이 필요하죠. 불임 클리닉에 가서 시험관 아기 시술만 받으려 해도 많은 돈이 드는데 90퍼센트를 위한 기술이 과연 가능할까요?

김동섭_ 돈 많고 지위가 높은 사람을 위해서 기술을 사용하는 것은 어느 세상에나 공통되는 이야기 같습니다. 한 예로 미국에서 희귀 질병 연구를 많이 하는데, 그 안에서도 유대 인이 걸리는 질병을 대상으로 하는 연구가 특히 많다고 하더라고요. 바로 유대 인에게 부자가 많고 과학자도 많기 때문입니다.

그런데 제 판단으로는 과학을 연구하는 분들은 대부분 90퍼센트, 99퍼센트를 위해서 연구를 한다고 생각합니다. 다른 분야보다는 훨씬 더 적은 비율로 편향되었다는 생각이 들어요. 유전자 조작 옥수수를 말씀하셨는데 이 발명이 인류 역사에 얼마나 큰일인지를 여러분이 아셔야 합니다. 보통 유전자 변형 농산물(Genetically Modified Organism, GMO)이라고 하는데 이것이 없다면 당장 인류의 반 이상이 굶어 죽고 매일 먹고살 것을 걱정하는 비극이 일어납니다. 강의에서 말씀드렸던 말라리아 치료제를 생산하는 효모 연구도 다국적 기업은 전혀 투자하지 않습니다. 약을 만들어도 돈을 벌 가능성이 없으니까요. 그래서 빌 게이츠 같은 부호들이 자진해서 연구비를 내고 있습니다. 빌 앤드 멀린다 게이츠 재단은 재정이 투명하게 운영되는 민간 재단 중 세계에서 가장 규모가 큰 재단인데, 2020년까지 100억 달러(약 10조 원)를 뇌척수막염과 로타바이러스, 말라리아 백신 개발에 지원하는 계획을 발표했습니다. 염려는 이해합니다.

하지만 생물 정보학을 연구하는 과학자들은 99퍼센트를 위해서 연구하고 있다고 믿어도 될 것 같아요.

정하웅_ 저도 내용을 조금 덧붙이겠습니다. 강의 시간에 구글이 지금까지 나온 모든 책을 스캔해서 디지털화하는 작업을 하고 있다고 말씀드렸습니다. 여기서 나온 결과를 보면, 새로운 발명품이 나오면 그 단어의 사용 빈도가 시간이 지나면서 늘어남을 알 수 있습니다. 새로운 발명품을 사람들이 점점 많이 쓰게 된다는 것인데, 해가 갈수록 대중화되는 속도가 짧아집니다. 옛날에는 무언가 하나 발명되면 세상에 퍼지는 데 한참 걸렸거든요. 그런데 요즘에는 그 기간이 눈에 보일 정도로 짧습니다. 과학적 발명도 요즘은 금방 퍼집니다. 전화기가 세상에 처음 나왔을 때는 정말 특권층 몇 명만 사용했는데 지금은 그렇지 않잖아요? 거기에 희망이 있지 않을까 생각을 합니다. '내 생전에 저 혜택을 보겠어?'라고 생각하지만 새로운 발명이나 기술이 적용되는 기간이 갈수록 짧아지고 있기 때문에 '이제 나도 몇 해만 더 있으면 혜택을 볼 수 있다!'라고 생각하시면 좋을 것 같습니다.

정보 과학으로 변하는 우리의 미래

정재승_ 마지막으로 세 분께 같은 질문을 드리겠습니다. 생물학을 하는 사람들이 결국 앞으로 대단히 큰 데이터를 다룰 텐데 생명 정보를 모르고 생물학을 할 수 있나요? 또는, 사회학자들이 지금과 같은 연구 방법론으로 사회학을 진보시킬 수 있을까요? 정담을 하면서 정보가 이제 그런 분야에 본질적으로 스며들어서 보편 개념이 되어야 하지 않을까라는 의문이 들었습니다. 어떻게 생각하시는지요?

김동섭_ 미래에는 학문 분야가 여기 하나, 저기 하나 있는 식으로 진행되지 않으리라 봅니다. 원래 과학에는 경계선이 없습니다. 단지 예전에 이 지역은 물리학이라고 이름 붙이자, 이 지역은 화학이라고 하자고 합의한 것이거든요. 생물학과, 화학과, 물리학과 같은 분과는 다 관성으로 유지되는 겁니다. 가장 큰 책임은 대학 교육에 있죠. 20년 전에 교육받은 사람들이 여전히 일반 물리학을 가르치고 있고요.

정하웅_ 물리학에 관해서는 제가 이미 세뇌를 시켰습니다. 옛날에 자연과학은 전부 물리학이었는데 그중에 조금 떼어 내서 생물학이라고 했다는 걸 다 알고 계실 겁니다.

정재승_ 20년 전부터 정통 물리학자로서 일반 물리학을 가르치고 계신 이해웅 교수님께 반론 기회를 드리겠습니다.

이해웅_ 지금 하신 말씀이 다 옳습니다. 그런데 그렇게 되면 한 사람이 공부할 게 너무 많아져요. 어떤 문제를 연구하건 간에 그 문제를 어떻게 연구하고 접근하고 공부할 것인지 그 방법을 배우는 게 중요하거든요. 그러니까 모든 것을 다 해야 한다고 하기보다 한 과에 일단 들어가서, 학부 때 배운 접근 방법을 바탕으로 어디를 가도 문제를 해결할 수 있게 해야죠. 학부 강의는 전공보다는 그런 수학 능력을 가르친다고 보아야 합니다.

정재승_ 그러면 1학년 때 일반 물리학을 확실하게 잘해야겠네요. 중요하니까요.

이해웅_ 당연하죠. 만물 이론이니까.

김동섭_ 제가 말하려던 것은 이렇습니다. 한 사람이 공부할 수 있는 분량은 정해져 있거든요. 물리, 생물, 화학, 수학이 모두 필요하니 이걸 다 공부해야만 한다는 게 아닙니다. 각자의 역량에 따라 공부할 양은 정해져 있는 거죠.

정재승_ 분야 중심으로가 아니라 이제는 탐구하는 대상 중심으로 생각해야 한다는 말씀이신가요?

김동섭_ 예. 그리고 그 탐구 대상이 끊임없이 변한다는 뜻입니다. 결론을 말하자면, 이제는 정보 과학을 당연히 알아야 합니다. 우리가 궁금하고, 해결하고 싶고, 알고 싶어 하는 것들은 끊임없이 이동하고 있습니다. 이제 무엇을 전공했다는 식의 구별은 의미가 없는 것 같아요. 지금 생물학을 봐도 질병을 치료하는 연구를 하려면 여러 가지 다양한 것을 알아야 하거든요. 기존의 관점에서는 이런 연구를 위해 융합을 알아야 하겠지만, 그럴 필요 없습니다. 대상의 정보를 중심으로 헤쳐 모이면 됩니다. 예를 들어 암을 연구하는 학문이 있겠지요. 이를 위해서는 물리도 공부해야 하고 무엇도 공부해야 하고……. 알아야 할 것들이 정해질 겁니다. 그러니까 정보 과학을 당연히 알아야 하겠죠. 과학 분과에서 말하는 융합은 상당히 정치적인 용어라고 생각합니다. 제가 융합 학과인 바이오및뇌공학과에 속해 있기 때문에 드리는 말씀이기도 합니다. 모든 정보를 다 받아들일 준비를 하고 끊임없이 배우는 게 중요하지, 어떤 학문을 공부하는지 구분하는 것은 별로 중요한 문제가 아니라고 생각합니다.

이 책을 읽는 독자에게

정재승_ 아직 하실 이야기가 많으시겠지만 이제 정담을 마칠 시간이 된 것 같습니다. 이 책을 읽을 독자에게 특별히 하실 말씀이 있으신가요?

정하웅_ 여러분 앞에 놓여 있는 복잡한 미래의 길을 밝히기 위해 최대한 많은 정보, 많은 이야기를 드리고 싶었습니다. 그런데 지금은 그 정보량을 독자분들이 따라오기가 어렵지 않을까 염려됩니다. 자신만의 속도로 읽을 수 있는 것이 책의 장점이므로, 정보와 네트워크의 세계를 천천히, 재미를 느끼면서 탐험해 보시라는 조언을 드립니다.

김동섭_ 2008년 1월에 영국, 미국, 중국이 함께 다양한 인종으로 구성된 인간 1,000명의 유전체를 3년 이내에 해독하는 것을 목표로 '1000 유전체 계획'을 시작했는데 그 결과가 《네이처》에 실렸습니다.[3] 저는 여기서 밝혀낸 재미있는 연구 결과로 마무리를 대신하겠습니다.

한 사람의 유전자는 본래 부모님에게서 온 것입니다. 정자와 난자가 만난 수정란이 분열해서 우리 몸이 됩니다. 이때 수정란이 끊임없이 자신을 복제하는 중에 몇 번의 돌연변이를 겪을지를 이 프로젝트 팀이 실험했습니다. 그랬더니만 DNA 서열 하나가 한 세대에서 다른 DNA로 바뀔 확률이 10^{-8}이라는 결과가 나왔습니다. 우리 몸속에 DNA가 3억 개, 3 곱하기 10^{9}개가 있으니까 확률적으로 부모님과 나 사이에 돌연변이가 500개나 1,000개 정도 생긴다고 합니다. 이 돌연변이가 유전자 서열에서 중요한 지역에 생기면 부모에게 없는 희귀한 유전병에 걸릴 가능성이 높습니다. 반대로, 부모와 다르게 자손이 유독 머리가 좋은 경우도 어딘가에 돌연변이가 생겨서 그렇다고 합니다. 이 책을 읽는 분들은 아마도 굉장한 호기심을 품고 있으실 텐데요. 만약 부모님께서 그런 성품이 아니시라면, 10^{-8}의 확률로 일어나는 돌연변이가 운 좋게 어딘가의 정보를 바꾸어서 또 다른 정보를 품은 이 책과 만났다고 생각하고 기뻐하셔도 좋을 것 같습니다.

이해웅_ 원래 제 강의 제목은 '양자 정보학 입문'이었습니다. 그런데 '퀀텀 시티에 정보를 감춰라'로 바뀌어 있더라고요. 그걸 보고 편집자는 교수들과는 역시 다르다고 감탄했습니다. 제가 KAIST에서 명강은 명강이되 졸린 강의로 유명한데, 이 명강도 재미있는 책으로 만들어 주리라 기대가 큽니다.

정재승_ 저도 마무리 말씀을 드리겠습니다. 지금까지 세 교수님을 한자리에 모시고 세 분이 생각하는 정보의 의미와 미래 정보학이 바꾸어 갈 세상에 대해 알아보았습니다. 정보학의 세 갈래가 만난 이 시간이, 여러분에게 정보에 대한 열정을 다시 불타게 하여 더 많은 배움으로 이어지길 희망합니다. 그런 의미에서 마지막으로 광고 말씀을 드리자면, 「KAIST 명강 1」에 이어 '뇌'를 주제로 「KAIST 명강 2」가 이어집니다. 「KAIST 명강 2」는 각각 동물 행동, 인간 행동, 그리고 신경을 통해 뇌를 연구하는 분들이 모여서 우리 몸 안의 작은 우주, 뇌를 재미있게 탐험하는 시간이 될 것 같습니다. 앞으로도 「KAIST 명강」 시리즈를 계속 주목해 주시면 좋겠습니다. 감사합니다.

후주

1부____구글 신은 모든 것을 알고 있다

1강 | 세상을 묶는 끈들의 갈래 따기

1. Travers, Jeffrey and Stanley Milgram, "An Experimental Study of the Small World Problem", *Sociometry*, Vol. 32, No. 4 (1969), pp. 425~443.
2. 김용학, 『사회 연결망 이론: 사회적 관계와 효과』, (서울: 박문각, 2003).
3. R. Albert, H. Jeong and A-L Barabási, "Diameter of the world wide web", *Nature* 401 (1999), pp. 130~131.
4. R. Albert, H. Jeong, and A.-L. Barabási, "Error and attack tolerance of complex networks", *Nature* 406 (2000), pp. 378~382.
5. 저널의 중요도를 나타내는 지표로 그 저널에 출판된 논문당 2년 동안의 누적 인용 수 평균을 기준으로 산정된다.
6. A.-L. Barabási, R. Albert and H. Jeong, "Mean-field theory for scale-free random networks", *Physica A* 272 (1999), pp. 173~187.

2강 | 복잡계 네트워크의 응용

1. Jeremy Ginsberg, Matthew H. Mohebbi, Rajan S. Patel, Lynnette Brammer, Mark S. Smolinski and Larry Brilliant, "Detecting influenza epidemics using search engine query data", *Nature*, 457 (2009) pp. 1012~1014.
2. H. Jeong, B. Tomber, R. Albert, Z.N. Oltvai, and A.-L. Barabási, "The large-scale organization of metabolic networks", *Nature* 407 (2000), pp. 651~654.
3. Pan-Jun Kim, Dong-Yup Lee, Tae Yong Kim, Kwang Ho Lee, Hawoong Jeong, Sang Yup Lee and Sunwon Park, "Metabolite essentiality elucidates robustness of Escherichia coli metabolism", *PNAS* 104 (2007), pp. 13638~13642.
4. H.-J. Youn, M. Gastner and H. Jeong, "Price of anarchy in transportation networks: Efficiency and optimality control" *Phys. Rev. Lett.* 101 128701 (2008).

3강 | 데이터 과학과 복잡계

1. D.-H. Kim and H. Jeong, "Systematic analysis of group identification in stock markets", *Phys. Rev. E* 72 046133 (2005).

2. S. H. Lee, P.-J. Kim, Y.-Y. Ahn, H. Jeong "Googling social interactions:Web search engine based social network construction", *PLoS ONE* e11233 (2010).
3. Y.-H. Eom, C. Jeon, H. Jeong, B. Kahng, "Evolution of weighted scale-free networks in empirical data" *Phys. Rev. E* 77 056105 (2008).
4. Y.-Y. Liu, J.-J. Slotine, A.-L. Barabási, "Controllability of complex networks" *Nature* 473 (2011), pp. 167~173.

2부____생명의 본질, 나는 정보다

1강 | 정보 처리 기관으로서의 생명

1. James D. Watson and Francis Crick, "Molecular structure of Nucleic Acids: A Structure for Deoxyribose Nucleic Acid", *Nature* 171 (1953), pp. 737~738.
2. George Gamow, "I am a physicist, not a biologist. But I am very much excited by your article in Nature May 30th and think that this brings biology over into the group of "exact" sciences……. If your point of view is correct, and I am sure it is at least in its essentials, each organism will be characterized by a long number written in quadrucal system. For example, the animal will be a cat if Adenine is always followed by Cytosine in the DNA chain……", letter to Watson and Crick (8 July 1953), *Sydney Brenner Files, Archive Box 2*.
3. Francis Crick, J. S. Griffith and Leslie E. Orgel, "Comma-less Codes: A Note for the RNA Tie Club", privately circulated (May 1956).
4. Georgy Gamov, "Possible Relation between Deoxyribonucleic Acid and Protein Structures", *Nature* 173 (1954), p. 318.

2강 | 어떻게 유전 정보를 해석할까?

1. Kriston L. McGary, Tae Joo Park, John O. Woods, Hye Ji Cha, John B. Wallingford, and Edward M. Marcotte, "Systematic discovery of nonobvious human disease models through orthologous phenotypes", *PNAS* 107 (2010), pp. 6544~6549.
2. H. Jeong, S. P. Mason, A.-L. Barabási and Z. N. Oltvai, "Lethality and centrality in protein networks", *Nature* 411 (2001), pp. 41~42.
3. Richard E. Green, Johannes Krause, Adrian W. Briggs, Tomislav Maricic, Udo Stenzel, Martin Kircher, Nick Patterson, Heng Li, Weiwei Zhai, Markus Hsi-Yang Fritz, Nancy F. Hansen, Eric Y. Durand, Anna-Sapfo Malaspinas, Jeffrey D.

Jensen, Tomas Marques-Bonet, Can Alkan, Kay Prüfer, Matthias Meyer, Hernán A. Burbano, Jeffrey M. Good, Rigo Schultz, Ayinuer Aximu-Petri, Anne Butthof, Barbara Höber, Barbara Höffner, Madlen Siegemund, Antje Weihmann, Chad Nusbaum, Eric S. Lander, Carsten Russ, Nathaniel Novod, Jason Affourtit, Michael Egholm, Christine Verna, Pavao Rudan, Dejana Brajkovic, Željko Kucan, Ivan Gušic, Vladimir B. Doronichev, Liubov V. Golovanova, Carles Lalueza-Fox, Marco de la Rasilla, Javier Fortea, Antonio Rosas, Ralf W. Schmitz, Philip L. F. Johnson, Evan E. Eichler, Daniel Falush, Ewan Birney, James C. Mullikin, Montgomery Slatkin, Rasmus Nielsen, Janet Kelso, Michael Lachmann, David Reich, Svante Pääbo, "A Draft Sequence of the Neandertal Genome", *Science* 7 May (2010), pp. 710~722.

4. David Reich, Richard E. Green, Martin Kircher, Johannes Krause, Nick Patterson, Eric Y. Durand, Bence Viola, Adrian W. Briggs, Udo Stenzel, Philip L. F. Johnson, Tomislav Maricic, Jeffrey M. Good, Tomas Marques-Bonet, Can Alkan, Qiaomei Fu, Swapan Mallick, Heng Li, Matthias Meyer, Evan E. Eichler, Mark Stoneking, Michael Richards, Sahra Talamo, Michael V. Shunkov, Anatoli P. Derevianko, Jean-Jacques Hublin, Janet Kelso, Montgomery Slatkin and Svante Pääbo, "Genetic history of an archaic hominin group from Denisova Cave in Siberia", *Nature* 468 (2010), pp. 1053~1060.
5. Diego Libkind, Chris Todd Hittinger, Elisabete Valério, Carla Gonçalves, Jim Dover, Mark Johnston, Paula Gonçalves, and José Paulo Sampaio, "Microbe domestication and the identification of the wild genetic stock of lager-brewing yeast", *PNAS* 108 (2011), pp. 14539~14544.
6. Dong-Uk Kim, Jacqueline Hayles, Dongsup Kim, Valerie Wood, Han-Oh Park, Misun Won, Hyang-Sook Yoo, Trevor Duhig, Miyoung Nam, Georgia Palmer, Sangjo Han, Linda Jeffery, Seung-Tae Baek, Hyemi Lee, Young Sam Shim, Minho Lee, Lila Kim, Kyung-Sun Heo, Eun Joo Noh, Ah-Reum Lee, Young-Joo Jang, Kyung-Sook Chung, Shin-Jung Choi, Jo-Young Park, Youngwoo Park, Hwan Mook Kim, Song-Kyu Park, Hae-Joon Park, Eun-Jung Kang, Hyong Bai Kim, Hyun-Sam Kang, Hee-Moon Park, Kyunghoon Kim, Kiwon Song, Kyung Bin Song, Paul Nurse and Kwang-Lae Hoe, "Analysis of a genome-wide set of gene deletions in the fission yeast Schizosaccharomyces pombe", *Nature Biotechnology* 28 (2010), pp. 617~623.
7. Anselm Levskaya, Aaron A. Chevalier, Jeffrey J. Tabor, Zachary Booth Simpson,

Laura A. Lavery, Matthew Levy, Eric A. Davidson, Alexander Scouras, Andrew D. Ellington, Edward M. Marcotte and Christopher A. Voigt, "Synthetic biology: Engineering Escherichia coli to see light", *Nature* 438 (2005), pp. 441~442.

8. Dae-Kyun Ro, Eric M. Paradise, Mario Ouellet, Karl J. Fisher, Karyn L. Newman, John M. Ndungu, Kimberly A. Ho, Rachel A. Eachus, Timothy S. Ham, James Kirby, Michelle C. Y. Chang, Sydnor T. Withers, Yoichiro Shiba, Richmond Sarpong and Jay D. Keasling, "Production of the antimalarial drug precursor artemisinic acid in engineered yeast", *Nature* 440 (2006), pp. 940~943.

3강 | 나의 유전체, 나의 삶

1. http://www.nytimes.com/2009/01/11/magazine/11Genome-t.html
2. Samuel Levy, Granger Sutton, Pauline C. Ng, Lars Feuk, Aaron L. Halpern, Brian P. Walenz, Nelson Axelrod, Jiaqi Huang, Ewen F. Kirkness, Gennady Denisov, Yuan Lin, Jeffrey R. MacDonald, Andy Wing Chun Pang, Mary Shago, Timothy B. Stockwell, Alexia Tsiamouri, Vineet Bafna, Vikas Bansal, Saul A. Kravitz, Dana A. Busam, Karen Y. Beeson, Tina C. McIntosh, Karin A. Remington, Josep F. Abril, John Gill, Jon Borman, Yu-Hui Rogers, Marvin E. Frazier, Stephen W. Scherer, Robert L. Strausberg and J. Craig Venter, "The Diploid Genome Sequence of an Individual Human", *PLOS Biology* (October 2007).
3. Min BJ, Kim N, Chung T, Kim OH, Nishimura G, Chung CY, Song HR, Kim HW, Lee HR, Kim J, Kang TH, Seo ME, Yang SD, Kim DH, Lee SB, Kim JI, Seo JS, Choi JY, Kang D, Kim D, Park WY, Cho TJ, "Whole-Exome Sequencing Identifies Mutations of KIF22 in Spondyloepimetaphyseal Dysplasia with Joint Laxity, Leptodactylic Type". *Am. J. Hum. Genet.* 89 (December 2011), pp. 760~766.
4. Toshio Munesuea, Shigeru Yokoyamaa, Kazuhiko Nakamura, Ayyappan Anitha, Kazuo Yamada, Kenshi Hayashi, Tomoya Asaka, Hong-Xiang Liu, Duo Jin, Keita Koizumi, Mohammad Saharul Islam, Jian-Jun Huang, Wen-Jie Ma, Uh-Hyun Kim, Sun-Jun Kim, Keunwan Park, Dongsup Kim, Mitsuru Kikuchi, Yasuki Ono, Hideo Nakatani, Shiro Suda, Taishi Miyachi, Hirokazu Hirai, Alla Salmina, Yu A. Pichugina, Andrei A. Soumarokov, Nori Takei, Norio Mori, Masatsugu Tsujii, Toshiro Sugiyama, Kunimasa Yagi, Masakazu Yamagishi, Tsukasa Sasaki, Hidenori Yamasue, Nobumasa Kato, Ryota Hashimoto, Masako Taniike, Yutaka Hayashi, Junichiro Hamada, Shioto Suzuki, Akishi Ooi, Mami Noda, Yuko Kamiyama, Mizuho A. Kido, Olga Lopatina, Minako Hashii, Sarwat Amina, Fabio Malavasi,

Eric J. Huang, Jiasheng Zhang, Nobuaki Shimizu, Takeo Yoshikawa, Akihiro Matsushima, Yoshio Minabe, Haruhiro Higashida, "Two genetic variants of CD38 in subjects with autism spectrum disorder and controls", *Neuroscience Research* 67 (2010), pp. 181~191.

5. Zachary A. Kaminsky, Thomas Tang, Sun-Chong Wang, Carolyn Ptak, Gabriel H. T. Oh, Albert H. C. Wong, Laura A. Feldcamp, Carl Virtanen, Jonas Halfvarson, Curt Tysk, Allan F. McRae, Peter M. Visscher, Grant W. Montgomery, Irving I. Gottesman, Nicholas G. Martin and Art Petronis, "DNA methylation profiles in monozygotic and dizygotic twins", *Nature Genetics* 41 (2009), pp. 240~245.
6. http://www.independent.co.uk/news/science/394898.html
7. Deary IJ, Johnson W, Houlihan LM, "Genetic foundations of human intelligence.", *Human Genetics* 126 (2009), pp. 215~232.

3부____퀀텀 시티 속에 정보를 감춰라

1강 | 암호의 세계

1. Gordon E. Moore, "Cramming more components onto integrated circuits", *Electronics Magazine* (1965), p. 4.
2. Edgar Allan Poe, "Few persons can be made to believe that it is not quite an easy thing to invent a method of secret writing which shall baffle investigation. Yet it may be roundly asserted that human ingenuity cannot concoct a cipher which human ingenuity cannot resolve", "A Few Words on Secret Writing" in *Graham's Magazine* (July 1841).

3강 | 양자 정보의 세계

1. Richard Phillips Feynman, "I think I can safely say that nobody understands quantum mechanics.", *The Character of Physical Law* (MA: The MIT Press, 1965), CH 6, Probability and Uncertainty.
2. Niels Henrik David Bohr, "For those who are not shocked when they first come across quantum theory cannot possibly have understood it.", quoted in Werner Heisenberg, *Physics and Beyond* (NY: Harper and Row, 1971), pp. 206.
3. 이순칠, 『양자 컴퓨터』(파주: 살림출판사, 2003).
4. Albert Einstein, "Quantum mechanics is certainly imposing. But an inner voice tells

me that it is not yet the real thing. The theory says a lot, but does not really bring us any closer to the secret of the "old one." I, at any rate, am convinced that He does not throw dice.", Letter to Max Born (4 December 1926), *The Born-Einstein Letters: Correspondence between Albert Einstein and Max and Hedwig Born from 1916 to 1955* (NY: Walker and Company, 1971).
5. Niels Bohr, "You ought not to speak for what Providence can or can not do.", quoted in C. P. Snow, *The Physicists: A generation that changed the world* (London: Macmillan, 1981), p. 84.
6. Albert Einstein, "spukhafte Fernwirkung." Letter to Max Born (3 March 1947), *The Born-Einstein Letters: Correspondence between Albert Einstein and Max and Hedwig Born from 1916 to 1955* (NY: Walker and Company, 1971).
7. Richard Feynman, "Do not keep saying to yourself, if you can possibly avoid it, 'But how can it be like that?' because you will get 'down the drain,' into a blind alley from which nobody has yet escaped. Nobody knows how it can be like that.", *The Character of Physical Law* (MA: The MIT Press, 1965), CH 6, Probability and Uncertainty.
8. http://www.dwavesys.com

정담(鼎談)____정보 생태계, 세상을 바꾸다!

1. Claude E. Shannon, Warren Weaver, *The Mathematical Theory of Communication*, (IL: Univ of Illinois Press, 1949).
2. Wooters, W. K., W. H. Zurek, "A single quantum cannot be cloned", *Nature* 299(1982), pp. 802~803.
3. The 1000 Genomes Project Consortium, "An integrated map of genetic variation from 1,092 human genomes.", *Nature* 491(2012), pp. 56~65.

더 읽을거리

1부____구글 신은 모든 것을 알고 있다

복잡계 네트워크 과학에 관한 책

일반인들을 위해 복잡계 네트워크 과학을 주제로 우리나라에 번역되어 나온 책은 다음과 같다.

- 알버트 라즐로 바라바시, 강병남 옮김, 『링크』(동아시아, 2002).
- 마크 뷰캐넌, 강수정 옮김, 『넥서스』(세종연구원, 2003).
- 던컨 와츠, 강수정 옮김, 『스몰 월드』(세종연구원, 2004).
- 마크 뷰캐넌, 김희봉 옮김, 『세상은 생각보다 단순하다』(지호, 2004).

이들 중에서 일반 독자라면 『링크』나 『넥서스』를, 과학 분야에 특히 관심이 깊은 독자에게는 『링크』를, 인문 사회 과학 분야에 네트워크를 적용해 보고 싶은 독자에게는 『스몰 월드』를 권하고 싶다.

네트워크 과학을 본격적으로 공부하고 싶다면, 교재 수준의 도서로 국내 저자의 책을 추천한다.

- 강병남, 『복잡계 네트워크 과학: 21세기의 정보 과학』(집문당, 2010).

그리고 아직 번역은 되어 있지 않지만 2권의 영문 도서가 있다.

- S. N. Dorogovtsev and J. F. F. Mendes, *Evolution of Networks: From Biological Nets to the Internet and WWW*, (Oxford University Press, 2003).
- E. Ben-Nain, H. FrauenFelder, Z. Toroczkai, *Complex Networks(Lecture Notes in Physics)*, (Springer Verlag, 2004).

마지막으로 좀 더 깊이 있는 이야기를 원하는 독자라면 『링크』를 쓴 바라바시 교수가 야심차게 업데이트 중인 전자책 『Network Science』를 http://barabasilab.neu.eda/networksciencebook에서 직접 내려받아 볼 수도 있다.

복잡계 네트워크 과학에 대한 논문

강의 시간에 소개된 사례들을 직접 적용해 보고 싶은 독자를 위한 관련 논문은 아래와 같다.

- S. H. Lee, P.-J. Kim, Y.-Y. Ahn, H. Jeong, "Googling social interactions:Web search engine based social network construction", *PLoS ONE* e11233 (2010).
- S.-W. Son, B.-J. Kim, H. Hong, H. Jeong, "Dynamics and Directionality in Complex Networks", *Phys. Rev. Lett.* 103 228702 (2009).
- J. Um, S.-W. Son, S.-I. Lee, H. Jeong, B.J. Kim, "Scaling laws between population and facility densities", *PNAS* 106 14236 (2009).
- H.-J. Youn, M. Gastner, H. Jeong, "Price of anarchy in transportation networks: Efficiency and optimality control", *Phys. Rev. Lett.* 101 128701 (2008).
- P.-J. Kim, D.-Y. Lee, T.Y. Kim, K.H. Lee, H. Jeong, S.Y. Lee, S. Park, "Metabolite essentiality elucidates robustness of E. coli metabolism", *PNAS* 104 13638 (2007).
- D.-H. Kim, B. J. Kim, H. Jeong, "Universality Class of Fiber Bundle Model on Complex Networks", *Phys. Rev. Lett.* 94 025501 (2005).
- G. Forgacs, S.-H. Yook, .A. Janmey, H. Jeong, C.G. Burd, "Role of the cytoskeleton in signaling networks", *J. of Cell Science* 117, 2769 (2004).
- P. Holme, M. Huss, H. Jeong, "Subnetwork Hierarchies of Biochemical Pathways", *Bioinformatics* 19 532 (2003).
- K.-I. Goh, E.S. Oh, H. Jeong, B. Kahng, D. Kim, "Classification of Scale-free Networks", *PNAS* 99 12583 (2002).
- S. Yook, H. Jeong, and A.-L. Barabási, "Modeling the Internet's large-scale topology", *PNAS* 99 13382 (2002).
- J. Podani, Z.N. Oltvai, H. Jeong, B. Tombor, A.-L. Barabási, E. Szathmary, "Comparable system-level organization of Archaea and Eukaryotes", *Nature Genetics* 29 54 (2001).
- H. Jeong, S.P. Mason, A.-L. Barabási and Z.N. Oltvai, "Lethality and Centrality in Protein Networks", *Nature* 411 41 (2001).
- H. Jeong, B. Tomber, R. Albert, Z.N. Oltvai, and A.-L. Barabási, "The Large-scale Organization of Metabolic Networks", *Nature* 407 651 (2000).
- R. Albert, H. Jeong, and A.-L. Barabási, "Error and Attack Tolerance of Complex Networks", *Nature* 406 378 (2000).
- R. Albert, H. Jeong, and A.-L. Barabási, "The Diameter of the World Wide Web", *Nature* 401 130 (1999).

2부____생명의 본질, 나는 정보다

DNA에 관한 책

DNA의 발견과 유전학을 소개하는 책은 크릭, 콜린스 등이 직접 쓴 책에서부터 쉬운 입문서와 만화책에 이르기까지 다양하다.

- 프랜시스 크릭, 권태익, 조태주 공역, 『열광의 탐구』(김영사, 2011).
- 프랜시스 콜린스, 이정호 옮김, 『생명의 언어』(해나무, 2012).
- 마크 슐츠, 김명주 옮김, 『해답은 DNA』(서해문집, 2012).

제임스 왓슨의 책은 DNA의 아버지가 이중 나선 구조의 규명 50주년을 맞아 썼다는 점에서 구별된다.

- 제임스 왓슨, 앤드루 베리 공저, 이한음 옮김, 『DNA: 생명의 비밀』(까치, 2003).

유전학의 시작과 발전 과정, 유전학이 불러올 미래에 대한 예측까지 담아 낸 이 책은 다양한 삽화와 사진, 쉬운 표현으로 누구나 쉽게 이해할 수 있다. 호기심 많은 독자라면, 그가 2003년에 제시한 미래 전망이 현재 얼마나 이루어졌나를 확인하는 일도 재미있는 경험일 것이다.

유전자와 진화에 관한 책

2강에서 설명했던 유전자와 진화의 메커니즘에 관심 있는 독자에게는 진화 생물학자 리처드 도킨스의 저서를 권한다.

- 리처드 도킨스, 이용철 옮김, 『에덴의 강』(사이언스북스, 2005).

그에게 세계적 명성을 안겨 준 2권의 명저, 『이기적 유전자』와 『눈먼 시계공』을 요약 정리한 책이다. 마음만 먹으면 하루 만에도 읽을 수 있을 정도로 그의 저서 중에서는 가장 짧고 쉬운 편이다. 도킨스는 생명의 본질은 DNA에 저장된 디지털 정보임을 역설한다. 그다음 정보의 점진적인 진화가 우리의 눈과 같은 복잡한 신체 기관을 어떻게 만들어 내는가를 설명한 후, 생명체는 정보를 기하급수적으로 증가시키는 "복제자 폭탄"이라는 주장으로 책을 끝맺는다. 마지막 장에서 흥미를 느낀 독자라면 (그리고 자신에게 어느 정도 화학적 지식이 있다고 생각한다면) 최근《네이처》에 나온 다음 글을 읽어 보길 바란다.

- Roberta R. Kwok, "Chemical biology: DNA's new alphabet.", *Nature* 491(2012), pp. 516~518.

개인 유전체에 관한 책

인간 유전체 계획이 완료되면서 이 거대 과학 계획의 의미와 성과를 설명하는 책들이 국내에 소개되었다.

- 매트 리들리, 하영미 옮김, 『게놈: 23장에 담긴 인간의 자서전』(김영사, 2001).
- 미샤 앵그리스트, 이형진 옮김, 『벌거벗은 유전자』(동아사이언스, 2012).

이 중에서 우리 연구실 출신이 번역에 참여했기에 개인적으로도 의미가 남다른 책이 있다.

- 케빈 데이비스, 우정훈 옮김, 『천 달러 게놈』(MID 엠아이디, 2011).

인간 유전체 전부를 서열 분석하는 데 드는 비용이 100만 원까지 내려가면서 도래한 개인 맞춤형 의학 시대를 소개한 책이다. 유전자 분석 기술과 서비스 가격이라는 두 측면에서 치열한 경쟁을 벌였던 유전체 사업의 내막을 생생하게 감상할 수 있다. 저자 자신이 직접 유전 정보 회사들의 서비스를 받은 경험담이 책에서 나오지만, 이와 더불어 《뉴욕 타임스》에 실렸던 스티븐 핑커의 「나의 유전체, 나의 삶」 기사를 읽어 보기를 권한다.

유전학자의 전기

그레고어 멘델, 프랜시스 크릭, 제임스 왓슨 등 유전학계의 거장을 다룬 많은 전기가 있다.

- 로빈 마란츠 헤니그, 안인희 옮김, 『정원의 수도사: 유전학의 아버지 멘델의 잃어버린 삶과 업적』(사이언스북스, 2006).
- 매트 리들리, 김명남 옮김, 『프랜시스 크릭: 유전 부호의 발견자』(을유문화사, 2011).
- 브렌다 매독스, 나도선, 진우기 공역, 『로잘린드 프랭클린과 DNA』(양문, 2004).

이 중에서도 크레이그 벤터의 책은 세계 최초로 인간 유전체 지도를 완성한 '스타 과학자'의 자서전이라는 점에서 흥미롭다.

- 크레이그 벤터, 노승영 옮김, 『크레이그 벤터 게놈의 기적』(추수밭, 2009).

책 곳곳에서 그의 성격을 드러내는 듯한 자기 자랑이 약간 거슬리긴 하지만, 과학자들의 삶을 다룬 기존의 전기와 달리 마치 록 가수의 자서전을 읽는 것 같이 역동적이고 재미있다. 이 차이는 인간 유전체 계획이 혼자서 연구를 계속하는 고독한 천재가 아니라 정치적이고 기업적인 과학자 집단의 손으로 이루어졌다는 점에서 온다. 서로 다른 성격의 과학자들이 경쟁하고 협력하면서 이루어 낸 합성 생물학의 성과와 포부를 설명하고, 자신의 개인 유전체 분석에 얽힌 이야기를 들려주는 마지막 장은 특히 주목할 만하다.

3부____퀀텀 시티 속에 정보를 감춰라

암호에 관한 교양서

암호는 일반인의 관심도 높아서 여러 편의 책이 국내에 소개되었다. 그중에서 루돌프 키펜한(Rudolf Kippenhahn)의 책은 읽기 쉽고 교양서로서의 가치도 높다.

- 루돌프 키펜한, 이일우 옮김, 『암호의 해석』(코리아하우스, 2009).

양자 정보학에 관한 참고 문헌

영어권에서는 많은 전문 도서들이 양자 정보학을 주제로 출간되었다. 연구자들에게 가장 잘 알려지고 널리 읽히는 것은 양자 정보학의 바이블이라고도 불리는 이 책이다.

- M. A. Nielsen and I. L. Chuang, 『*Quantum Computation and Quantum Information*』(Cambridge, 2000).

양자 정보학의 중요 개념들이 간략하게 잘 정리된 다음의 책도 추천한다.

- G. Benenti, G. Casati, and G. Strini, 『*Principles of Quantum Computation and Information, volume 1: Basic Concepts*』(World Scientific, 2004).

한국어로 쓴 전문 서적은 현재 없으나, 다음의 책이 발간될 예정이다.

- 이해웅, 『양자 정보학(가제)』(사이언스북스).

일반인을 위한 양자 정보학 교양서도 찾아 보면 비교적 많은 편인데 그중에서 특히 대중의 관심이 높은 양자 컴퓨터 관련으로는 다음의 2권이 있다.

- 이순칠, 『양자 컴퓨터』(살림출판사, 2003).
- 김재완 옮김, 『양자 컴퓨터 Q』(한승출판사, 2007).

한국 학술지에 실린 해설 논문들

양자 정보학 전반에 대해서 비교적 쉽게 더 읽고 싶은 사람들에게는 한국 물리학회 및 한국 정보 보호 학회에서 출간하는 학술지에 실린 비교적 읽기 쉬운 해설 논문들을 권한다. 특히 한국 물리학회가 발간하는《물리학과 첨단 기술》의 2001년 5월호에는 '양자 전산 및 정보'를 특집으로 다음의 해설 논문들이 실려 있다.

- 김재완, 「양자 통신, 양자 암호 기술 - 양자 암호 키의 생성과 전송」
- 이해웅, 「양자 원격 이동」
- 지동표, 「양자 계산 알고리듬」
- 안도열, 「양자 컴퓨터의 전망」

또한《한국 정보 보호 학회지》2004년 6월호(volume 14, number 3)에는 다음의 해설 논문들이 실려 있다.

- 이순칠, 「공개 키 암호 체계와 쇼어 알고리듬」
- 김재완, 「양자 암호」
- 안도열, 「양자 정보 처리」
- 이해웅, 「양자 얽힘과 양자 공간 이동」
- 이덕진, 이화연, 임종인, 양형진, 「양자 인증 및 양자 서명 기법」

사진 및 그림 저작권

12~13쪽	© 손문상 / (주)사이언스북스
23쪽	🅮
35쪽 위	🅮
41쪽 위	© 정하웅 (H. Jeong, *et al.*, "Link structure analysis of korean web graph", *J. of KIISE: Computing Practices and Letters*. Vol. 19 (2003))
41쪽 아래	© 정하웅 (K.-I. Goh, *et al.*, "The diameter of the World Wide Web", *Nature* 401(1999))
44쪽	🅭🅯🄎 The Opte Project
79쪽	© 정하웅 (H. Jeong, *et al.*, "The large-scale organization of metabolic networks", *Nature* 407 (2000))
84~85쪽	© 정하웅 (H. Jeong, *et al.*, "Lethality and centrality in protein networks", *Nature* 411(2001))
94쪽	© 윤혜진, 정하웅
97쪽	© 윤혜진, 정하웅
99쪽	© 윤혜진, 정하웅
102쪽	© 윤혜진, 정하웅
103쪽	© 윤혜진, 정하웅
104쪽	© 정하웅 (H.-J. Youn, *et al.*, "Price of anarchy in transportation networks: Efficiency and optimality control", *Phys. Rev. Lett.* 101 128701 (2008))
132쪽	© 김영호, 정하웅
134쪽	© 김영호, 정하웅
136쪽	© 정하웅 (S. H. Lee, *et al.*, "Googling social interactions:Web search engine based social network construction", *PLoS ONE* e11233 (2010))
150~151쪽	© 손문상 / (주)사이언스북스
164~165쪽	© 손문상 / (주)사이언스북스
169쪽 왼쪽 위	🅭🅯 Raphaël Goetter
169쪽 오른쪽 위	🅮
169쪽 왼쪽 아래	🅮
169쪽 오른쪽 아래	🅭🅯🄎 Frédéric de Villamil

174쪽	🅮
178쪽	🅮
197쪽	© 김동섭
205쪽	🅭🅯🄎 Stefan Scheer
226쪽	🅭🅯🄎 PaleWhaleGail
227쪽 왼쪽	🅭🅯 Liza Gross
227쪽 오른쪽	🅮
232쪽	© 손문상 / (주)사이언스북스
235쪽	© 김동섭 (Min BJ, *et al.*, "Whole-exome sequencing identifies mutations of KIF22 in spondyloepimetaphyseal dysplasia with joint laxity, leptodactylic type", *Am J Hum Genet.* (2011))
236쪽	© 김동섭 (Munesue T, *et al.*, "Two genetic variants of CD38 in subjects with autism spectrum disorder and controls", *Neuroscience Research* 67 (2010))
252~253쪽	© 손문상 / (주)사이언스북스
260~261쪽	© 손문상 / (주)사이언스북스
266쪽	🅭🅯🄎 Rama
272쪽	🅭🅯🄎 Augusto Buonafalce
281쪽	🅭🅯🄎 http://enigma.wikispaces.com/RSA
316쪽	© Charles Bennett
348~349쪽	© 손문상 / (주)사이언스북스
376~377쪽	© 손문상 / (주)사이언스북스

* 본문에 있는 © (주)사이언스북스 그림들은 김태은 씨가 작업했습니다.

카이스트 명강 01

구글 신은 모든 것을 알고 있다

DNA에서 양자 컴퓨터까지 미래 정보학의 최전선

1판 1쇄 펴냄 2013년 4월 21일
1판 17쇄 펴냄 2022년 9월 30일

지은이 정하웅, 김동섭, 이해웅
펴낸이 박상준
펴낸곳 (주)사이언스북스

출판등록 1997. 3. 24.(제16-1444호)
(06027) 서울특별시 강남구 도산대로1길 62
대표전화 515-2000, 팩시밀리 515-2007
편집부 517-4263, 팩시밀리 514-2329
www.sciencebooks.co.kr

ISBN 978-89-8371-882-2 04400
978-89-8371-881-5 (세트)